새로운 시대의 도시정책

백기영 지음

도서출판 동방문화사

머리말

 빠르게 변하는 새로운 시대에 도시와 지역은 어떻게 되어 갈 것인지, 도시정책의 방향과 과제에 대한 점검과 성찰을 요구한다. 이 책은 국토 지역 정책, 도시론과 주택정책, 도시재생과 농촌 지역개발, 도시 거버넌스, 그린도시와 스마트도시, 건강도시 등 폭넓은 주제와 이슈를 다루고 있다.

 국토 불균형의 실상과 국토 지역발전의 방향과 과제를 다루며, 광역행정과 소구역행정의 비교, 대도시권 광역계획 추진 체계 사례와 방향을 탐색하였다. 지역정책으로 중소도시의 역할과 과제, 스마트 축소도시, 지방소멸 대응 정책, 지역재생과 입지적정화계획 등 지역정책의 핵심 이슈에 대한 논의를 제시하고 있다.

 도시론에 있어 도시의 표준화, 정통성, 그리고 교류에 대한 비평과 함께, 미국 마운트 로렐 판결과 포용 도시정책, 고층 건물 찬반론, 계획이득과 사회적 형평 등 사회적으로 논쟁 되는 주제를 다루었다. 주택정책에 있어서는 새로운 주거유형, MZ세대와 주택시장이 관심사였으며, 외국의 주택정책과 빈집정책, 저렴 주택과 자조 주택정책을 논의하고 있다. 우리의 3080+ 공공주도 정비사업도 현안 과제로 검토하였다.

 도시재생과 농촌 지역개발 역시 주요 이슈였다. 도시재생에서 강조되어야 할 것들, 도시재생 뉴딜정책의 추진 방향 진단, 성장관리형 도심재생전략, 도시재생대학, 사업 모니터링, 도시별 재생 전략 등의 주제도 강조되어야 한다. 농촌 지역개발사업으로는 농촌개발사업의 추진 방향과 농촌 공간 정비, 농촌협약의 방향과 과제 탐색은 중요한 이슈였으며, 농촌중심지사업의 조성 방향, 행복마을사업, 농어촌인성학교 활성화 등이 점검되었다.

도시 거버넌스 분야에서는 새로운 공공의 도시시대, 버려진 자원의 가치를 새롭게 되살리고자 하는 커먼즈 운동, 사회적 자본의 중요성과 역할, 협력적 도시 거버넌스와 좋은 도시재생 거버넌스 만들기는 최근 강조되어온 이슈이다. 이를 통해 도시와 농촌사업, 중간지원조직의 역할이 점검되어야 하며, 국토계획과 도시계획 수립과정에서 시민참여가 강화되어야 한다.

탄소중립의 그린도시와 스마트도시는 가장 큰 화두였다. 환경과 사람이 공생하는 생태도시, 경관생태 도시관리, 12%의 해결책이라 불리는 온실가스 저감방안, 기후변화와 에너지 위기에 대한 대응은 지속가능한 녹색도시를 추구하는 그린 어바니즘은 미래를 위한 준비이기도 하다. 디지털화와 도시의 운명, 4차 산업혁명에 대한 외국의 대응, 세계의 스마트도시, 그리고 스마트도시 구현 전략도 주요 관심사였다.

지난 3년간 코로나의 창궐은 도시에 대한 근원적 물음과 함께 건강도시에 대한 새로운 조명을 던지기도 했습니다. 코로나와 도시공간 이용의 변화와 코로나19 대응 공간정책과제를 살펴보면서, 포스트 코로나 도시계획이란 무엇이고 건강도시란 어떤 도시인가?

지속해서 자문하기도 했다.

　행복도시 세종에 대한 탐구는 지난 2006년부터 지속적인 과제이자 바램이었다. 행복도시, 세종의 과제는 이제 행복도시, 세종 시즌2로 나아가야 하며 세종시 균형발전 전략과 행복도시 광역권의 완성, 그리고 행복도시 건설 경험의 수출을 통해 글로벌 모범도시이어야 할 것이다.

　지난 5년간 제가 무슨 생각을 어떻게 했는지 이렇게 부족한 제 생각을 책으로 보여드립니다. 우리 도시정책과 공동체에 대한 진지한 성찰의 조그마한 계기라도 되었으면 하는 바람입니다. 이 책을 접하신 모든 분께서 미래와 변화, 도시와 마을, 공동체와 개인에 대한 애정이 깊어지기를 소망하며, 행복한 삶, 자유로운 삶이 우리 도시공동체에 담기고 독자 여러분과 함께하기를 기원합니다.

　저도 사회와 이웃을 생각하고 피력하는 일을 멈춤 없이 지속할 것을 약속드립니다. 삶의 동반자인 아내와 사랑하는 가족들, 여러 모양의 공동체에서 애정과 신뢰를 함께 해주신 모든 분께 감사드립니다. 매번 칼럼을 교정해준 도시학자 딸 백윤지에게 고마움을 전합니다. 오랫동안 신문 지면을 할애해 주신 동양일보사와 본 책이 출간될 수 있도록 애써주신 동방문화사 여러분께도 깊은 감사의 마음을 전합니다.

2023년 1월

백 기 영

목 차

제1장 국토정책의 방향

국토의 미래여건 전망 ·· 3
국토 불균형의 실상 ·· 5
국토 지역발전의 방향과 과제 ··· 8
혁신도시 시즌2의 발전과제 ·· 11
강호축은 국토 균형발전축이다 ··· 13
광역행정과 소구역행정 ·· 16
2021년 국토 도시정책을 되짚어 본다 ······································ 19
2022년 국토 도시정책 10대 뉴스 ··· 22

제2장 광역 도시정책

대도시권 계획 확장전략이 필요하다 ·· 27
대도시권 광역계획 추진 체계 ··· 29
일본 광역도시권의 협력사업 ··· 32
일본 그레이터 나고야 광역협력 사례 ······································ 35
통합된 행복도시 광역도시계획 수립을 환영한다 ···················· 37
충청 메가시티에 바란다 ·· 40
연계협력과 문화 재생 ·· 43

제3장 축소도시와 지역정책

분권형 지역균형정책을 바란다 ··· 49
중소도시의 역할과 과제 ·· 51
중소도시를 적극 지원하자 ·· 54
지속가능한 중소도시 만들기 ··· 57

스마트 축소도시로 나아가자 ·· 59
축소도시 정책을 준비하자 ·· 62
지방소멸 대응 정책을 점검하자 ·· 65
지방소멸대응기금 운용에 바란다 ·· 67
일본의 입지적정화계획 ·· 70
일본 지역재생법의 동향 ·· 73
지역재생과 입지적정화계획 ·· 76

제4장 도시 이슈와 정책

도시는 개방적 교류를 요구한다 ·· 81
잃어버린 도시의 정통성 ·· 84
세계 도시의 맥구겐하임화 ·· 87
라이프 스타일 허브가 온다 ·· 89
미국 마운트 로렐 판결과 포용주택 ······································ 92
분산된 집중 도시 모델을 지지한다 ······································ 95
고층 건물은 죄악인가? ·· 97
장소 번영과 사람 번영 ·· 100
선진적 도시계획체계의 시사점 ·· 103
계획이득과 사회적 형평 ·· 106
계획이익의 공공 환수와 사전협상제도 ······························ 109

제5장 주택정책

새로운 주거유형 ·· 115
1파운드 주택정책 ··· 117
영국의 빈집 재생 정책 ·· 120
일본의 빈집 문제 ··· 123
도심부 저렴 주택정책 ·· 126
자조 주택의 연원과 경험 ·· 128

3080+ 공공주도 정비사업 ··· 131
MZ세대와 주택시장 ··· 134

제6장 도시재생

도시재생에서 강조되어야 할 것들 ····································· 143
도시재생 뉴딜정책에 바란다 ··· 146
도시재생 뉴딜사업의 중요한 점 ······································· 149
도시재생 뉴딜 역점 추진 방향 ··· 152
도시재생사업에 대한 제언 ·· 154
성장관리형 도심재생 ··· 157
도시재생대학, 목표와 과제 ··· 160
도시재생의 세 가지 목표 ·· 165
도시재생사업 모니터링이 중요하다 ·································· 167
영국 리버풀 도시재생의 교훈 ·· 170
대전 원도심 창조적 재생전략 ·· 173
도심융합특구 추진과제 ·· 176
영주시 공공건축이야기 ·· 178
세종시 도시재생대학 졸업 노트 ······································· 181

제7장 농촌 지역개발사업

역량 있는 곳에 우선 지원하는 농촌사업 ···························· 187
농촌 공간정비의 과제 ·· 190
농촌협약, 방향과 과제 ··· 192
농촌중심지의 조성 방향 ··· 195
충청북도 행복마을사업 ·· 198
충북 행복마을 좋은 사례 ·· 201
제5회 충북 행복마을 콘테스트 ·· 203
농어촌인성학교 활성화에 나서자 ····································· 206

전의 농촌중심지사업의 방향과 과제 ·· 209
전의 농촌중심지사업을 되돌아본다 ·· 212

제8장 도시 거버넌스와 주민참여

새로운 공공 ·· 219
도시 커먼즈(Commons) 운동 ·· 221
사회적 자본과 대학 ·· 224
협력적 도시 거버넌스 ·· 227
좋은 도시재생 거버넌스를 만들자 ·· 230
마을만들기와 주민참여 ·· 232
도시와 농촌사업, 중간지원조직의 역할 ·· 235
5차 국토계획과 국민참여단 ·· 238
청주 도시계획, 시민참여단이 제안한다 ·· 241

제9장 환경생태도시

생태도시의 과제 ·· 249
경관 생태 도시관리 ·· 251
생태학과 공동체 ·· 254
12%의 해결책 ·· 257
그린 뉴딜은 도시의 녹색 전환이다 ·· 259
그린 뉴딜은 도시의 미래다 ·· 262
독일 환경 수도 프라이부르크 ·· 266
지속가능 발전목표의 지역화 ·· 268
물을 활용하는 도시 ·· 271

제10장 정보화와 스마트도시

언택트 정보화와 도시의 운명 ·· 277

디지털화와 도시의 운명 · 279
4차 산업혁명에 대한 외국의 대응 · 281
세계의 스마트도시 · 284
산업클러스터와 혁신환경 · 287
복합적 토지이용을 장려하라 · 290
사람 중심의 보행환경이 필요하다 · 293

제11장 건강도시

전염병과 도시 정비 · 299
일제강점기 청주의 위생시설 정비 · 302
코로나와 도시공간 이용의 변화 · 304
코로나19 대응 공간정책과제와 그린 뉴딜 · · · · · · · · · · · · · · · 307
포스트 코로나 도시계획 · 310
건강도시 만들기 · 312
건강도시를 위하여 · 315
건강도시란 어떤 도시인가? · 318

제12장 행복도시, 세종

행복도시, 세종의 과제와 나아갈 길 · 323
행복도시, 세종 시즌2 · 325
행복도시의 역할과 과제 · 328
행복도시 광역권은 충청권 전체가 타당하다 · · · · · · · · · · · · 331
행복도시 건설 경험을 수출한다 · 333
행복도시 세종의 미래전략 · 336
행정수도 완성에 따른 충남 발전전략 · 339
세종시, 조치원 거점화 필요하다 · 340

1 국토정책의 방향

국토의 미래여건 전망
국토 불균형의 실상
국토 지역발전의 방향과 과제
혁신도시 시즌2의 발전과제
강호축은 국토 균형발전축이다
광역행정과 소구역행정
2021년 국토 도시정책을 되짚어 본다
2022년 국토 도시정책 10대 뉴스

국토의 미래여건 전망

2040년을 목표연도로 하는 제5차 국토종합계획이 수립되었다. 국토계획연구단에서 제시한 여건 변화의 전망을 살펴보자. 핵심 방향은 성장과 개발 시대의 국토정책의 시각에서 벗어나, 인구감소와 저성장시대에 적합한 국토정책을 마련해야 한다는 것이다. 저출산 고령사회, 4차 산업혁명 시대에 대응하여 지역의 자율성과 창의성이 발휘될 수 있는 포용의 공간을 계획하는 새로운 국토 운영체계로의 전환이 필요한 시점이다.

무엇보다도 인구감소와 인구구조의 변화는 국토정책 목표와 전략에 획기적인 변화를 초래할 것이다. 저출산 고령화로 인해 우리나라의 인구는 2028년 5,194만 명으로 정점을 찍고, 이후 인구감소로 2040년 5,086만 명으로 추정된다. 이와 같은 인구감소는 신규개발과 대규모 개발수요의 전반적인 감소를 초래할 뿐만 아니라 농촌과 지방 중소도시의 과소 지역화와 소멸까지 초래할 것으로 보인다.

1인 가구와 고령자 가구의 증가로 인한 인구구조의 변화는 각각 2040년 36.4%, 44.2%를 차지할 전망이다. 생산가능인구의 감소 및 경제 성장률 저하 등으로 저성장 경제기조가 지속될 것으로 보고 있다. 우리나라의 잠재 GDP 성장률은 2020년대 2.2%대에서 2040년대 1.5%로 지속적 하향세를 보일 것으로 예측된다. 한편으로는 인프라, 산업단지 등 시설의 노후화와 쇠퇴가 가속화되어, 2040년에는 국내 전체 산업단지 중 약 40%가 노후 산업단지로 전락할 것이다. 이는 미래 국가혁신에 장애로 작용하게 될 뿐만 아니라, 일자리와 소득의 양극화를 촉진할 수 있으며, 주택과 토지 등 자산의 양극화 또한 심화시킬 수 있다. 궁극적으로 세대, 계층 간의 사회문제로 확대되어 공정 경제와 사회정의에 대한 전반적인 요구가 증가할 것이다.

결국, 인구감소와 인구구조 변화에 적절하게 대응할 수 있는 국토정책은 국민의 삶의 질, 건강 등 사회적인 가치를 중시하는 방향으로 나아가야 한다. 저성장시대의 불리한 조건 내에서 국토의 지속가능성과 회복력을 높이기 위한 정책을 마련해야 한다. 저성장시대에 대비하여 스마트한 방식으로의 축소를 통한 지역과 도시의 재생, 유휴시설의 적정한 활용, 노후 인프라의 효율화 방안 등 국토이용과 관리에 대한 일대 전환이 필요하다.

현재의 에너지 과소비형 국토이용 방식은 지구온난화와 기후변화에 따른 재해, 에너지 및 자원 부족에 대응할 수 있는 국토이용 방식으로 전환되어야 한다. 안전한 국토에 대한 요구와 자연환경을 고려한 지속가능한 국토관리를 실천해야 한다. 압축개발을 통해 자원을 절약하고 생활환경 수준을 높여, 국민의 삶의 질과 국토의 품격을 향상케 하는 통합적인 국토관리 방안을 모색해야 한다.

4차 산업혁명 시대에 발맞추어 지능화된 혁신적 국토관리도 적극적으로 추구해야 할 과제이다. AI, 블록체인 등 디지털 기술은 국토관리의 지능화와 스마트화를 가속화하고 있다. 자율주행 자동차 등 미래형 교통수단, 스마트 항만과 공항 등 교통물류, 인프라의 혁신, 인공지능, 수소경제 등 다양한 신산업의 출현에 따른 혁신적인 국토이용 방식에 대한 필요성이 증대될 것이다. 첨단 신기술을 활용해 국토 공간의 지능화를 유도하고, 산업생태계의 혁신을 통해 국가 성장 동력을 한 층 높이는 동시에, 혁신적 신기술의 활용이 국민의 삶의 질 향상에 이바지할 수 있는 시스템 구축이 필요하다.

참여와 소통 기반의 새로운 국토정책 거버넌스가 등장할 것이다. 지방 분권화의 전개로 지역의 주도권이 강화되고, 중앙과 지방 간의 새로운 협업 관계가 형성될 것이다. 지역 주도의 성장을 촉진하는 새로운 국가발전전략으로서 자치분권 체제를 확립하되, 국민의 직접적인 참여와 소통을 전제로 하는 새로운 국토정책 추진 체계가 실현될 전망이다.

중앙정부 주도의 획일적인 정책추진 방식에서 벗어나, 지역의 개성과 경쟁력을 살리는 다차원적인 국토발전의 기반을 구축해야 한다. 특색 있는 지역 자산을 활용한 자율적인 연계와 협력을 통해 국가경쟁의 기반을 조성해야 한다. 부가가치를 극대화하는 지역산업 생태계를 구축하고, 관광 혁신으로 일자리를 창출토록 해야 한다. 이와 같은 새로운 분권형 거버넌스를 실현함으로써 국토관리의 효율화 방안을 적극적으로 모색해 나가야 한다.

국토 불균형의 실상

전 국토의 11.8%에 불과한 수도권에 인구, 경제력 등 각종 자원이 집중되는 수도권 쏠림현상이 가중되고 있다. 우리나라 수도권과 지방의 실상은 이렇다. 수도권은 인구의 49.5% 1,000대 기업 본사의 74%가 분포한다. 지방세와 국세의 55%, 법인세 59%, 종합부동산세 79%는 수도권에 집중되어 있다. 개인 신용카드는 81%나 수도권에서 사용되고 있다. 부동산 가격도 지방 중소도시는 수도권 대비 약 55% 수준에 머물고 있다.

 수도권을 100으로 볼 때 서울이 148임에 비해, 광역시 및 세종시가 71, 지방 중소도시는 55에 그친다. 보건복지, 생활 서비스, 생활 안전시설 등의 접근성을 기준으로 접근성 하위 20%인 서비스 접근성 취약지역의 93%가 지방에 있다. 공연예술 횟수의 65%가 수도권에 집중되어 있다.
 2017년 시행된 의료 질 평가에서 지방은 최하 등급을 받거나 제외 등급의 병원 비율이 늘어나면서 수도권과 지방의 의료 질 격차가 더 커진 것으로 나타났다. 지방 학생 수 감소로 지역의 폐교 비율이 전남 22%, 경북 19%, 경남 15%나 달하고 있어, 수도권의 1.8%에 비해 현저히 높다. 이러한 수도권과 지방의 격차는 국가의 균형 있는 성장과 국민통합의 핵심적 장애요인이 되고 있다.

 그런데 여기에 더해 우리는 새로운 문제도 맞이하고 있다. 인구 절벽과 지방소멸 위기가 그것이다. 지방소멸이라는 책에서 마스다 히로야는 현재의 인구감소 추세대로라면 일본의 절반, 896개 지방자치단체가 소멸한다며 일본 전역을 충격에 빠뜨린 바 있다. 그는 저출산과 고령화, 그에 따른 인구감소는 동경이 지방의 인구를 빨아들이고 결국 동경도 축소되고, 일본은 파멸한다고 경고한 바 있다. 우리나라의 경우는 어떠한가? 출산율이 2016년 1.17명에 머물러 프랑스 2.0명, 미국 1.9명, 일본 1.4명에 비해서는 턱없이 낮다.

인구절벽 쇼크도 현실화하고 있다. 향후 30년 내 226개 시군구 중 37%인 85개가 소멸 위기에 있다고 한다.

저성장과 양극화도 본격화되고 있다. 20년 전 7%에 달하던 경제성장률은 지난 10년간 3% 수준으로 둔화하였다. 가계와 기업, 가계 간 소득 격차도 확대되어 양극화가 심화하고 있다. 하위 10% 대비 상위 10%의 근로소득은 2006년 11배에서 2015년 14.8배로 확대되고 있다. 수도권과 인접한 지역에 기업 이전이 집중되는 등 국토 공간도 양극화되고 있다. 지난 5년간 지방 이전 기업의 61%가 충청권과 강원권 등 수도권 인접 지역으로 이전하였다. 지역산업은 위기에 빠져있다. 지역 전통 주력산업 경쟁력 약화하고 지역 경기는 침체하고 있다. 결국 현재 우리나라는 저성장과 양극화, 저출산 및 고령화, 지방소멸의 위기에 처해 있다. 지역산업의 위기 속에서 여하히 대응할 것인가라는 과제에 직면해 있다.

이제는 지속가능한 국가발전을 위한 해법으로써 국가균형발전이 절실한 것이다. 선진국들은 경제성장과 사회통합을 위해 강력한 국가균형발전 추진 중이다. 일본은 인구감소, 고령화 대응을 위해 범정부 차원에서 강력한 균형발전을 추진하고 있다. 2014년 일자리와 사람의 선순환 구조 확립을 위해 창생 비전 및 종합전략을 수립하였다. 인구감소, 저성장 대응을 위해 총리가 주도하여 새로운 비전과 전략을 제시하고 지자체를 적극적으로 지원하고 있다.

프랑스와 영국은 분권형 지역정책을 적극적으로 추진하고 있다. 프랑스는 계획계약제도 시행에 따라 국가와 지역 간 공통사업에 대해 재정투자 등을 약속하고, 사업계획 수립권 한을 지방으로 이양하고, 중앙과 지역 간 포괄지원협약 정책을 펴고 있다. 영국도 지역 민관협의체와 중앙정부 간 협상을 통해 지원사업과 규모를 결정하는 지역 성장 협상, 분권 협상제도를 2014년 도입하는 분권형 지역발전 정책을 지속해서 추진하고 있다.

이제 균형발전에 입각한 지역발전정책이 우선되어야 한다. 지역의 특성에 맞는 발전과 지역 간의 연계를 통하여 지역경쟁력을 높이고 국민의 삶의 질을 향상해야 한다. 지역문제는 지역 실정을 가장 잘 아는 지방정부 주도로 문제를 해결하는 지역맞춤형 처방이 필요하다. 낙후지역 배려, 지방소멸 대응, 주민공동체 활성화는 기본적이며 우선적인 지역 정책의 방향이다. 지역의 다양성과 창의성을 발현하고 지역 유휴자원을 활용하여 지역의 혁신적 성장을 촉진해 가자. 이것이 시대적 요구에 부응하는 균형발전의 패러다임이다.

국토 지역발전의 방향과 과제

다가올 미래는 어떠한 시대인가? 지역개발에서 시민의 자조, 공동체, 창조성이 우선되는 시민의 시대이다. 국토 균형발전을 위한 지방 도시 육성, 지방의 개성과 주체성이 중시되는 지역의 시대이다.

코로나 시대에 지역발전의 패러다임은 변화하고 있다. 대규모 인프라의 구축보다는 문화, 교육, 업무 등 일상생활의 기능이 융화된 생활형 기반 시설의 마련이 강조된다. 인구과밀의 대도시가 바이러스 감염에 취약하다는 점에서 분산된 인구와 도시 공간이 필요하다는 주장도 제기되고 있다. 수도권 집중화를 해소하기 위한 분산적 국토관리 전략, 수도권과 비수도권의 균형발전 방안이 요구된다.

자연학습, 잘 보존된 자연환경, 지방자치와 시민참여, 다양한 여가생활에 관한 관심이 증대됨에 삶의 질 향상에 주목하게 되었다. 중앙주의, 일극 주의에서 나아가 분권주의, 다양성, 개성화를 지향하는 패러다임이 우선시되고 있다. 지역의 자립성을 도모하기 위해 인구감소에 대응할 수 있는 다양한 지역사업을 확대해야 한다.

지역에서는 시대적 패러다임을 선도하는 지역발전 정책을 만들고, 저성장시대의 맥락을 고려한 국토관리 전략을 수립해야 한다. 과거의 성장 중심적이었던 개발방식에서 벗어나 한정된 국토자원의 소비를 최소화하고 기존 개발지의 이용효율을 높이는 방안에 대해 고민해야 한다. 지역 간 교류와 통합을 이룩하기 위해서는 창조경제의 핵심적 가치인 소통, 연계와 융합이 지역관리의 근간이 되어야 한다. 기후변화와 녹색성장, 저출산 고령화 사회, 역사 문화 중심 도시, 열린 다민족 사회 등의 발전과 실현에 역점을 두어야 한다.

기존자원의 최대 유효 이용과 활용에 중점을 두자. 될 수 있는 대로 나열식 신규 사업을 지양하고 그간 진행됐던 개발사업의 성공적 완성에 초점을 두어야 한다. 물리적 시설 중심에서 콘텐츠와 프로그램 중심의 지역발전으로의 전환도 중요하다. 행정단위를 넘는 권역의 개념을 적극적으로 도입하고 권역의 교류와 협력, 권역의 브랜드를 강화하고, 사람 중심의 특성화 구현방안도 마련하자.

새로운 유형의 보전형 개발 정비에도 주목해야 한다. 이에 관한 대표적 사례로는 백두대간권 종합발전계획이 있다. 6개 광역도 28개 시군을 아우르며, 충북지역에서는 보은, 옥천, 영동, 괴산, 단양 등 5개 군이 포함된다. 한반도의 핵심적인 생태 축인 만큼 지역의 녹색성장을 위한 청정 웰빙 관광지대, 산림 바이오 녹색 클러스터의 구축방안이 적극적으로 강구되고 있다. 충북 남부권의 명품 바이오 산림휴양 밸리 사업이 거듭 강조되어야 하는 이유는 해당 사업의 일환인 치유의 숲 및 휴양단지 등의 조성이 녹색성장 패러다임과 부합하기 때문이다.

지역의 성장관리를 위해서도 새로운 접근방식이 필수적이다. 기존의 양적인 성장 중심과 정부 주도적 계획 기조에서 벗어나 주민의 삶의 질 향상에 실질적인 도움을 줄 수 있는 방향으로 다양한 주체들이 참여형 지역관리 전략을 수립해야 한다. 지역의 현안과 주민의 실수요에 대한 분석 결과를 기반으로 하는 중단기적 전략을 설정하고, 동시에 지역의 경쟁력 및 정체성 확보를 위한 지역관리 체계를 장기적인 관점에서 마련해야 한다.

국토균형개발은 대도시와 중소도시 모두를 상생할 수 있게 하며, 우리나라의 국제적 경쟁력을 높이기 위해서도 필수적이다. 중소도시를 대상으로 하는 대규모 사업 수행 시, 지역의 주체성을 높이는 방향으로 권한 이양과 재원의 재분배가 실현되어야 한다. 지방의 분권과 균형개발은 논의단계를 넘어 구체적인 실행단계로 접어들어야 한다. 젊은이들을 지역인재로 적극적으로 유입하기 위해 과감하면서 획기적인 대책이 강구되어야 한다.

혁신도시 시즌2의 발전과제

혁신도시가 시즌2를 맞았다. 수도권 과밀 해소와 지방의 자립적 발전 기반 구축을 목표로 지난 2005년 공공기관 지방 이전계획이 고시되고, 2007년 혁신도시법이 제정된 이후 전국에 10개 혁신도시 건설사업과 115개 공공기관 이전이 추진되었다.

혁신도시 1단계 정책 목표였던 이전 공공기관 정착은 작년 말 성공적으로 마무리되어, 이제 혁신도시를 지역 신 성장 거점으로 위상을 강화하기 위한 2단계 과제가 대두된다. 혁신도시는 이전 공공기관을 중심으로 한 혁신 주체, 수준 높은 정주 환경, 창의적 혁신환경이라는 3가지 구성요소가 핵심이다. 혁신도시는 기존의 요소 투입형 경제성장에서 다극 혁신형 국토구조 형성을 통해 수도권은 세계적 도시권으로의 높은 경쟁력을 확보하고, 비수도권은 특성화된 산업발전을 통해 자립적 발전역량을 강화할 수 있도록 하는 혁신주도형 국가균형발전 정책의 하나로 추진됐다.

그간 혁신도시를 둘러싸고 우려의 목소리도 있었다. 인구 유입 저조에 대한 우려, 높은 조성원가로 인한 기업 유치의 어려움, 기존 인근 도시와의 연계 발전방안 미흡, 지역의 역할과 추진 체계 불명확 등이 그것이다. 대체로 제반 어려움을 딛고 성공적으로 1단계 조성이 마무리된 것으로 보인다. 이제 혁신도시 시즌2는 몇 가지 과제를 안고 있다.

새로운 국토와 도시를 선도하는 도시 비전이 제시되어야 한다.

이전 공공기관을 활용한 4차 산업혁명의 전진 기지화 전략이 그것이다. 4차 산업혁명 기술을 혁신도시에 실제로 적용하고 기술과 주민 생활의 융합을 시도해야 한다. 혁신도시별 실정에 맞는 스마트시티 구축은 그 하나이다. 혁신도시별 이전 공공기관이 보유하고 있는 빅데이터의 개방, u-city 통합운영센터를 활용한 교통서비스 혁신과 공공시설의 효율성 강화 등이 우선적이다.

혁신도시는 지속적이며 차별적인 혁신 창출 허브가 되어야 한다. 주변 산업단지의 생산기능과 연구·개발 및 지원기능을 중심으로 하는 혁신도시 간 산업적 분업체계 구축하고 지역적 산업기반과 이전기관의 연계 강화로 특화전략을 추진해야 한다. 혁신도시가 지속해서 혁신을 창출하기 위해서는 다양한 산업과 지식이 필요하며, 연구개발, 상품화까지 다양한 기능이 입지 가능하도록 토지이용도 뒷받침되어야 한다. 입지규제최소구역 등의 제도를 활용하여 입주기업 맞춤형 토지이용을 보장하고 수도권 기업과 대학 유치를 위해 다양한 지원제도도 과감히 도입되어야 한다. 혁신도시에 의한 구도심 쇠퇴, 주변 지역 공동화 등 혁신도시 건설과정에서 발생할 수 있는 문제를 객관적으로 진단하고 인근지역과 연계한 발전방안 모색에도 적극적으로 나서야 한자.

협력적 도시 운영 모델을 구축하는 것도 혁신도시 시즌2의 중요 가치이다. 사용자인 주민의 도시조성에 참여를 강화하고, 이전 공공기관이나 종사자 등 다양한 주체의 도시 운영 참여가 보장되어야 한다. 각종 산업지원기관 등 다양한 주체의 협력체계를 포괄하는 혁신 창출 생태계 구축을 위해 혁신환경과 규제 완화를 적극적으로 모색하자. 혁신도시 시즌2를 추진하기 위해 혁신도시 구성요소 간 산학연관 파트너십 구축하고, 혁신도시 관련 각종 정보를 공유하자. 혁신도시와 주변 도시 간 상생발전을 위해 기초지자체와 광역지자체, 이전 공공기관의 교류와 역할이 중요하다. 특히 이전 공공기관은 지역전략산업이나 중소기업과의 연계, 지역의 산업 기술 발전을 위한 연구과제 참여 확대, 데이터의 공유 등 공공기관의 속성에 따라 지역의 일자리 창출과 산업진흥에 적극적으로 나서야 한다.

바야흐로 균형 국토와 혁신도시 시즌2의 시기에 접어들었다. 4차 산업 혁명과 스마트시티를 기반으로 하는 새로운 개념의 스마트 국토를 만들어 가야 한다. 감소하는 인구와 기존 산업의 쇠퇴로 축소되고 소멸의 위험에 직면한 지방 도시의 역량을 키워 지역을 지켜가야 하는 것도 시대적 과제다. 신국토 전략상의 성장 거점 담당, 혁신도시 유형별 특성화 전략 지속 추진, 주변 지역과의 상생발전 모델 구축, 성장관리형 도시조성 추진은 우리가 바라는 혁신도시의 모습이다. 혁신도시 시즌2는 본래의 취지와 가치를 살려내는 것이 우선이다.

강호축은 국토 균형발전축이다

국토의 미래발전축으로 강호축이 주목된다. 강호축은 충북도가 2014년 최초로 제안한 초광역 국가발전전략이다. 이는 지금까지 경부축 중심의 국토개발정책으로 소외됐던 호남과 충청, 강원 등 성장잠재력이 풍부한 해당 지역을 연결해 발전시키는 국가발전전략이다.

미래 국토골격은 기존 국토발전축에 국토관리와 생태공간축이 추가되는 국토구조로 정립되고 있다. 이 국토골격에는 동남서 해안권의 혁신발전축, 남북접경 지역과 백두대간이 포함되는 국가생태축과 함께 균형발전축이 요구된다. 국가 인프라 연결성을 강화하고 지역산업 기반 강화가 핵심 기능인 균형발전축에는 동서내륙축, 남해안축, 남북접경축이 해당하는데, 여기에 강호축이 포함되어야 한다.

사실 우리나라는 경제성장과 도시화 과정에서 과도한 경부축 중심의 개발이 이루어져 왔다. 인구, 자본, 기술 등 국가의 모든 자원이 지나치게 경부축에 집중되어 심각한 국토의 불균형 개발을 초래했다. 경부축에 해당하는 서울, 인천, 경남, 부산 등 8개 시도는 인구의 85%, 예산의 76%, 산업단지 수 88%, 전문과학기술업체 수 89%를 차지하고 있다. 현재 우리나라는 저성장 추세의 고착화와 선진국 진입 문턱에서 공전하는 등 성장 동력이 한계에 도달했다.

국가의 더 큰 도약을 위해 새로운 국토전략이 필요하다. 새로운 국토구상을 통해 그동안의 개발 혜택에서 소외되었던 지역에 대한 재조명이 필요하다. 강호축은 지금까지 경부축 중심의 국토개발정책으로 인해 각종 개발 혜택에서 소외되었지만, 성장잠재력이 풍부한 호남과 충청, 강원을 연결하는 초광역 국가발전전략이다. 강원과 호남의 단절을 극복하고 소통하기 위한 통로가 될 강호축은 소외지역을 서로 연결하는 국토구상 프로젝트이자, 전 국토를 골고루 활용하고 새로운 성장 동력을 창출하는 새로운 국토 개발전략이다.

강호축에는 강원, 충북, 세종, 대전, 충남, 전북, 광주, 전남 8개 시도가 해당한다. 강호축은 풍부한 미래 산업 혁신 인프라를 보유하고 있어 복합적인 연계 활용을 통한 권역 간 네트워크 구축으로 시너지효과가 기대된다. 강호축에는 세종시와 4개의 혁신도시, 3개의 기업도시, 4개의 경제자유구역이 속해 있고, 연구개발특구와 16개의 국가산단이 포함된다.

강호축은 4차 산업혁명을 기반으로 미래 먹거리를 창출하는 혁신성장 축이기도 하다. 경부축의 전통적 제조산업에 비해 강호축은 4차 산업혁명 기술에 부합하는 미래형 산업 육성의 잠재력을 갖추고 있다. 전북의 새만금 신재생에너지 단지, 충북의 태양광 산업특구, 강원의 풍력에너지 산업 등을 연결하는 강호축 에너지 그리드 사업은 혁신성장의 핵심 선도사업이다.

또한 강호축은 백두대간 관광 치유 벨트로 조성되고 있다. 호남, 충청, 강원의 백두대간 권역 청정 환경과 역사 문화자원을 활용한 관광산업은 미래 신성장동력의 핵심 요소이기도 하다. 백두대간 관광벨트의 국립공원과 영산강 유역 다도해 해상국립공원을 연계한다면 세계적인 관광 힐링 휴양지로 만들어 갈 수 있다.

강호축은 한반도 평화와 번영을 위한 남북교류 및 평화통일의 축이기도 하다. 한반도 신경제지도 구상과 연계되는 남북교류 협력 촉진축이다. 북한의 SOC 등 건설수요에 대비한 양회 수송 루트이며, 호남, 충북, 강원을 거쳐 북한, 러시아를 연결하는 대륙 에너지 벨트이자 식품산업 벨트이기도 하다. 이러한 강호축 구축을 위해서는 국토골격 개념의 정립을 바탕으로 강호축 교통망인 국토 X축 고속교통망 구축이 완성되어야 한다. 국토 균형발전을 선도하는 행정수도인 세종시와 전국 각 권역이 하나로 연결되는 국가교통망 필요하다.

강호축은 경부축과 함께 대한민국 발전을 이끌 국가 균형발전의 담대한 구상이다. 강호축은 세종시 조성을 통해 이루고자 한 국토 균형발전의 구체적 실천 전략이다. 강호축 구축은 미래로 나아가는 국토 신구상이다.

광역행정과 소구역행정

도시행정의 오랜 논쟁거리 중 하나는 도시를 광역적으로 운영할 것인가, 다수의 소구역으로 운영할 것인가이다. 광역론자 집단은 행정을 큰 구역으로 운영하는 것이 바람직하다는 견해며, 소구역론자 측은 작은 구역으로 나눠 운영하는 것이 지방자치의 본질에 적합하다는 주장이다.

광역행정은 공간적으로 시군의 행정 관할 범위를 넘어서며, 내용상으로 복수의 자치단체 간에 상호 영향을 주는 활동에 대한 역할을 분담하고, 협력을 통해 행정을 처리한다. 공공서비스의 계획을 수립하고 사업을 수행하기 위해 거점이 되는 대도시와 그 주변 지역 간에 기능과 역할을 조정하고, 협력하는 일련의 과정을 포함한다.

먼저, 광역론자들은 규모의 경제와 집적 효과를 근거로 도시의 경쟁력을 높이기 위해서는 광역적 단위로 도시를 운영하는 것이 바람직하다고 주장한다. 공공서비스가 중복되고, 규모의 경제 효과가 감소하는 등 비효율로 인한 도시문제에 대처하기 위해 도시는 광역적으로 운영해야 한다는 것이다. 규모의 경제를 확보한다는 측면에서 폐기물처리시설과 같은 공공시설을 광역적 차원에서 운영할 때, 비용의 절감과 인원의 감축에 유리하다는 견해다.

교통과 정보통신 기술의 발달로 생활권의 범위가 확대되고, 도시 간 경쟁이 격렬해지고 있는 현대 사회에서 광역행정은 광역 단위의 도시개발을 통해 도시의 경쟁력을 높이고자 한다. 더불어 광역화를 통한 행정제도의 변화와 혁신을 통해 도시의 경쟁력을 강화하고자 한다. 다른 한편으로, 지역 간 격차의 완화와 균형성장을 위해서도 광역행정이 유리하다고 본다. 도시에서 발생하는 외부효과와 사회적 비용에 대한 책임과 분배를 다른 도시에 전가하지 않고, 관련 도시들이 자체적으로 해결하는 점도 광역행정의 장점이다.

반면, 소구역론자들은 도시민들의 생활양식이 다양화될수록 도시를 광역 단위보다는 소단위로 다양하게 구분하여 운영해야 한다는 입장이다. 행정이 작은 규모로 운영될수록 주민들의 공공서비스 선택의 폭이 넓어지며, 개인의 선호에 따라 거주지, 직장 등을 선택할 수 있게 되어 주민 개개인의 효용을 극대화할 수 있다는 것이다. 즉, 작은 단위의 도시 정부를 운영하는 것이 주민들의 공공서비스 선택의 기회를 늘려 효용의 극대화를 가져온다고 본다.

지방자치를 소규모로 운영할수록 주민들의 다양한 수요를 보다 적극적으로 반영할 수 있을 뿐만 아니라, 정부와 주민 간의 소통에도 더 유리할 수 있다. 지방정부를 소규모로 운영할수록 지자체 간 경쟁 구도가 형성되어 행정의 효율성이 향상될 수 있다는 견해이다. 이들은 광역적인 도시의 운영은 오히려 공공서비스의 시장을 축소하고, 정부의 독점을 초래해 공공부문의 비능률성을 높인다고 지적하며, 소규모의 정부가 도시 공공재의 효율적인 생산과 분배에도 유리하다고 한다. 또한, 도시 자치가 소규모로 독립적으로 운영될 때 주민의 선호와 의견을 반영한 도시행정이 가능하고, 풀뿌리 민주주의를 구현할 수 있다.

그간 우리나라에서 광역행정을 위해 추진한 도농통합이나 시군통합에 대한 평가는 다양하다. 광역적으로 운영하여 자치정부의 수를 줄일 때, 공공부문의 효율성이 증가한다는 연구 보고가 있다. 반면, 시군 통합으로 인해 오히려 행정비용이 증가하고, 업무에 대해 불편함이 증가했다는 연구 결과도 있다. 결국, 큰 규모의 정부와 작은 규모의 정부가 각자의 역할과 기능을 수행하며 적정한 경쟁과 상호작용을 할 때가 공공의 균형점이자 역할의 효율을 극대화할 수 있을 것이다.

결론적으로, 광역행정이 더 좋은지, 소구역행정이 더 나은지에 대한 명확한 해답은 없다. 자치단체의 광역화와 소규모화, 광역행정과 소구역행정 간에는 근본적으로 추구하는 목적에 차이가 있다. 지역의 특성, 공공서비스와 정책의 유형, 공동체의 활성화 정도 등에 따라 그 가치와 목적이 달라지기 때문이다. 생활양식이 다층화될수록 광역행정과 다양한 소구역행정의 상호보완적인 운영이 바람직할 것이다. 지역의 경제를 살려 경쟁력을 확보해야 하는 곳은 광역적 행정과 통합적 개발사업을 적극적으로 추진할 필요가 있다. 반면, 지역의 정체성과 역사성을 강화해야 하는 도시들은 작은 정부로 운영하는 것이 더 적합할 것이다. 지방을 살리는 상생전략을 위해서도 광역적 접근과 함께 소구역 행정을 결합하여 각 지역의 상황에 맞는 특색 있는 정책과 프로그램을 실행하는 것이 중요하다.

2021년 국토 도시정책을 되짚어 본다

다사다난했던 2021년도 저물어간다. 국토 도시 분야에서 어떤 일이 있었는지 되돌아보자. 주요 국토정책으로 인구감소지역 지정, 초광역권 지원전략, 지역개발사업 선정이 있었고, 도시주택정책으로는 주택가격 급등에 따른 주택공급정책과 규제 완화, 도시재생 정책이 화두였다.

인구감소지역의 지원 강화 대책은 지방소멸에 대한 위기감을 보여준다. 국가균형발전특별법 시행령 개정을 통해 인구감소지역으로 전국 89개 시군이 고시되었다. 충북은 괴산, 단양, 보은, 영동, 옥천, 제천 등 6개 시군이며, 충남은 공주, 금산, 논산, 보령, 부여, 서천, 예산, 청양, 태안 등 9개 시군이 지정되었다. 인구감소지역에는 내년부터 향후 10년간 매년 1조 원 규모의 지방소멸대응기금을 투입해 일자리 창출, 청년인구 유입 등 지역 활성화를 추진하게 된다. 인구감소지역 지원 특별법을 제정하고, 인구감소 원인 진단, 지역 특화자원 활성화 등의 인구활력계획을 지역 주도로 수립하게 된다.

　초광역권의 협력과 지원전략이 발표되었다. 일명 메가시티 구상을 발전시키겠다는 것이다. 초광역 협력의 안정적 지원 기반을 구축하기 위해 초광역권 발전계획 및 협력사업 추진 근거 등이 관계 법령에 신설된다. 2개 이상의 지방자치단체가 공동으로 특별지자체를 구성할 수 있으며, 설립에 필요한 재원은 특별교부세로 지원한다. 현재 부산·울산·경남은 특별지자체 설치 준비를 위한 합동추진단을 운영 중이며, 충청권은 2024년까지 특별지자체 설치 운영을 목표로 하고 있다. 교통·산업 등 분야별 초 광역협력 촉진 정책도 도입되며, 광역철도를 활성화하고, 광역 BRT 및 환승센터, 소외지역 맞춤형 교통체계도 구축된다. 충청권은 2040년 인구 600만 명에 4차 산업혁명 특별권역으로 미래 산업의 메카로서 국가기능을 특화 연계 발전시켜 균형발전의 허브로 만들자는 전략이다.

　주거플랫폼 사업이 본격 추진된다. 인구감소 위기에 처한 지방 낙후지역의 인구 유입을 도모하기 위해 2021년 지역개발 공모사업 21개를 선정하여 주거플랫폼 사업을 본격 추진한다. 주거플랫폼은 주거 안정을 위한 공공임대주택과 지역에 필요한 생활SOC, 일자리를 함께 공급하는 사업으로 성장촉진지역을 대상으로 지역수요 맞춤지원 11개, 투자선도지구 1개소를 선정했다. 충청권에는 옥천 산성문화마을 주거플랫폼, 영동 추풍삼색 프로젝트, 청양 청양연화 플랫폼 등 3곳이 선정되었다.
　'공공주도 3080+' 정책을 통한 대도시권 주택공급 획기적 확대 방안도 주목되는 정책이다. 공공이 직접 시행하는 재건축·재개발

사업 등을 통해 오는 2025년까지 서울 32만 가구 등 전국에 83만 가구 주택을 공급한다는 것이다. 도심 공공주택 복합사업 및 소규모 재개발을 통해 30만 6천 가구를 공급하되, 공공 직접 시행 정비사업, 주거재생혁신지구 사업방식 개선, 공공택지 신규 지정 등의 방식이 도입된다.

도시개발 입지규제 최소구역 지정 대상 확대 등 제도개선도 발표되었다. 도심 내 쇠퇴한 주거지역, 역세권 등을 주거·상업·문화 기능이 복합된 지역으로 개발할 때 입지규제를 적용받지 않도록 건축물의 용적률, 허용용도, 높이 등을 별도로 정하는 입지규제 최소구역의 대상을 확대했다. 또한 지구단위계획구역에서 용도지역 변경 등으로 발생하는 이익 사용지역을 당초 '자치구 내'에서 '특·광역시 내'로 확대했는데, 자치구 간 균형발전에 도움을 줄 것으로 기대된다.

서울시 도시재생 정책이 보존 위주에서 개발 가능 방향으로 전환하겠다는 것도 주목된다. 도시재생사업지 내 재개발이 가능해지고, 민간기업의 참여를 유도해 특화사업지구를 조성한다. '2세대 도시재생' 사업은 기반시설 여건과 주민 갈등 여부를 종합적으로 판단해 실질적 주택정비를 추진하고, 중심지 특화 재생사업은 권역별 거점과 연계해 민간 주도 개발을 진행하는 내용이다. 다만 재개발 추진을 둘러싼 주민 간 갈등, 사업성 확보를 위한 규제 완화, 난개발 해소 등이 과제이다.

내년은 대통령 선거가 있다. 서민 중심의 실용적 주택정책이 마련되어야 한다. 시대를 선도하고 국가의 백년대계를 준비하는 국토정책이 제시되길 희망한다. "작은 계획을 세우지 마라"라는 말은 다니엘 번햄이 시카고 계획을 수립할 때 한 유명한 말이다. 큰 계획을 세우고, 원대한 포부가 펼쳐지는 새해이길 소망한다.

2022년 국토 도시정책 10대 뉴스

대한국토도시계획학회와 국토연구원이 공동으로 2022년 국토 및 도시계획의 10대 뉴스를 선정한 바 있다. 지난 한 해의 주요한 국토 및 도시정책 관련 이슈를 10대 뉴스를 통해 되짚어보고자 한다.

1위는 지방소멸에서 더 나아간 지역소멸이다. 수도권, 부산, 울산과 같은 대도시의 일부 지역 또한 인구가 감소하고 있다. 비수도권 지역의 인구가 줄어드는 지방소멸 단계에서 더 나아가 일부 수도권과 광역시의 인구까지 감소하는 지역소멸 단계로 들어섰다. 산업연구원의 조사에 따르면, 전국 228개 시·군·구 중 소멸위기 지역은 59곳, 소멸우려 지역은 50곳으로 나타났다. 지역소멸의 주요한 원인으로 일자리에 따른 인구 유출을 꼽고 있으며, 이에 대한 대안으로 지역 내 일자리 창출의 필요성을 강조하고 있다.

2위는 도시계획·개발 시 탄소중립 검토의 의무화이다. 도시·군 기본계획과 도시개발계획을 수립할 때 탄소중립에 관한 계획 요소를 반영해야 한다. 지자체가 수립한 '탄소중립 기본계획' 상의 온실가스 감축 목표와의 정합성도 고려해야 하며, 공간구조, 교통체계, 공원녹지 등 부문별 계획에서도 탄소중립을 위한 계획 요소를 제시하여야 한다.

3위는 아파트 35층 층고제한의 폐지이다. 이에 따라 서울의 스카이라인에 상당한 변화가 예상된다. 서울시 전역의 주거용 건축물의 높이를 일률적으로 '35층 이하'로 제한해 왔던 높이 규제를 폐지하고, 지역의 여건에 따라 건물의 층수를 다양화하여 다채로운 스카이라인을 유도해 나간다는 방침이다. 또한, 중심지의 기능 강화, 철도의 지하화, 하천 수변공간을 적극적으로 활용한 공간의 재편 등도 중점적으로 추진된다.

4위는 레고랜드 발 채권시장 위기 뉴스이다. 강원도지사가 레고랜드 테마파크 개발 시행사의 빚을 갚아주지 않겠다고 선언함에 따라 채권시장이 얼어붙었다. 정부는 기업들의 도산을 우려해 50조 원을 채권시장에 지원하는 대책을 제시하였으나, 결론적으로는 해당 사건은 부동산 및 금융산업에 심각한 타격을 주었다.

5위는 강남역, 광화문, 도림천 일대에 대심도 배수터널을 설치하여 폭우에 대비한다는 뉴스이다. 서울시는 집중호우로 인한 인명 피해를 막기 위한 수방 대책을 발표하였다. 22년 8월 집중호우의 피해가 극심했던 강남역 일대는 중점관리지역으로 지정해 시간당 100㎜ 수준의 폭우가 쏟아져도 침수가 발생하지 않도록 관리한다.

6위는 이태원 참사 건을 계기로 돌아본 과밀의 일상화이다. 이태원 참사를 계기로 일상 속 만원 지하철, 각종 행사 및 유명 관광지는 발 디딜 틈조차 없을 정도로 수많은 사람이 한정된 공간에 몰리는 현상에 대한 진단이 필요하다. 주요 장소별 인구밀집도를 실시간으로 점검하고 관리하는 체계를 마련할 필요가 있다.

7위는 1기 신도시 재건축의 잰걸음과 2024년까지의 시범지구 지정이다. 경기 분당, 일산, 중동, 평촌, 산본 등 1기 신도시 재건축 및 재정비를 위해 2024년까지 선도지구를 지정해 나갈 방침이다. 선도지구로 지정된 지역은 안전진단의 신청을 시작으로 하여 재건축 사업의 착수가 가능해진다.

8위는 '670조' 네옴 보따리 들고 온 사우디 왕세자, 제2 중동 붐을 기대하는 뉴스이다. 사우디아라비아의 미래형 신도시 '네옴시티(NEOM)' 건설 계획에 따라 스마트시티, 친환경 모빌리티, 신재생에너지 분야에서의 거대한 사업 기회가 국내 건설업계 및 대기업에 열릴 것으로 기대하고 있다.

9위는 역세권 및 노후도시의 환경을 완전히 탈바꿈하기 위한 도시혁신 밑그림이 발표되었다. 용도지역제의 규제를 벗어난 복합용도계획구역, 도시혁신계획구역, 고밀 주거지역 등 '공간혁신 3종 세트'로 명명되는 지역·구역을 신설할 계획이다. 도시 공간 내 창의적인 개발과 함께 입체적 도시개발 사업이 탄력을 받을 것으로 보인다.

10위는 용도지역제도의 획기적 개편이 추진된다. 일제강점기에 제정되어 획일적, 경직적으로 운영되어 온 용도지역제 제도의 복합적, 탄력적 적용을 위한 개편이 이루어진다. 다만 용도지역의 개편이 곧 용적률의 상승으로 직결되는 것은 아니며, 공공기여의 확대 방안이 병행되어야 한다.

2 광역도시 정책

대도시권 계획 확장전략이 필요하다
대도시권 광역계획 추진체계
일본 광역도시권의 협력사업
일본 그레이터 나고야 광역협력 사례
통합된 행복도시 광역도시계획 수립을 환영한다
충청 메가시티에 바란다
연계협력과 문화 재생

대도시권 계획 확장전략이 필요하다

바야흐로 대도시권의 시대이다. 우리나라의 경우 국토 면적의 30%인 대도시권에 전국 인구의 80%가 살고 있다. 신성장산업의 일자리들이 대도시 권역에 있고 젊은이들이 대도시 권역 중심지로 모여든다. 4차 산업혁명 관련 소프트웨어 산업의 일자리는 서울, 인천, 대전 등 몇몇 대도시로 집중되고 있다. 대도시는 고속교통으로 확산하면서 주변 인구를 흡입하면서 도시의 광역화를 만들어간다.

대도시권은 중심도시와 주변 지역이 사회경제적으로 강하게 통합된 지역이다. 그런데 대도시권과 그 외 지역 간의 성장의 격차가 커진다. 대도시권 안에서도 중심도시와 주변 지역 간의 격차가 커지고 있다. 대도시권은 권역 내의 도시 간의 알력을 미리 방지하면서, 토지이용, 교통 등 광역적 업무에 대해 효율적이고 합리적인 지침과 방향을 찾는 데 필요하다.

대도시권의 효율적인 관리를 위해 대도시권 공간구조가 체계적인 대도시권 계획의 틀 속에서 고려되어야 한다. 대도시권이 효과적으로 관리되기 위해서는 인구, 토지이용, 교통, 주택, 환경대책이 기후변화, 인구감소, 고령화, 4차 산업혁명 등 미래의 커다란 변화 흐름에 대응할 수 있어야 한다.

미국 뉴욕 대도시권은 경제활동 중심지로서 직주균형을 통한 외곽지역의 지역중심지 육성을 위해 일자리 공급정책을 추진하고 있다. 뉴욕시민 90%가 대중교통을 이용하여 45분 이내에 직장에 접근한다는 대중교통에 대한 분명한 정책 목표를 제시하고 있다. 영국 대런던 계획은 런던 대도시권의 지속가능한 발전을 위해 경제, 교통, 환경을 통합한 광역공간계획으로 광역 생활권 통합과 광역 대중교통을 통한 중심지 간 연결성 강화에 초점을 두고 있다. 일본 동경 대도시권도 도심을 비롯한 지역별 중심지를 압축개발하고 광역 대중교통을 통해 네트워크로 연결하여 대도시권 공간구조의 효율성을 모색한다.

도시권 관리에서 강조되어야 할 몇 가지가 있다.
대도시권 계획은 기존 행정구역을 넘어서는 광역적인 접근이므로, 무엇보다 중심 도시와 사회, 경제적으로 통합된 실질적 영향권을 포함하는 권역 설정이 중요하다. 현재 수립된 광역도시계획권의 경우 대부분 협소하게 설정되어 있어 효과가 미흡하다. 대도시권은 그 영향권이 확대되고 있으며 미세먼지, 광역시설 입지 갈등, 광역교통 등 광역적 사안이 커지고 있다. 기존 행정체계를 넘어서는 실질적 영향권을 고려한 확장된 권역 설정이 요구된다.

토지이용과 교통으로 대변되는 대도시권의 기본골격, 인구 및 기능의 배분, 광역적 시설의 입지 및 관리, 계획의 집행을 위한 행·재정적 지원체계 등이 대도시권 계획의 주요 내용이다. 그런데 기존 광역도시계획은 계획의 내용에 있어서는 공간구조, 환경, 교통 및 인프라 등 주요 부문계획들로 구성된 종합 계획으로 마련되어 왔다. 당면 이슈에 대응은 상대적으로 취약했다. 성공적 대도시권이 형성되기 위해서는 대도시권이 당면한 이슈와 광역적 전략과제 중심으로 대도시권 계획내용을 마련해야 한다. 광역적 미세먼지 대응 프로젝트, 광역교통, 광역문화관광 프로젝트 등은 대도시권 계획이 담당해야 하는 구체적 프로젝트이다.

현재의 국토 도시정책을 대도시권 계획과 관리체계로 전환해 가야 한다. 지역 간 경쟁과 갈등이 증대하고 있어 대도시권 차원의 대처가 요구받고 있다. 광역교통 통합 운영, 광역 쓰레기 매립지 문제, 그린벨트 해제 총량의 배분 등을 대도시권 관리정책을 통해 실효적 해법을 마련할 수 있다.

아울러 대도시권의 계획과 관리는 지역 주도의 자치 분권형 추진 체계가 맞는 방향이다. 지자체가 추진하고자 하는 계획과제와 지역주민이 관심을 두는 문제를 계획 입안단계부터 지역이 주도하는 것이 계획의 정당성과 실천성을 높이는 길이다. 대도시권은 여러 지방자치단체의 이해관계가 얽혀 있다. 대도시권의 계획은 여러 도시의 의견을 수렴하고 조정하는 과정과 체계가 더욱 중요하다. 대도시권 계획이 행정구역을 넘어선 통합적인 계획과 관리의 정책 수단으로 자리 잡기 위해서는 그 범위와 내용, 정책의 위상에서 더욱 과감한 확장전략이 필요하다.

대도시권 광역계획 추진 체계

미국의 대도시권 계획은 1920년대 본격화된다. 도시가 대도시권으로 확장되고 도시화 지역이 자치단체의 경계를 넘어서면서 광역적인 계획을 공동으로 수립해야 하는 필요성이 뚜렷해졌다. 연방 시스템을 따르고 있는 미국에서 도시개발과 토지이용에 대한 규제

권한이 지방정부에 귀속되어 있어 대도시권 광역계획의 추진방식은 다양하게 접근되었다. 역사적으로 미국 대도시권 계획의 추진체계는 지역계획기관, 공공사업기관, 자치단체협의회라는 3가지 접근방식이 있었다.

우선 지역계획기관들의 창설은 대도시권 광역계획의 필요성이 주목받으면서, 1920년대 들어 뉴욕의 지역계획협회가 설립되면서 시작된다. 이는 뉴욕주, 뉴저지주, 코네티컷주에 걸친 지역계획을 수립하기 위해 만들어진다. 이러한 계획기관들은 주로 민간의 후원으로 이루어졌고 계획을 집행할 권한은 없으나, 자치단체가 계획을 집행할 때 조언자 역할을 담당했다. 1920년대 후반까지 미국에서는 15개의 광역계획이 마련되었다.

또 다른 유형은 공공사업기관들이다. 특정 과업 지향적 성격을 갖는 기관으로, 주 의회에 의해 상당한 법적 권한을 위임받아 설립된다. 1921년 미국 최초의 공공사업기관으로 뉴욕항만청이 뉴욕 및 뉴저지주 의회에 의해 설립된다. 항만청은 본래 지역의 철도화물 운송을 개선하는 역할을 맡았으나, 후에 대도시권을 대상으로 이를 연계하기 위한 교량 건설로 확장되었고, 뉴욕의 항만 경제발전을 촉진하는 역할까지도 담당한다. 1990년대 8천 명에 달하는 직원 규모로 성장하였다.

그 후 1960년대에 와서 광역계획은 급속한 발전을 한다. 기존 시가지를 넘어 교외 지역이 2차 세계대전 이후 급격히 성장한 데 기인한다. 또한 환경문제의 부각도 광역계획을 요구하게 되는데, 대기와 하천이 행정 경계가 아닌 지형과 수계에 의해 좌우되는 광역적 성격을 지니기 때문이다.

광역계획에 대한 연방정부의 강력한 정책적 지원도 견지되었다. 1960년대 미국에서는 고속도로 사업, 환경사업, 도시재개발 등에 대한 사업을 추진하면서, 지방정부가 연방정부의 지원을 받기 위해서는 광역계획에 대한 연방의 규정을 충족해야만 하도록 했다. 고속도로 건설보조금을 받기 위해서는 광역계획에 적합한 제안서를 내야만 했고, 대중교통 보조금을 지원받으면 광역계획에 따라 사용되고 있음을 증명해야만 했다. 이러한 연방기금들은 자치단체협의회를 활성화하는 중요한 계기가 되었다.

대도시권 추진 체계의 또 다른 형태가 자치단체협의회이다. 협의회의 성장은 연방정부의 자금지원과 지역계획 요건에 따라 발전하였다. 1938년 애틀랜타 지역위원회의 설립은 대도시권 광역계획의 역사가 되었다. 발전을 거듭하다가 1960년 애틀랜타 대도시권계획위원회가 확장되면서 새로 설립되어 10개 카운티에 300만 명의 인구가 포괄되어 있다. 대도시권에 대한 종합계획과 개발 서비스를 담당하면서, 교통, 오픈스페이스, 환경, 상수도 등 다양한 광역계획의 문제에 대한 중요한 임무를 수행해 왔다.

포틀랜드 대도시권은 1977년에는 폐기물 처리, 수도 등의 광역서비스를 공급하기 위한 기구를 설치하였으며, 1992년에는 단일 카운티나 시 행정구역을 넘어 통합적인 토지이용 관리와 개별 도시 간의 정책을 조율하기 위하여 광역행정기관인 메트로로 이어졌다. 2018년 메트로는 포틀랜드 주변의 대도시권을 관리하는 광역지자체로서, 24개의 지자체가 참여하고 있다.

미국에서 자치단체 협의회는 2000년을 넘어서면서 대략 450여 개가 있다. 많은 지방정부가 협의회에 속해 있다. 이러한 협의회는 지역의 미래상과 성장계획을 수립하고, 주 정부 및 연방정부의 교통기금을 관리하며, 개별 지자체의 이해관계를 조율하고, 각 지역의 도시계획 간 정합성을 확보하고 있다. 자치단체 간의 교류와 협상의 창구이기도 하다.

대도시권 계획기구의 설립은 지역 성장의 새로운 시작이다. 대도시 권역의 거대하고 복잡한 일을 단계적으로 발전시키기 위해서는 확실한 추진 체계에 의해 계획되고 관리되어야 한다.

일본 광역도시권의 협력사업

일본에서 출간된 새로운 공공의 도시시대는 도시만들기에 있어 새로운 공공의 역할을 다루며 도시권을 지원하는 광역도시권의 연대와 협력을 강조한다. 일본에서는 광역도시권 내 도시 간 서로 교류하고 협력함으로써 경쟁력을 높인다는 인식이 확대되고 있다.

광역도시권을 일체적인 권역으로 여기는 인식도 커지고 있다. 도시민의 자연과 농촌에 대한 생활양식의 변화와 광역적 관광산업 등 공통관심사가 커지고 있어 광역도시권을 하나의 권역으로 받아들이고 있다. 식량과 환경, 에너지의 의존성 증대, 재해 발생 등 지역의 안전 문제에 대한 광역적 대처 필요성이 커지고 있는 점도 광역권이 중시되는 이유이다.

일본의 광역도시권 중에서 도시 간 연대와 협력사업이 가장 활발한 지역으로 간사이 광역도시권이 이야기된다. 오사카, 교토, 고베, 나라 등과 같은 역사가 깊고 개성이 강한 도시가 많다. 민간

주도하에 관광과 관련된 각 지역의 새로운 공공의 활동을 광역적으로 전개한 최초의 시도가 역사가도(歷史街道) 사업이다. 간사이권에는 일본 국보의 60%, 중요문화재의 50%가 집중되어 있다. 역사가도 계획은 이 자원들을 활용하기 위한 광역적 협력사업이다.

1988년 교토좌담회에서 역사가도 만들기가 제안되어, 1991년 역사가도 추진협의회가 발족하고, 1992년 마스터플랜이 작성되었다. 협의회는 애초 26개 민간단체와 36개 행정단체로 발족하였는데, 2010년 4천 명의 시민과 8개 부·현, 64개 역사적 지역, 124개 기업 등 217개 단체가 참여하고 있다.

간사이 역사가도 협력사업은 역사 문화를 살리고 친숙한 지역으로 만드는 일을 하고 있다. 50개 지구에서 역사가도 모델사업을 지정했고, 역사적인 길, 건물, 하천, 안내표시의 정비. 걷기대회 등의 활동을 펼치고 있다. 지역별로 공통된 역사 테마를 설정하고 시민이 주체가 되어 행정과 협동해서 활동을 전개하고 있다. 지역별로 점적인 개별 활동을 선으로 연결하는 지역 협력 활동으로 확장하고 있다. 광역관광을 진흥시키기 위해, 34개소의 광역 안내시설 설치, 박물관의 광역적 협력사업, 20개 지역의 이야기꾼 사업 등 다양한 분야에 다양한 사업방식으로 실시되고 있다. 해외 홍보를 위해 세계 각지에서의 포럼, 유학생 투어, 해외 기자와 여행사 초청, 외국어 안내판, 10개 언어로 된 홈페이지 운영 등이 지역 간 협력을 통해 시행되고 있다. 세계 유산을 활용한 광역관광을 추진하기 위해, 2009년 간사이 세계 유산과 대도시를 연결하는 루트가 제안되고, 고대부터 근세로의 시간여행을 하는 광역 루트가 마련된다.

역사가도 사업이 시작된 지 20여 년이 지났다. 광역적 사업이 활발하게 전개된 것은 기반 시설 정비는 행정의 역할이었지만 프로그램은 민간의 역할이었다. 각 지역 현장의 관광은 각지의 새로운 공공이 담당하고 이들을 연계하는 협의회 사무국이 중간 지원기능을 가지고 역할을 한다.

광역 협력사업에는 기본적으로 여러 어려움이 있다. 중간 지원 조직에서 민간과 행정이 협동하기 어렵다. 지자체마다 처한 사정이 달라서 사업에 필요한 지자체의 협력을 얻어내기가 쉽지 않다. 협의회의 재정 충당과정에서 행정의 자금지원이 안정적이지 못하다. 지자체의 재원 배분 과정에서 광역사업에 우선순위가 밀리는 경향이 있다. 각 지역의 경계부에 있는 관광지의 경우 소외되는 문제가 나타난다. 그래서 광역적인 활동에서도 지역 간 걸쳐 있어서 성과를 낼 수 있는 사업을 우선해야 한다는 원칙이 제시되었다. 각 지역에서 일어나는 새로운 공공의 활동을 활성화하는 것도 과제이다. 각 지역주민의 활동을 네트워크화하는 것은 관광객을 끌어오는 것은 물론 지역주민의 삶의 질을 높이는 데 중요하다.

간사이권에서는 많은 분야에서 광역적 연대와 협력이 오랜 기간 민간과 행정사이에서 실행됐다. 각 지역과 도시, 각 분야를 새로운 공공을 연결하는 네트워크를 만들었다. 새로운 공공은 광역협력의 주체로서 큰 역할을 하고 있다.

일본 그레이터 나고야 광역협력 사례

일본 중부 나고야권에서는 2004년부터 그레이터 나고야 이니셔 티브(GNI) 라고 부르는 광역 협력사업이 실행됐다. 나고야경제권 은 나고야시와 인접 지역 간의 위기의식에서 촉발된 지역 간 경제 통합이다.

나고야시로부터 자동차로 1시간, 반경 100km 정도에 이동할 수 있는 지역을 실질적인 경제권으로 통합하여 발전전략을 수립하고 대외적으로 통합마케팅을 하게 된다.

나고야권 경제통합은 이 지역의 공동 발전을 위해 「그레이터 나고야」라는 공동브랜드명으로 지역이 하나로 통합된다. 나고야시 와 아이치현, 기후현, 미에현 등 인근 3개 현과 22개 시, 10개 상공 회의소와 36개 경제 관련 단체를 묶는 경제통합 구상이었다. 나고 야시의 3차 산업과 연구개발, 도요타시의 수송, 항공우주, 토우카 이시의 철강, 미에현의 전자부품, 기후현의 섬유와 세라믹 등 적절 한 역할 분담을 통해 선순환 구조를 구축하고자 한다.

나고야는 일본에서 세 번째로 큰 도시로서 경제성장의 성공모델 로 알려져 있다. 나고야권은 일찍이 제조업의 중심지로 자리 잡아 왔지만, 해외투자가 적다는 한계가 있었다. 지자체마다 따로 외국 기업을 유치하기 위한 활동을 해 왔지만 이렇다 할 실적을 올리지 는 못했다. 이런 배경에서 해외로부터의 투자를 확대하기 위한 광 역적인 시도가 시작된 것이다.

그레이터 나고야라는 브랜드명으로 권역을 하나로 묶고 대외적 으로 통합 마케팅했다. 여기서 산학관이 함께 참여하는 GNI 협의회는 핵심적 역할을 하고 있다. 대외적 마케팅 전략을 수립하고, 기업 유치, SOC 구축, 국제행사 유치 등과 같은 사업들을 공동 추진하고 있다. 세계를 향한 지역 정보 제공, 상담회 실시, 해외기업 현지 시찰 등 해외투자 촉진을 위한 다양한 활동이 이루어진다. 권역에 대한 해외투자가 결정되면 시설, 법무, 재무 등의 원스톱 서비스가 이루어진다. 외국인 거주자 자녀에 대한 교육, 의료, 지역사회와의 융화프로그램 등 다양한 요구에 민간부문의 시민 활동과 협력체계를 통해 대응하고 있다. 실제 GNI로 투자 문의가 오면 3개 현의 정보가 동일하게 제공되며, 각 현에 직접 투자 문의가 올 때도 해당 지역의 담당자들은 다른 지역의 정보까지 반드시 알려주도록 하고 있다. 지역의 경제활동은 점차 광역화되는 추세이며, GNI 경제산업성의 지원 대상 또한 현 단위에서 현과 현 간의 교류나 광역화된 협의체 쪽으로 옮겨간다.

나고야 광역권은 88올림픽 유치 실패를 계기로 국제박람회를 유치하고, 중부권 국제공항 건설, 역세권 정비 등 관련 인프라 확충을 통해 경제적 난관을 극복했다. 또한, 기존의 전통산업을 첨단 및 고부가가치 산업으로 개편해 나가면서 교통 및 행정 인프라 쇄신을 통해 기업하기 좋은 도시로 조성하여, 일본의 산업중심지로 성장해 왔다.

그 결과 상업 중심지로 도쿄와 함께 나고야권은 제조업 중심지로 거듭나면서 일본 경제의 중심축으로 성장했다. 나고야 광역경제권은 무엇보다도 도쿄와 오사카 거대도시권 사이에서 빨대효과를 극복했고 인근 지자체들과 상생하는 광역경제권을 성공적으로 구축했다는 점에서 모범적 사례가 되고 있다.

그러나 여러 가지 문제도 안고 있다. 나고야시가 경제통합의 중심 역할을 하면서 주변 지역에서는 들러리라는 불만이 나오기도 했다. 해외기업 진출에 있어 지방자치단체 간 차이가 생겨나고 협의회 탈퇴 움직임까지 나타났다. 실제 나고야지 외곽의 지역에서는 나고야라는 명칭을 사용하는 것에도 저항하기도 했다. 얼마 전부터는 일본의 오랜 경기침체에도 유일하게 성장을 해온 나고야경제권까지 어려움을 겪고 있다. 도요타 사태가 터지면서 그 모범 사례의 의미는 퇴색되고 광역경제권인 그레이터 나고야도 시련에 봉착해 있기도 하다.

나고야 광역경제권은 수도권 대응형 광역경제권의 모델로서 시사한 바가 크다. 대구광역시와 인구 규모가 비슷하고, 대전광역시처럼 국토의 중심부에 있으며, 울산광역시처럼 자동차를 중심으로 한 제조업 중심지로서 우리에게도 비교와 관심의 대상이 되고 있다.

통합된 행복도시 광역도시계획 수립을 환영한다

행복도시 광역도시계획이 만들어진다. 행복도시 세종과 대전, 청주, 공주 등 4개 광역도시계획권이 통합된 하나의 광역권으로서 광역도시계획을 수립한다. 사실 행복도시 광역권에서 갈등과 경쟁을 넘어 상생발전을 위한 체계 구축은 지역의 최대 과제가 아닐 수 없다. 광역권 내 발전의 여건과 혁신 역량은 갖추었으나, 충분히 밀집하였으나, 이를 집약화하고 성장 동력화하는 데 소홀했던 것이 사실이다. 지역을 네트워크하고 결집할 광역적 발전전략이 필요하다. 이러한 상황에서 통합된 광역도시계획 수립을 통해 권역 내 각 도시기능을 조정하고 광역시설을 정비하여 광역권의 장기적인 발전과 상생발전을 도모하자는 것이다.

2017년 말 4개 지자체는 광역도시계획을 공동 수립하고, 정책협의회 및 광역 발전기획단을 구성·운영하기로 합의한 바 있다. 2018년 6월 행정도시법 개정추진을 위한 관계기관 협의를 통해 법안 발의를 완료하고, 지금은 광역도시계획 수립과 관리를 담당할 사무조직 구성을 위해 협의 중이라 하니 지역민의 한사람으로서 반가움과 기대가 앞선다.

비교되는 사례를 살펴보자. 수도권의 경우 내년 초에 수도권 광역도시계획 용역 발주를 앞두고 올해 광역도시계획 사전 조사 용역을 진행한 바 있다. 수도권 광역도시계획의 재정비를 준비하면서 다양한 기초분석을 통해 향후 수도권 공통의 계획 방향을 설정하고자 서울연, 인천연, 경기연 공동연구로 진행하였다. 여기서는 수도권의 잠재력을 진단하고, 수도권이 직면한 위기, 여건 변화, 기존 수도권 계획의 한계를 검토했다. 인구감소, 저성장 등 수도권의 경제성장 침체, 4차 산업혁명으로 빨라진 기술혁신, 신정부의 지방분권 강화 정책 등을 진단하고, 도시지역과 농촌지역의 교류와 상생, 급격한 산업 환경 변화에 즉각적 대응, 토지이용, 산업, 기반 시설 계획의 상호 연계 등을 과제로 도출했다.

이를 통해 수도권 광역도시계획의 3대 수립 방향을 제시하고 있다.

첫째, 분권형 광역도시계획체계와 거버넌스로 전환이다. 대도시권 계획기구를 통해 대도시권 단위의 통합적 협의 조정을 통한 분권형 광역도시계획 체계를 구축하고자 한다. 기존 수도권 계획을 계획수립권과 예산 집행력을 확보한 대도시권발전계획으로 전환하고, 대도시권계획기구 형태의 협력적 광역 거버넌스 구축 및 시민참여 방안 마련을 추진한다.

둘째, 수도권의 질적 성장을 위한 발전전략 중심의 광역도시계획 수립이다. 수도권의 공동문제이면서, 개별 지자체의 대응이 어려운 부문을 중심으로 계획을 수립하자는 것이다. 국제적 경쟁 거점과 국제 게이트웨이 기능 강화, 제4차 산업혁명 시대의 일자리 거점 개발과 전략산업 육성, 국제 수준의 교통인프라 확충, 문화교류 공간 만들기가 역점 사업 방향이다.

셋째, 지역주민의 삶의 질 향상을 위한 전략이다. 생활권 단위의 지불가능주택 공급, 이동 편의성 확보와 신교통수단 도입, 광역 토지이용 및 개발제한구역의 효율적 관리와 활용, 광역적 녹지관리체계 구축, 안전 안심 생활 인프라 구축 등이 해당한다.

이상과 같은 수도권에서의 논의를 통해 우리는 행복도시 광역도시계획의 방향을 가늠해 볼 수 있다. 충청권 전체의 공동문제이면서, 개별 지자체의 대응이 어려운 부문을 우선 사업화해야 한다. 시도별 핵심 현안 과제 중 연계 추진이 가능할 경우, 단일과제로 통합해 보자. 추진하는 전략은 국제적 경쟁력을 높이는 충청권 전략이 되어야 하며, 예산 집행력과 단일 계획기구를 갖는 대도시권 전략이어야 한다.

광역적 차원의 성장관리정책도 적극적으로 도입되어야 한다. 대도시 중심의 확산개발을 억제하고 분산형 압축도시로의 공간 전환을 위해 정책 수단을 적극적으로 도입해야 한다. 실질적인 생활권 위주로 세부 계획권을 새롭게 정의하고 실질적인 과제 중심으로 계획을 수립해야 한다. 수도권의 사례처럼 기초분석 연구와 이슈 발굴 연구를 광역도시계획 수립 초기에 우선 진행하는 것도 고려해 보자. 전문가, 시민단체와 함께하는 거버넌스를 통해 첨예화되고 있는 지역 간 갈등 문제도 광역도시계획 수립과정에서 해결해 가는 원원전략도 적극적으로 추진해 가야 한다. 이를 위해 광역적 관점에서 갈등을 조정하고 해결해 가는 광역적 거버넌스 구축은 통합광역권 구축을 위한 실행력 있는 필수적인 과제의 하나다.

행복도시 광역권 도시계획을 통합하여 수립하되, 공항과 항만을 갖춘 국제적 경쟁력을 확보하기 위해 그 범위를 충청권 전체 또는 그 이상으로 확대하여 권역을 지정하는 방안도 적극적으로 논의되어야 한다. 활발히 논의되고 있는 행복도시 광역도시계획 공동 수립 논의는 무엇보다도 광역권을 통합할 수 있는 사전 협력체계를 마련했다는 데 의의가 크다.

충청 메가시티에 바란다

메가시티란 글로벌 비즈니스를 창출하는 경제 규모를 갖는 거대도시권을 말한다. 세계적으로 500만 명 이상의 글로벌 메가시티는

2018년 81개에서 2030년 109개로 증가할 것이며 장소 간 국제적 경쟁은 치열해질 것이라는 전망이다. 2009년 프랑스는 광역경제권 형성을 위한 '그랑 파리' 프로젝트를 발표했으며, 영국은 대도시권 성장전략으로 광역권 정책을 제시한 바 있다. 결국, 네트워크화된 거대도시권인 메가시티의 경쟁력을 도모하는 것은 세계적인 추세이자 당면 과제이기도 하다.

2020년 11월 충청권 4개 시도는 하나의 생활권과 경제권으로 연계되며, 사회, 문화, 경제 등 모든 분야에서의 공동 발전을 위한 협력을 강화해 나간다는 충청권 광역생활경제권 추진 합의문을 발표하였다. 충청권 메가시티 추진은 광역 차원의 생활경제권 구축, 초광역 혁신클러스터 형성, 일일생활권 내 다핵 거점 공간구조의 구축이란 시대적인 요구에 대한 대응이다. 주요 내용으로는 4개 시도 간 상호협력 강화, 연구용역 공동 수행, 충청권 광역사업 추진을 위한 협력, 추진협의체 구성, 충청권 행정협의회 기능 강화가 다루어졌다. 이후 지속적인 논의를 거쳐, 우선 지역 현안 중심 과제를 선정하여 추진하고, 이후 행정통합, 체계적인 광역권역을 형성해 나가는 것으로 의견이 수렴되었다.

충청권은 수도권 대응 역량과 규모의 경제가 다소 약해 수도권과 동남권의 변방이 될 수 있다는 우려의 시각도 있다. 수도권으로의 인재 유출 비중이 40% 이상으로 높은 편이며, 청년인구가 10.4%로 낮은 편이다. 반면, 충청권은 인구 대비 GRDP가 높고, 기술 인력이 우수하며 인적자원의 경쟁력이 있다. 혁신도시, 기업도시, 과학단지, 첨단산업 권역이 포진되어 있어 다핵 네트워크 권역 도입에도 유리하다. 대도시, 중소도시, 농어촌 연결망 구축에 대한 경험도 풍부하다.

위와 같은 여건을 감안하여 충청권 메가시티는 수도권 일극 집중과 지역소멸 위기에 실질적으로 대응하는 초광역 균형발전의 모델이 되어야 한다. 한국판 뉴딜정책을 선도하는 성장 거점 메가시티로서의 국제적 경쟁력을 강화해야 한다. 네트워크화된 거대도시권, 메가시티의 구현을 위해 경제권, 생활권, 문화권이라는 3대 기능 중심의 광역권 형성전략에 집중해야 한다.

먼저, 광역경제권 형성을 위해서는 동서 발전 축을 강화하여 충청권의 광역교통망을 구축해야 한다. 4차 산업혁명 시대의 수요에 부합한 신 교통물류 네트워크와 통합적 모빌리티 생태계를 조성해야 한다. 글로벌 차원에서의 경쟁력과 중심성 강화를 위해 충청권 관문 공항과 항만의 기능 연계와 강화는 필수적이다. 더불어, 광역경제권으로서의 국제 경쟁력 강화를 위해서는 탄소 경제 시대에 선제적으로 대응해야 한다. 충청권의 신전략산업으로 바이오메디컬, 미래 모빌리티, 미래 소재부품 산업을 집중적으로 육성하는 산업 벨트를 구축에 역점을 두어야 한다.

광역 생활권 형성 시에는 충청권 전 지역의 농어촌, 중소도시, 거점도시 간 지역 균형과 상생발전이 담겨야 한다. 광역 생활권 서비스와 광역 기반 시설을 바탕으로 스마트 대중교통체계, 통합적 의료시스템 등 양질의 생활 서비스에 대한 접근성을 높여가야 한다. 다음으로, 광역문화권 형성을 위해 지역의 공간적 특성을 발굴해 지역적 특색을 강화해야 한다. 지역 문화권의 역사·문화적 정체성을 높여가야 한다. 사회문화적 동질감을 확보할 수 있는 지역공동체를 활성화 방안을 마련해야 한다. 통합적 추진 거버넌스를 통해 공동의 브랜드를 확립하고 충청권의 문화관광 생태계를 구축해야 한다.

메가시티는 충청의 미래이다. 미래 경쟁력은 거대도시권의 경제적 번영, 장소의 매력도, 지역 간 유기적 연계성에 달려 있다. 정체성을 갖는 생활권이자 문화권으로, 성장과 번영의 경제권역으로서 충청권 메가시티는 나아가야 한다. 대한민국의 국가균형발전을 선도하는 대표 메가시티로 자리매김하길 기대한다.

연계협력과 문화 재생

모범적이며 선도적인 지역개발 사업은 사업내용이나 추진방식에서 혁신적이어야 하며, 시대적 요구를 담고 있어야 한다, 연계협력과 문화 재생의 두 가지 사례를 소개한다.

먼저, 행정 경계를 넘어서는 지역 연계 협력 사업이다. 충북 단양과 강원 영월이 하나의 자연이 품은 한줄기 한자락 프로젝트를 추진하고 있다. 단양군은 관광 사업을 성장 동력으로 삼고자 관광 인프라 구축에 집중하고 체류형 관광지를 조성해 오고 있지만, 개발에 제약사항이 많고 낙후도가 심하며, 주변 지역과의 연계도 미흡했다.

단양군과 영월군은 충북과 강원도의 도계지역으로서 김삿갓묘,

외씨버선길, 온달관광지, 소백산자락길 등 관광자원 개발이 쉬운 지리적 이점에 착안했다. 또한 백두대간 영서 에코 힐링 벨트화 사업, 소백산권 3도 접경 상수도 설치사업 등을 통해 시설과 서비스, 자원을 공동으로 활용하고 있어 지방자치단체 간 협력의 기반을 마련해 가고 있다.

이러던 차에 단양군은 인근 강원도 영월군과 상생 방안을 주민들의 제안으로 시작하게 된다. 김삿갓과 온달이라는 역사적 인물을 공유한 테마 길을 바탕으로, 캠핑장 조성을 통해 스토리 있는 체류형 관광지를 만들고자 한다. 하나의 자연이 품은 단양과 영월 한줄기 한자락 이라는 비전을 세운다. 총 32억 원의 사업비로, 단양 소백산자락길부터 영월군 외씨버선 길까지의 연결로, 캠핑장 정비, 김삿갓 홍보관 설치를 기본 사업으로, 두 지역의 스탬프 투어, 농산물판매장 운영, 스토리텔링 등을 함께 하는 사업으로 진행하고 있다.

지난 2017년 5월 지역개발 연계사업 공동 추진 협약을 체결하여 공동 운영을 논의했고, 지역 간 갈등 해소를 위해 단양군, 영월군 주민협의체를 각각 구성하여 이견을 조율하고 있다. 행정 경계를 넘어 고객 중심의 시설과 프로그램을 마련함으로써 지방자치단체 간 협력사업의 선도모델로 자리매김하고 선진형 생태·휴양 관광모델을 만들어 가고 있다.

전남 담양군은 다양한 방식으로 참신한 도시재생 모델을 보여주는 우수 사례의 하나이다. 쇠퇴하여 가는 담양시장을 지역민과 다양한 분야의 전문가 참여를 통해 과거 기억을 간직한 공간을 보존하고 공유와 소통을 할 수 있는 공간을 만들고자 창의적이면서도 체계적인 방법을 찾게 된다. 돌아온 담주4길 융복합 프로젝트는 이렇게 시작된다,

과거 담양시장과 담주4길 일대는 담양 경제를 이끌던 상업의 요충지였으나, 세월이 흐르면서 시장의 기능은 점점 쇠퇴하고 주민들이 지역을 떠나게 되었다. 담양군은 이러한 상황을 타개하기 위해 사업대상지의 75%를 매입하며 담양시장 활성화 계획을 세우게 된다. 지역의 역사를 잘 아는 주민들과 예술가, 도시재생 전문가들이 참여하여 담양시장 일대, 담주리라는 터전에 새로운 가능성을 꿈꾸게 된다.

도심 재생을 위해 지역의 문화적, 역사적 가치를 보존하며 지역의 새로운 거점의 기능을 수행할 수 있도록 담양시장 일대를 문화예술과 상업이 공존하는 거점 공간으로 조성하고자 한다. 단순 관광지의 기능을 넘어 문화예술 종사자들의 창작, 예술 활동을 지원하고 지역의 새로운 상권을 만들기 위한 계획이었다. 문화공간과 상업 공간의 결합을 위해 전남형 푸른돌 청년상인 지원사업을 유치함으로써 사업간 연계와 지원을 확보하고 있다.

지역이 지닌 문화적, 역사적 가치를 활용하고자 전문가들과 간담회를 진행하고, 특히 전남대 문화대학원생들의 사업 참여도 만들게 된다. 담양군은 2016년 12월, 쓰담길 창작공간 등 설치 및 운영조례를 제정하였고, 2017년 1월부터 건축, 문화 전문가로 구성된

"담주 쓰담길 조성사업단"을 운영하고 있다. 이미 건축물 디자인 가이드라인과 녹지, 도로포장, 가로등, 옥외광고물 등의 디자인 표준안을 제작하여 활용하고 있다.

담주4길에서 2017년 9월부터 진행된 주민참여형 토요 장터와 2018 대나무 축제 기간 진행된 담주 골목영화제를 통해 지역민들의 참여와 새로운 문화예술의 가능성을 확인하고 있다. 담주4길을 문화예술 공간으로 운영하면서 사라진 마을공동체를 복구시키고 지역 활성화 가능성을 보여줬다.

3 축소 도시와 지역정책

분권형 지역균형정책을 바란다
중소도시의 역할과 과제
중소도시를 적극 지원하자
지속가능한 중소도시 만들기
스마트 축소도시로 나아가자
축소도시 정책을 준비하자
지방소멸 대응 정책을 점검하자
지방소멸 대응기금 운용에 바란다
일본의 입지적정화계획
일본 지역재생법의 동향지역
재생과 입지적정화계획

분권형 지역균형정책을 바란다

지방소멸이 회자하고 있다. 2014년 마스다 히로야는 '지방소멸'이란 저서에서 30년 이내에 일본 자치단체의 절반인 896개가 소멸할 것으로 예측하며, 지방의 인구감소는 지방만의 문제가 아니라 대도시의 연쇄 붕괴로 이어질 수 있다고 경고한 바 있다. 우리나라도 80개 정도의 시군이 소멸의 염려가 있다고 하니 그 심각성이 크지 않을 수 없다.

지방 도시는 인구와 일자리의 지속적인 감소, 복지수혜자의 증가, 주택수요 감소와 지가 하락, 중심지 상업 기능의 몰락, 지방 세수의 감소라는 쳇바퀴가 연쇄적으로 나타날 것이라는 우려가 크다.

물론 지방분권형 성장을 목표로 국토 균형발전은 일관된 국토정책의 방향이었다. 그러나 반세기에 걸친 성장거점 중심의 국토정책이 국토의 불균형을 가속해 온 것도 사실이다. 출산율이 OECD 국 중 최하위 수준을 보이고 있으며, 경제인구의 감소와 고령화 현상은 경기침체와 저성장을 가져오고, 국가 경쟁력 약화는 물론이고, 더 나아가 지방소멸의 길로 가고 있다. 제4차 산업혁명 시대의 도래는 지방경제의 주축이었던 제조업을 쇠퇴시켜 수도권과 지방의 격차는 더욱 심화할 것이라는 예측도 있다. 인구, 소득, 소비, 일자리, 삶의 질 등 모든 분야에서 지방의 상황은 심각하다.

이제 그간 지역 정책을 반성하면서 실질적인 지역 균형발전을 모색해 가야 한다. 그것은 지방분권에 입각한 지역 균형발전이다.

이를 위해 정부는 로드맵을 제시하고 있다. 주민 삶의 질과 밀접한 권한을 분야별로 패키지 형태로 이양하겠다는 것이다. 지방소비세 등 새로운 세원을 발굴하고 고향사랑 기부제를 도입하는 등 강력한 재정 분권의 추진도 중요하다. 자치단체의 역량을 제고하고 주민자치를 강화하기 위해서 자율적이며 탄력적인 자치조직권을 확대하겠다는 포부이다.

정부의 분권 로드맵은 지역 주도의 분권형 지역발전전략으로 이어져야 한다. 그간 진행되어 온 지방이양은 실질적이지 못했다. 지방이 더 잘 할 수 있는 사무, 지방이 책임지고 수행할 수 있는 사무를 이양하는 것이 분권의 방향이다. 지역 스스로 자조적이며 주체적으로 지역발전을 기획하고 시행하도록 해야 한다. 지역에 자율적인 계획과 운영 권한을 주고, 중앙에서는 지원해 주는 방식이어야 한다.

지역 간 협력과 연계 프로그램을 적극적으로 도입하자. 한정된 지역자원을 재배치하고 지역 간의 기능 분담이나 연계를 진행해나가는 것이 중요하다. 소통과 연계, 융합을 키워드로 한 지역 간 교류와 연계, 통합을 중시하고 강화하는 지역 정책을 우선시하자. 행정단위를 넘는 생활권역의 개념을 적극적으로 도입하고 권역의 교류와 협력, 권역의 브랜드를 강화하고, 사람 중심의 특성화 구현방안도 강구되어야 한다. 리더 육성, 학습 프로그램 강화, 지역혁신 네트워크 구축, 지역 브랜드 제고, 장소마케팅, 지역문화 개발 등을 집중적으로 전개하자.

성장관리형 지역맞춤형 발전전략을 강화하자. 인구와 경제의 저성장이라는 현실을 직시하고 선택과 집중에 근거해 가장 효과적인 대상에 투자와 시책을 집중할 필요가 있다. 에너지와 국토자원의 소비를 최소화하고, 기존 개발지 중심의 충진형 개발을 원칙으로 설정하자. 기후변화와 녹색성장, 저성장 대응형 지역발전, 열린 다문화사회로의 진화에 역점이 두어져야 한다. 지역자원을 브랜드화하고 지역자산에 기초한 콘텐츠 중심의 지역발전 정책으로 나아가야 한다. 대학 중심의 지역 활성화도 추진해 보자. 지방에서도 몰락하고 있는 대학에 대한 지원과 협력에 발 벗고 나서야 한다. 모든 산업과 문화육성이 창의성에 입각한 지식 기반형 산업으로 전환되고 있는 작금의 상황에서, 대학은 활용되어야 하는 지식 창출형 지역개발의 요체이기 때문이다.

쇠퇴한 지방 도시의 문제는 지방 도시만으로 해결하는 것은 불가능하다. 국가와 지방이 함께 나서야 하며, 실질적 분권형 지역균형발전이 되어야 한다.

중소도시의 역할과 과제

독일 총리 앙겔라 마르켈은 2011년 도시의 날 연설에서 국가의 미래는 도시발전에 달려 있으며 독일에서 3천 개가 넘는 중소도시들의 발전이 중요함을 역설한 바 있다. 독일 인구의 61%가 중소도시에 살고 있으며, 55%가 그곳에서 일자리를 가지고 있다. 이들은 지역중심지로서 국가의 사회적, 경제적 발전을 좌우하고 있다. 중소도시들은 기반 시설 제공과 주요 기능의 공급기능을 담당하는 중요한 역할을 하고 있다. 중소도시가 잘 살 때 비로소 나라 전체가 잘 살 수 있다는 인식이다.

인구수와 중심지 등급은 중소도시를 결정짓는 주요소이다. 독일에서는 인구수와 중심성 기준으로 5천에서 2만 명까지의 인구에 하나의 기초중심지 기능을 갖는 것을 소도시, 2만에서 10만까지 인구에 중위 중심 기능을 갖는 도시를 중도시로 구분한다. 이들 도시는 그들 자체의 지역 주민들뿐만 아니라 주변의 다른 지역 주민들을 위한 기반 시설 및 기능을 제공해야 한다. 특히 농촌지역에서는 이러한 중심지들이 지역경제와 고용의 중심지로서 중요한 기능을 맡고 있다.

일반적으로 독일에서 중소도시에서의 삶의 만족도는 대체로 높게 나타난다. 좋은 이웃, 사회적 결속, 가까운 자연환경이 그러하다. 중소도시는 매우 훌륭한 사회적 연결망, 좋은 환경조건, 낮은 주택가격과 토지가격이 장점이다. 각종 단체 활동과 문화 활동을 집약적으로 즐길 수 있다. 구조적으로 안정되며 수준 높은 건축문화유산을 갖고 있기도 하다.

그러나 직업과 관련된 유동성에 취약해서 특히 젊은 층을 대도시로 이주하도록 하고 있다. 이것은 지역적 중심지로서 기능을 담당하고 있는 대다수 중소도시를 약화한다. 인구밀도가 낮은 농촌지역의 인구감소는 소매업, 서비스업과 같은 사회기반시설, 문화시설의 지속가능성을 현저하게 위기에 빠뜨리고 있다.

지속되는 인구의 고령화로 인해 고령자에 맞춘 기반 시설의 수요는 증가했지만, 젊은 층을 위한 시설의 수요는 감소한다. 이러한 연령구조의 변화는 연령층에 맞는 기반 시설의 수요를 변화시키며 지속적이며 안정적 공급을 어렵게 한다. 외곽의 전원 지역에 축소되는 지자체들은 이미 공공 사회기반시설의 부족을 겪고 있으며,

최소한의 사회기반시설 확보도 어려운 실정이기도 하다.

 지역개발과 도시발전에 있어 중소도시들의 기능적 특화는 몇 가지 특징을 보여준다. 여가와 관광 기능은 중심지체계를 무너뜨리기도 한다. 작은 도시가 여가와 관광시설의 특화로 인하여 방문객으로 붐비게 되면 그 도시인구 수에 맞춰져 있는 다른 기반 시설은 감당하지 못한다.
 대도시에서 멀리 떨어진 중소도시들은 대체로 대도시 근교에서보다 다차원적 기능을 갖춘다. 그들 주변의 공급중심지와 고용 중심지의 역할을 갖게 된다. 이러한 다차원성은 대도시 주변 지역보다는 대도시권에서 멀리 떨어진 중소도시들에 해당한다. 반면 대도시 근교의 중소도시들은 대도시를 위한 주거 기능에 치우치는 경향이 있다. 구조의 다각화와 고용시장, 주거 기능의 균형을 목표로 하지만 현실적으로 대도시 주변의 중소도시들은 공급기능이 배제된 채 주로 주거 기능에 치우치게 된다.

 사회적 분화의 증가에도 불구하고 도시나 농촌이 갖는 전형적인 공간 이미지들이 점점 비슷해지고 있다. 국토 전반에 걸쳐 균등한 생활 여건을 만들고자 하는 노력이 여러 도시와 공간을 획일적인 모습으로 만들어서는 안 된다. 중소도시들이 가진 개성을 재발견하고 개발해야 한다. 이것은 이웃 대도시와의 경쟁에서 그들과의 동화를 통해 중소도시들이 얻을 수 있는 것이 없기 때문이다.

 그래서 중소도시에서 기능적 특화가 가질 수 있는 위험성을 예방하기 위해서는 지역 상호협력이 요구된다. 기능적 특화는 다양한 구조는 갖는 것보다 경기변동이나 상황변화에 취약하다. 그래서 지역의 기능적 특화는 현지의 지역 실정에 기반을 두면서 지자체 상호 간 협력해야 한다. 일자리를 보완하는 동시에 전체를 다각화하는 방향으로 개발되어야 함을 의미한다. 아울러 지역의 자산과 명소를 개발하되, 주민과 함께 개발해 나가야 한다.

중소도시를 적극 지원하자

국가의 정책적 관심에 있어 중소도시는 그리 중요하게 취급받지 못하고 있다. 이들은 대도시와 시골의 중간쯤으로 생각된다. 대중들은 중소도시라 하면 복원된 역사적 건물들, 포장된 보행자 거리, 아늑한 공공장소들을 떠올리는 목가적 장소쯤으로 여긴다. 그러나 경제 사회적 관점에서 중소도시들은 앞으로의 국가발전을 좌우할 지역의 거점이자 생활의 중심지이다.

독일연방 건설 도시공간연구소가 제시한 보고서에 의하면, 독일에서 많은 중소도시가 겪고 있는 변화의 방향은 도시의 성장이 아닌 도시의 축소와 관련된다고 강조한다. 특히 축소 중인 중소도시들은 지역적 개발의 거점으로서 기능을 유지하기 위해서는 정부의 도움을 받아야 하며, 도시의 축소라는 상황 속에서도 변화의 기회를 잡아야 한다고 강조한다. 왜냐하면 국가적 성장을 위해서는 강한 중소도시들이 필요하기 때문이다.

강한 중소도시를 육성하기 위해서 어떠한 방안이 필요한가?
첫째, 중소도시 맞춤형이자 지역 밀착형 정책이 필요하다. 중소도시들에 있는 지역민들이야말로 현지의 문제점과 잠재력을 가장 잘 알고 있다. 따라서 최대한 탈중앙화된 지원이 이루어지도록 해야 한다. 중소도시들이 가진 지역 고유의 특성도 고려해야 한다. 재정적 지원은 실행할 수 있는 범주에서 이루어져야 하고, 현지에서의 전문지식과 연결망 구축에 힘써야 한다. 여기에 지역 기금의 형태를 띤 대안적 재정기구는 지원프로그램의 보완책으로서 특별한 역할을 할 수 있다. 지방에 대한 대부분의 재정지원은 일정한 재정 분담을 요구한다. 이때 구조적 약화를 보이는 중소도시들의 재정적 부담을 덜어주기 위해서 유연한 지원정책을 찾아야 한다. 중소도시들의 여건에 맞게 보조금의 액수, 자체 부담금 비율, 대출기간과 유예기간 등이 책정되어야 하고, 복잡한 행정절차도 간소화해야 한다.

둘째, 도시 관리 지원정책의 방향 전환이 요구된다. 독일 중소도시의 5분의 2는 축소도시에 속한다. 일본은 900개의 지자체가 소멸 위기이다. 우리도 기초 지자체 30%가 소멸 위기에 있다. 지방 중소도시의 몰락은 국가 생존과 같이한다. 그래서 도시발전정책의 방향 전환이 절실하다. 통제된 성장에서 계획된 후퇴로의 변화를 수용해야 한다는 것이다. 도시가 수축하고 있다는 사실을 받아들이고, 도시를 사회적, 경제적, 환경적으로 지속가능하게 관리할 것인가에 초점을 맞춰야 한다. 이에 따라 도심과 지역 중심을 강화하고 건설문화 유산을 보존하는 도시재생은 많은 중소도시들에 가장 중요한 도시 관리 과제이다. 지역의 정체성을 나타내는 매력적이고 살기 좋은 도시를 만들되, 마을과 사람과 일자리를 패키지로 고려해야 한다. 도시재생에 있어 낙후되고 유휴 화된 도심지와 시설이 지역에서 중심지 역할을 하도록 안정화하고 강화하는 것이다. 도시재생 지원을 위한 정부의 재정 보조는 지방의 수축하고 있는 중소도시들에 매우 유용하다. 주민참여로 이루어진 종합발전계획을 기반으로, 그 지역 특색을 나타내도록 강구하고 일자리 확보, 문화재 보호와 생활권 중심지 활성화하는 것이 도시재생의 핵심과제이다.

셋째, 지역사회 상호 간의 협력과 주민참여의 강화가 요구된다. 중소도시들의 지속가능한 발전을 위한 비법은 없다. 다만 생활공간인 도시의 제한된 자원을 고려하는 통합된 종합발전계획을 정치적 의사결정의 척도로 사용하는 것이 효과적이다. 초지역적 협력과 지방자치단체 간 연대에 의한 과제해결이 상위권계획보다 우선되어야 한다. 독일에서는 2010년에 작은 도시들과 지자체들의 초지역적 협력과 네트워크라는 정책이 도입되었다. 공공의 서비스와 사회기반시설을 확보하기 위해 공동의 공급시설을 결정하고 공동의 지역적 전략을 채택해야 한다. 지역자산으로서 시민의식을 활용하고 장려하고 있다. 지역의 생활환경과 경제활동에 있어 시민들의 참여와 사회적 자본들은 앞으로 중소도시들에 더욱 중요해질 것이다. 중소도시들은 도시에 대한 소속감, 도시가 가진 건축문화유산, 자연과 경관에 대한 자부심이 높은 편이다. 이러한 장점들을 정책프로그램으로 추진해야 한다. 협력적 도시발전과정을 강화하고 시민참여를 높이기 위해서는 사회적 자본 형성을 위한 지원이 지속되어야 한다.

지속가능한 중소도시 만들기

1987년 브룬트란트 위원회는 우리의 공동 미래라는 보고서에서 세계 최초로 지속가능한 발전의 개념을 제시했다. 1992년 환경과 발전에 관한 리우 유엔 회의 이후 지속가능한 발전을 위한 가이드라인은 공간관리를 위한 모든 정책의 원칙이 되었다.

국토 공간 전체의 발전을 위해 중소도시들은 어떤 기여를 하는가? 농촌지역에서 소도시들은 지역경제 활성화를 위한 거점의 역할을 하는가?

중소도시는 국토 공간에서 정주의 단위이자, 지역적 맥락에서 생활의 거점이 되어야 한다. 인구가 감소하고 산업이 축소되는 시대에 중소도시들에 어떻게 지역의 거점기능을 담당하게 할 것인가? 중소도시들은 축소되는 지역에서의 수요가 감소하는 악순환에 맞서기 위한 기본 틀을 제시해 가야 한다. 지속가능한 중소도시의 지표는 경제, 사회, 환경 부문으로 구성되어 있으며, 중소도시의 발전 방향의 핵심적 역할을 한다.

경제 부문은 지역경제의 강화와 안정화를 목표로 지역사회 경제력 유지, 고용유지, 지역노동시장에 대한 현지 노동력 역량 강화를 강조한다. 생산력의 향상은 지역 경쟁력 유지에 중요한 요소이며, 지역민의 일자리 확보는 지역사회 안정의 핵심적 역할을 한다.

사회 부문은 지역 상호 간, 지역 내의 공정성이 목표다. 세대 간의 균형, 자족 친화도, 공평한 재정을 통한 균등한 참여의 기회, 성별과 국적에 구애받지 않는 공평한 참여기회가 제시되어 있다. 생산 가능 세대와 비생산 세대의 적절한 혼합과 조화가 강조된다. 특별히 경제와 사회에서 가족 친화도는 핵심 요소이다. 지난 수십 년 동안 아이들을 위한 더 나은 생활환경에 대한 주민들의 수요는 지속해서 증가했고, 그래서 어린이와 청소년, 가족을 위한 지자체의 협력은 더욱 커지고 있다. 지나친 경제적 불평등은 사회 분리 문제를 일으키기 때문에 경제적 평등과 남녀의 평등한 참여기회의 요구는 지역 공정성의 중요 요소이다.

환경 부문은 자연과 자원의 보호와 보존이 목표다. 합리적 주거지 개발, 지면의 불투수 포장, 자연보호를 위한 현지 사회의 부담금, 친환경적 이동성, 재생 가능한 에너지를 위한 현지의 공헌이 중요하다. 주택개발은 될 수 있으면 사회적, 생태적으로 균형 잡힌 개발이 되어야 한다. 인구감소에도 불구하고 1인당 주거 면적 증가, 소규모 가구의 증가, 대규모 산업단지 개발로 인한 신규 개발은 줄지 않고 있다. 자연경관의 보호와 인간을 위한 생활환경의 보존을 위해 토지 사용을 효율적으로 제어해야 한다. 자동차가 유일한 교통수단이 되어 버린 소도시의 교통수단의 다양성을 강화하고, 재생 가능한 에너지자원의 확충도 중요 이슈이다.

축소되는 인구와 산업의 수요를 확보하기 위해서는 몇 개의 지자체들을 묶어서 국토 공간 계획 단위로서 도시농촌 지역권을 만들어야 한다. 도시농촌 지역권은 지역적 맥락으로 규정된 공간 단위로 사회경제적 생활권 형성의 기본 구조로 제시된다. 기능과 시설을 집약적으로 이용할 수 있도록 규모를 갖추도록 해야 한다. 주변 지자체들과 노동, 여가, 생산 영역에서 공간적이며 기능적 연계를 통해 지속가능한 도시농촌 지역권을 추구해 가야 한다.

　도시권 내의 중소도시들의 발전과정에서 많은 곳이 교외 화되어 있다. 이 도시들은 대체로 각자 속한 대도시의 기능을 분담하는 역할을 한다. 도시 외곽지역의 중소도시들은 지역의 활력소가 되어 도시집중을 분산시키기 위한 주요 거점으로서 역할을 담당해야 한다.

　중소도시 대부분의 핵심과제는 부족한 재정 조건 속에서 도시의 축소 현상을 극복하는 것이다. 대부분의 선진국 도시발전의 역사는 이제 과거의 성장 시대를 뒤로 하고, 경제구조와 인구학적 변화, 그로 인한 고용감소가 수반되면서, 축소되는 지역과 도시라는 새로운 도시유형이 나타나고 있다. 경제구조의 변화로 다량의 일자리를 지속적으로 잃어가고, 젊은 사람들, 고급인력들이 대도시로 빠져나가고 있다. 이제 중소도시는 지역 성장이 아닌 지역재생, 도시재생 방식을 통해 지역발전을 이끄는 방향으로 나아가야 한다.

스마트 축소도시로 나아가자

　최근 축소도시에 대한 논의가 활발하다. 인구감소에 따른 도시 쇠퇴는 선진 여러 나라에서 나타난 공통된 양상이며, 도시의 생애과정에서 불가피하게 나타나는 현상이기도 하다.

　일반적으로 축소도시란 2년 이상 인구가 아주 많이 감소하며, 구조적 위기로써 경제적 변환을 겪고 있는 인구 1만 이상의 도시지역을 말한다. 인구가 줄어들면서 과거 성장 시대에 건설한 주택과 기반 시설이 과잉된 도시이다. 지속적이고 심각한 인구 유출로 인해 유휴 화되고 방치된 부동산이 증가하고 있는 오래된 산업도시들이 대표적 축소도시로 나타난다.

이러한 축소도시가 많아지고 폐해가 심각해지면서, 이제는 축소도시에 대응하는 도시계획이 주목받고 있다. 인구감소 상황에서 인구성장을 토대로 한 전통적인 성장주의적 도시계획은 새로운 전환이 불가피하게 되었다.

지금까지의 토지이용, 기반 시설에 대한 도시계획은 증가하는 도시인구를 어떻게 수용할 것인가에 초점이 맞추어져 왔다면, 이제는 인구와 산업이 감소하고 쇠퇴하는 상황에 부합하는 새로운 도시정책이 절실해진 것이다.

도시성장과 쇠퇴를 경험했던 선진 여러 나라에서는 과잉된 도시개발보다는 지역 특성에 맞는 적정 규모의 도시재생과 도시계획에 대해 주목하고 있다. 덜 개발하고 불필요한 도시공간을 비우는 이른바 '스마트 축소'를 지향하는 방식을 적용하고 있다.

스마트 축소는 인구와 건물, 토지 사용을 적게 하고 덜 개발하면서, 주민의 삶의 질을 향상하는 데 초점을 두는 도시계획이다. 도시인구의 유출, 공간의 저 이용이 발생하였을 때, 축소된 환경에 대응하여 토지의 집약적 이용, 시설의 연계 활용, 빈 공간의 녹지화 등 주민의 수요에 따라 공간의 다시 구축하는 도시계획 방식이다. 스마트 축소를 전제로 한 적정 규모의 지속적인 도시 관리의 선순환 구조를 구축하는 지속가능한 도시 성장관리 체계를 만들자는 것이기도 하다.

독일의 경우, 1989년 통독 이후 동독지역에서 급격한 인구 유출이 나타났으나, 재건을 위한 기반 시설이 과잉 공급되면서, 축소하는 도시, 텅 빈 도시에 대한 우려가 시작되었다. 2000년 구 동독지역에서의 아파트 공실 수량이 100만 호에 이르렀다. 그 과정에서 임대 수입 감소, 매매가격 하락, 대출금 증가, 지역임대업자 파산으로 이어지면서 지역 부동산시장이 붕괴하였고 지방정부 재정이 급격히 악화하였다.

미국 북동부 러스트 벨트 지역의 도시가 심각한 축소도시 현상을 겪고 있다. 이중 영스타운은 1950년대 미국의 대표적인 철강 도시였으나, 1970년대에 와서 많은 기업이 도산하면서 도시가 몰락했다. 2005년에 수립한 영스타운 2010 계획에서는 도시축소를 받아들이자는 기조로, 주민들의 참여를 바탕으로 녹지화 전략이 반영된 새로운 용도지역을 도입했고, 줄어드는 인구와 경제활동의 수요에 맞추어 주거지역, 공업지역, 상업지역의 계획 면적을 축소했다. 방치된 빈 건물을 철거했을 뿐 아니라 불필요한 공공시설 역시 폐지하고 녹지나 텃밭과 같은 생활용도로 활용되었다.

일본의 대표적인 축소도시들은 고밀도의 집약 화된 토지이용 전략을 추구하고 있다. 자전거 이용이나 보행자 중심의 도로 환경개선 등이 포함된 종합적인 대중교통 중심정책과, 도심 주거환경개선을 위한 도시재생과 교외 지역의 신도시 개발 억제, 친환경 에너지의 효율적인 사용을 통한 도시시설의 집중을 모색한다. 도시공원의 확대, 도시녹지 보존, 공공시설물의 녹지화를 통한 녹색 네트워크 구축도 주요한 축소도시 정책이다.

이제는 인구감소를 도시 전환의 긍정적인 기회로 활용하자는 주장도 나타나고 있다. 축소도시는 도시성장 관행에 대한 새로운 도전이며 기회이기도 하다. 개발지상주의에서 벗어나기를 요구한다. 축소 시대의 창조적 사고로 전환되어야 한다. 도시 간 연계와 역할 분담, 기존 시설의 효율적 이용, 생태복원과 공간의 재조정에 우리의 관심이 모아져야 한다. 우리의 도시정책도 스마트 축소도시를 지향하고 지역의 특성과 가치를 키워가야 한다.

축소도시 정책을 준비하자

1989년 독일 통일 이후 동독지역에서는 급격한 인구 유출, 고령화, 기반 시설의 과잉 공급 문제가 발생하였다. 도시 관리 정책의 전면적 변화가 요구됨에 따라 축소도시정책이 등장하였다. 축소도시는 인구감소에 따라 과거 성장 시대에 마련된 주택과 기반 시설이 과잉 공급 상태에 이른 도시이다. 유휴 화되고 방치된 부동산이 증가하는 오래된 산업도시를 가리키기도 한다.

도시의 축소는 왜 발생하는가? 대다수의 산업도시는 탈산업화 과정을 겪게 되면서 도시축소에 직면하게 되며, 저 출산과 고령화 등으로 인한 인구구조 변화도 도시축소에 영향을 미친다. 도시의 축소는 다양한 도시문제를 초래한다. 도시 기반 시설의 공급 수지가 맞지 않아 신규 공급이 어려워지면서 그 지역의 생활환경은 더욱 열악해진다. 공공서비스뿐만 아니라 민간의 금융, 상업, 문화서비스 역시 수요가 부족한 지역에서의 운영을 꺼리게 된다. 사회적으로도 주민 간 교류가 줄어들게 되고, 공동체의 유지가 어려워진다. 이 때문에 더 많은 사람을 떠나게 되고, 결국 그 지역은 인구 감소, 생활환경 악화라는 도시축소의 악순환 구조에 빠지게 된다.

그렇다면 이러한 도시축소에 직면하여 세계 여러 나라는 어떻게 대응하고 있는가? 독일은 도시축소로 인한 도시의 기능 상실과 과다한 도시 관리비용 문제를 해결하기 위해 다양한 도시재생사업을 추진하고 있다. 1999년 도시재생사업의 하나로 도입한 '사회통합 프로그램'은 주민 간 사회적 연대와 결속력 강화, 연령별 수요를 반영한 기반 시설 구축, 통합적 지역발전을 위한 동력 창출을 목표로 추진되었다. '도시·지역 거점조성사업'은 중심지의 기능을 상실한 지역에 상업, 주거, 문화기능을 부여한다. 거점 지역을 중심으로 한 교통 결절 점에 다양한 도시기능을 집중적으로 배치하며, 공용공간의 활용을 높이고 역사 문화 자원의 가치를 높이고 있다.

미국에서는 교외화 현상과 함께 기반 산업의 붕괴가 도시의 축소에 커다란 영향을 주었다. 심각한 도시축소 현상을 겪고 있는 주요 지역 중 하나로 미국 북동부의 러스트 벨트 지역을 꼽을 수 있다. 대표적인 철강 도시였던 영스타운의 인구는 1960년 16만 7천 명이었으나, 철강 산업의 쇠퇴에 따라 2000년에는 8만 2천 명으로 감소했다. 영스타운은 2005년 '도시축소를 수용하자'라는 기조로 「영스타운 2010」 계획을 마련했다. 이를 통해 '위락·공원지역', '농업지역', '녹색공업지역' 등과 같은 녹지화 전략을 반영한 새로운 용도지역을 도입하고, 주거, 공업, 상업지역의 계획 면적을 축소했다.

세계 최대의 자동차 공업도시였던 디트로이트는 산업구조의 변화와 과도한 인프라 투자로 인해 2013년 파산에 이르게 된다. 시는 도시 관리의 정책 방향을 기존의 신규 개발 중심 정책에서 '적정규모화 정책'으로 선회하였고, 2013년 「디트로이트 미래 도시: 2012 전략 기본계획」을 수립했다. 이를 통해 성장촉진지역과 투자억제지역을 구분하고, 토지이용의 변화에 맞게 도시서비스의 전달체계를 재편하였다. 방치된 유휴부동산을 생활편의 용도로 전환하고, 수요분석을 바탕으로 근린지역마다 차별적인 공공시설 관리전략을 추진하였다.

일본의 경우 본격적인 인구감소 사회에 직면하여 다양한 대응책을 시행하고 있다. '작은 거점 형성사업'은 초등학교나 청사 주변에 일상생활을 지원하는 상점과 의료 기능을 압축적으로 집적시키고, 새로운 고용 창출을 유도한다. '지방도시 연합사업'은 다수의 중소도시가 네트워크를 형성해 약 30만 명의 인구를 확보하고, 상호 간 협력과 상생을 위해 도시기능을 분담하는 전략이다. 또한 2014년에는 '입지적정화계획'을 수립하여 도시 생활의 지원기능과 교통체계의 재편을 통해 압축적인 마을만들기를 추진하고 있다.

이제 우리도 축소도시에 대처해야 한다. 현저한 인구의 감소로 방치된 빈집을 어떻게 관리, 활용할 것인가? 실제 이용되지 않고 관리비용만 투입되고 있는 유휴시설의 활용 가치를 어디서 찾을 것인가? 편리하고 쾌적한 생활을 위한 공공서비스를 확보하기 위해 인접 시·군과 어떻게 협력적 운영체계를 구축할 것인가? 이제 우리나라의 도시와 지역은 맹목적인 개발지상주의에서 벗어나 몸집을 줄이되, 기능을 압축하고 주민의 삶의 질을 높이는 체계로 전환해야 한다.

지방소멸 대응 정책을 점검하자

2014년 마스다 히로야(增田寬也)의 저서 지방소멸은 일본 전역을 충격에 빠뜨렸다. 당시의 인구감소 추세가 지속된다면 일본의 지방자치단체의 절반인 896개가 소멸한다는 것 때문이다. 인구의 감소에 따라 연쇄적으로 소멸의 위기에 직면한 도시는 절실하게 생존전략을 모색해야 한다는 것이다.

우리나라의 지방도 소멸의 위험에 처해있다. 지방의 대부분 지역이 소멸할 수 있는 위험지역이라 해도 과언이 아니다. 실제 2017년 시·군·구 단위의 소멸 위험지역은 85개에서 2021년 108개로 증가하였고, 읍·면·동 단위로 볼 때는 2017년 1,483개에서 2021년 1,791개로 증가하였다.

2000년대 이후 정부는 지방의 인구감소에 대응하고, 수도권과 비수도권 지역 간의 균형발전을 위해 광역권 발전전략, 선도 산업 육성, 지역인재 양성 지원을 비롯한 다양한 정책을 추진해 왔으나, 지방소멸 위기에 실질적으로 대응하는 데는 역부족이었다. 지난 30여 년간 지방의 낙후지역을 지원하는 정책은 주로 사회기반시설의 구축을 위주로 하였고, 이는 실제 지방의 경쟁력을 강화하는 데에는 한계가 있었다. 사업의 추진 과정 및 자금 운용 면에서도 여러 부처 간에 낙후지역 개발 사업이 중복적으로 추진되어 비효율적으로 사업이 진행되고, 예산이 낭비된다는 문제가 지적됐다. 한편으로 소멸에 대한 우려에 여러 지자체는 저 출산 대책을 역점적으로 추진하고 있으나, 막대한 예산의 지출에도 불구하고 그 효과는 미미하다. 관련 정책의 목표가 명확하지 않으며 정책의 추진 시 책임 소재도 불분명하다.

지방소멸은 인구의 감소, 산업구조의 변화, 생활기반시설 부족, 정주 여건의 악화와 같은 여러 가지 원인이 종합적으로 작용한 결과이다. 그러나 지방소멸의 근본적인 이유는 인구의 감소이다. 인구의 감소는 저 출산으로 인한 자연적 감소와 다른 지역으로의 인구이동에 따른 사회적 감소로 나뉜다. 자연적 인구감소에 비해 사회적 인구감소가 지방의 소멸에 더욱 직접적인 영향을 준다. 최근 20년간 비수도권에서 수도권으로 10대와 20대가 지속적으로 순 유출 되었다.

지방은 저 출산, 고령화, 청년층 인구의 유출이라는 삼중고를 겪고 있다. 진정으로 지방의 소멸 위기를 극복하고자 한다면, 출산율 제고에만 중점을 둔 인구정책은 곤란하다. 사회적 인구 유출에 대응하여 청년층 인구의 유출을 막고, 정착을 유도할 수 있는 지역의 생존전략이 필요하다. 정책의 수립 시, 청년의 선호와 요구의 파악이 선행되어야 한다. 청년들의 생활양식을 고려한 맞춤형 일자리, 업무공간, 주거 공간, 복합문화공간 등을 종합적으로 제공할 수 있는 정책적 고려가 필요하다. 인구의 감소로 인해 양산되고 있는 빈 집, 빈 점포와 같은 유휴공간을 적극적으로 활용하여 청년층 인구가 필요로 하는 주거, 문화, 창업 공간을 제공해야 한다.

지방의 청년 인구가 수도권으로 유출되는 큰 이유는 학업과 취업의 기회이다. 따라서 수도권에 집중된 양질의 일자리를 지방에서도 확보하는 것은 특히 더 중요하다. 지방으로의 기업의 이전과 유치를 촉진하기 위해서는 기업의 구미를 당기는 정책이 마련되어야 한다. 세제 혜택, 행정절차의 원스톱 지원, 투자와 연계한 재정 지원 등을 더 과감하게 제공해야 한다. 기업의 적극적인 유치와 더불어 지역 대학과의 네트워크를 구축하는 것도 중요하다. 대학에서는 다양한 교육의 기회를 제공하고, 기업의 수요를 고려한 취업 프로그램을 강화해 가야 한다.

지방의 소멸 위기에 대한 근본적인 대처는 지방의 자족성과 경쟁력의 제고로부터 출발해야 한다. 소멸 위기에 처한 지역의 자립성과 역량을 강화하기 위해 광역적 차원의 지역 간의 연계와 통합이 검토되어야 한다. 기초자치단체 차원에서도 광역 연합이 시도되어야 하고, 지역 간의 실질적인 연계와 협력 방안, 지역의 행정 통합 방안을 진지하게 논의해야 한다. 최근 균형발전 3.0 전략에서는 지역 주도의 초광역 메가시티 차원에서의 신산업 생태계 육성, 교통 인프라 구축, 지역 청년의 역량 강화 및 정착지원 등 권역별 정책이 제시되고 있다. 특히 올해부터 연 1조 원에 달하는 지방소멸대응기금이 인구감소지역에 집중적으로 투자되고 있다. 차제에 실질적이며 강력한 지방소멸 대응 정책이 추진되길 기대한다.

지방소멸대응기금 운용에 바란다

지방소멸 문제에 대응하기 위해 2021년 10월에 정부는 89개 인구감소지역과 18개 관심 지역을 지정하였다. 2021년 12월에는 지방소멸대응기금의 운영을 위해 지방자치단체 기금관리기본법을 개정하여 법적 근거를 마련하였다. 지방소멸대응기금은 지방소멸 위기에 대응하기 위해 올해부터 10년 동안 중앙정부가 매년 1조 원을 출연해 조성해 나갈 예정이다. 또한 인구감소지역을 종합적인 차원에서 지원하는 인구감소지역 지원특별법이 2022년 6월 제정되었고, 이 특별법에서는 시도 및 시·군·구 기본계획을 수립할 때, 지방소멸대응기금을 활용한 투자계획과 연계한 내용을 반영하도록 규정하고 있다.

이제 본격 시행을 앞둔 지방소멸대응기금 운용에 대한 몇 가지 제안한다.

첫째, 지방소멸대응기금은 10년이라는 한시적인 기금이기 때문에 전략적이며 통합적인 대규모의 사업을 시행하는 데에 어려움이 있어 실질적인 지방소멸 대응 성과를 거두기는 쉽지 않다는 우려가 있다. 장기적인 관점에서 지역발전을 가능케 하고, 긍정적인 외부효과를 유발할 수 있는 사업에 지방소멸대응기금을 집중적으로 사용할 필요가 있다.

둘째, 지방소멸에 대응하고자 하는 유사한 성격의 재원과 사업을 지방소멸대응기금과 연계하여 일정 규모 이상의 거점사업으로 추진해야 한다. 통합된 지원정책은 지역적 협력을 통한 지역재생이란 큰 틀로 발전되어야 한다. 도시정비, 농촌마을만들기, 농촌지역개발을 위한 제반 지원정책을 하나의 틀로 묶어서 재편성하자는 것이다. 또한, 광역지자체의 배분 재원을 활용해 복수 지자체 간의 생활권 협력 사업을 지원할 계획이어서 효과적인 광역 사업을 발굴하는데도 적극적으로 나서야 한다.

셋째, 해당 지역은 인구감소로 인해 공공서비스 시설의 활용도 저하와 유지관리의 어려움이 가중되고 있다. 지역에 활력을 불어넣을 수 있는 생활 서비스 시설과 공간을 복합적으로 거점화하고 압축적인 방식으로 집적화해나가야 한다. 또한 기반 시설 조성은 이와 연관된 프로그램 운영사업을 결합하도록 해야 한다. 콘텐츠와 소프트웨어사업을 충분히 고려해야 한다.

넷째, 문제해결에 초점을 둔 기금의 배분이 중요하다. 새로운 지원영역과 새로운 지원 대상을 찾아보자. 전략적이며, 창의적인 아이디어를 발굴하도록 이를 유도할 수 있는 사항을 평가요소에 반영하자. 인프라가 부족하거나 기반 여건이 미흡한 지역의 경우 평가단계에서부터 기금의 유치 가능성이 희박해진다. 기금의 운용목적이 소멸 위기에 처한 지역에 활력을 되살리는 것인 만큼, 지원 대상을 선정할 때, 기반 시설의 수준보다는 균형발전 전략과 지역의 회생 가능성에 더 큰 비중을 두어야 한다.

다섯째, 단기적으로 사업의 성과를 평가하는 구조적인 문제점도 존재한다. 자칫 성과 만들기에 쉬운 보여주기식 사업으로 진행될 우려가 크다. 인구감소지역과 관심 지역은 단기간에 가시적인 사업의 성과가 나올 수 있는 지역이 아니다. 성과와 평가만을 강조한다면, 근시안적인 시각으로 단기적으로 성과가 도출되는 사업에 집중하게 된다. 인구감소 및 지방소멸 문제를 해소하고자 도입한

기금의 본연의 취지와 목적에 부응하기 위한 중장기적 성과평가방식을 마련해야 한다. 이를 위해 주기적인 모니터링과 성과 진단에 따른 맞춤형 컨설팅이 필요하며, 성공사례를 공유하도록 하는 시스템도 강화해야 한다. 지방소멸에 대응하기 위한 우수한 투자계획의 수립, 사업 간 또는 지역 간 연계 방안 구상 등에 교부세의 인센티브 지급도 검토할 만하다.

지방소멸의 문제를 해결하기 위해서는 정부와 지자체는 물론 주민, 기업 등 다양한 주체들의 적극적인 참여와 상호협력이 필요하다. 지방소멸대응기금 추진사업은 지자체가 스스로 전략과 투자계획을 수립하고, 주도적으로 사업을 추진하는 상향식 체계를 지향하는 만큼, 지역 스스로 인구감소 지역 대응계획을 면밀하게 수립해야 한다. 지역마다 인구의 감소 원인에 대한 진단이 선행되어야 하며, 특색 있는 자원을 활용해 창의적이며 차별화된 사업을 도출하고, 추진해야 할 것이다.

일본의 입지적정화계획

일본은 지방 도시의 활성화를 위하여 도시 소형화, 대중교통망 재구축, 광역적인 기능 연계 등의 개념을 담은 '압축도시+네트워크'로 종합전략을 마련한 바 있다. 실천 수단으로써 2014년 8월, 도시재생특별조치법 일부를 개정하여 입지적정화계획 제도를 도입하였다. 이 제도의 목적은 행정 및 주민, 민간사업자가 함께 참여하여 압축적 마을만들기를 추진한다.

고도성장 시기에 정비되었던 인프라 시설의 지속적 운영은 인구감소, 고령화, 세수 감소로 인해 어려운 상황에 직면하였다. 지방도시는 인구밀도 저하로 인한 의료, 사회복지, 교육문화 등 도시생활 지원기능의 유지에 어려움에 봉착했고, 대도시에서는 고령자의 급증으로 사회복지 기능의 대폭적 확대가 요구되었다. 지방에 흩어져 있는 공공시설, 의료, 복지, 상업시설을 집적하고 이를 연계하는 교통망을 재구축하여 인구감소로 노후화되어가는 인프라의 역습에 대응해 나가자는 것이다.

위와 같은 이유로 도입한 입지적정화계획은 주택, 의료, 복지, 상업시설 등 도시기능을 증진토록 하는 시설의 입지를 적정화하기 위한 계획이다. 도시 전체에 대한 종합계획, 도시계획과 대중교통의 일체화, 공공시설의 재배치, 공적 부동산을 활용한 민간의 투자유도, 시가지 공동화 방지를 위한 새로운 대안 마련의 역할을 한다. 2019년 5월 현재, 468개 지자체가 입지적정화계획 수립과정에 있으며, 이 중 247개 지자체에서 도시기능유도구역 및 거주유도구역의 설정을 포함한 입지적정화계획을 수립하였다.

입지적정화계획 수립을 위해서는 인구분포, 간선도로 및 대중교통, 생활편의 시설의 분포, 유사 도시와의 비교 등을 포괄하는 현황분석을 시행하고, 인구 및 시가지 확산을 예측한다.
입지적정화계획 내 도시골격구조의 검토 방향은 대중교통 노선, 공공시설 등의 앞으로도 불변하는 고정적 요소와 생활편의 시설, 지역별 인구 등의 장래에 가변적인 유동적 요소를 종합적으로 고려하는 것이다. 교통 및 생활의 편리성이 높은 지역을 거점으로 설정하고, 거점 지역을 연계하는 대중교통망을 구축하고, 지역별 특색을 반영한 시가지를 형성하는 다핵 구조의 다양성이 있는 도시구조를 조성한다. 또한, 지역 공동체의 활동 거점을 고려해 지속가능한 지역 공동체의 발전을 지원하는 도시구조를 형성한다.

이와 같은 도시 골격구조의 설정 사례로는, 젊은 세대의 장래 대중교통 이용 빈도에 기반을 둔 도시 발전축의 설정, 고령층을 위해 역 중심의 반경 50m, 버스정류장 중심의 반경 200m 범위를 거점지역으로 설정한 사례가 있다.

철도역과 가까운 상업 집적지역, 대중교통으로의 접근이 쉬운 지역 등 도시의 구조적 거점을 도시기능유도구역으로 설정한다. 생활권의 유지를 지원하기 위해 편리성 증진, 지역의 활력 향상에 이바지할 수 있는 유도시설을 계획한다. 거주유도구역이란 지속적 인구감소 추세에도 불구하고 일정 지역 내의 적정 인구밀도를 유지해 생활 서비스의 연속성을 확보하고, 더불어 장기적인 거주를 장려하는 구역이다. 거주유도구역은 도시의 주요 기능 및 주거시설이 집적화되어 있는 도시 내 중심적 거점, 대중교통망 기반의 도시기능 이용권, 재해위험에 대한 안전성이 확보된 지역 등을 대상으로 한다.

도시기능유도구역 또는 거주유도구역의 구역별 특성에 맞는 유도시설의 계획과 정비 사업을 수행하고, 대중교통망 구축을 통해 다핵 네트워크형 압축도시를 실현하고자 한다.

입지적정화계획의 수립과 도시의 기능별 적정 입지 계획을 수립한 지자체는 '도시기능입지지원사업'과 '도시재구축전략사업'

을 추진할 수 있다. 해당 사업은 지역에 필요한 도시기능을 정비하고 재구축하여 지속가능한 집약적 도시구조 조성하는 것이다. '도시기능입지지원사업'에서는 도시기능 유도시설을 민간사업자가 정비할 경우, 해당 지자체는 지자체 소유의 부동산을 저가로 임대 해주고, 중앙정부는 민간 사업자에게 직접적인 재정적 지원을 제공한다. '도시재구축전략사업'은 대중교통 노선과 연계된 시설의 정비, 집약적 토지이용을 통한 도시기능 정비, 기존 건물의 개조, 중심 거점 형성을 위한 복합적 정비, 유휴지 활용 등의 다양한 사업을 포함한다.

일본 지역재생법의 동향

일본에서 저 출산 고령화는 과소지역을 만들고 있다. 과소지역은 고령화와 지속적인 인구감소, 지역경제의 침체, 사회기반시설의 황폐화가 진행되고 있는 지역이다. 일본의 과소 지자체는 2018년 기준 약 47.5%로 전국 1,719개 지자체 중 817개 지역이 해당한다. 과소 지자체의 인구는 일본 전체 인구의 약 8.6%에 불과하지만, 면적은 일본 전 국토의 60%를 차지하고 있다.

이러한 상황에서 일본 정부는 2005년에 지역재생법을 제정하였다. 저 출산 고령화 문제의 심화, 산업구조의 변화와 같은 사회적 여건의 변화에 대응하기 위함이다. 지역의 물리적 환경을 개선할 뿐만이 아니라 지역 내 자산을 활용하여 자생적 성장 기반을 확충하여 지속 가능한 지역발전을 도모한다. 지자체는 자발적으로 지역재생계획을 수립하고 재생 사업을 추진하며, 중앙정부는 재정지원과 세제 혜택을 제공하는 역할을 담당한다. 지역재생법은 2018년, 2019년에 크게 개정되었는데, 개정내용은 인구감소 시대에서 지역개발이 나아가야 할 방향에 대한 시사점을 제시한다. 국회입법조사처 김예성 조사관이 '외국 입법 동향과 분석 65호'에서 제시한 내용을 소개한다.

2018년 개정에서는 수도권의 인구밀도를 낮추고, 지방의 일자리 창출을 통한 지역경제 활성화를 도모하는 '지방창생(地方蒼生)'과의 연계 전략이 추가되었다. 대표적인 세 가지 사업은 본사의 지방 이전 기업에 대한 과세 특례 확대, 지역관리 활동 지원, 상가 활성화 촉진 사업이다.

첫째, 본사의 지방 이전 기업을 대상으로 한 과세 특례의 확대는 기업의 지방 거점 강화를 촉진하기 위해, 동경에서 본사를 이전하면 과세 특례를 받을 수 있는 지역의 범위를 확대하였다.

둘째, 지역관리 활동 지원을 위한 부담금 교부는 지역관리에 관한 다양한 활동을 지원하고자 주민, 사업자, 토지소유자 등의 비정부 주체가 지역을 관리하고 경영하는 지역관리자에게 교부금을 지원하는 방식으로 이루어진다. 또한, 자전거 주차장, 관광 안내소 등 방문자를 위한 시설계획 시 도시공원의 점용허가 특례를 적용하도록 하여 방문자를 위한 시설 확충을 장려하였다.

셋째, 상가 활성화 촉진 사업은 빈 점포를 활용해 상업지역을 활성화하는 것이다. 지자체는 상점가 활성화 촉진 사업계획을 수립하고, 상점가 진흥조합의 설립요건을 완화하고, 중소기업 자금조달 지원 등을 통해 상가 활성화 활동을 지원한다.

인구감소 사회에 대응하기 위한 2019년의 개정사항은 기존 주택 및 빈집을 활용한 다세대 공생형 도시로의 전환을 도모하는 데 목적이 있다. 지역 주택단지 재생 사업, 농촌지역 이주 촉진 사업, 민간자금 등을 활용한 공공시설 정비사업 지원방안이 추가되었다.

먼저, 지역 주택단지 재생 사업은 고령화로 인하여 침체한 주거지역을 대상으로, 젊은 연령층의 입주 지원, 생활 편의시설 설치, 커뮤니티 버스 도입, 기존 주택의 공유업무시설로 재활용하는 등 다양한 계층의 입주를 지원하고 새로운 기능을 도입한다. 궁극적으로 안심하여 살고, 일하고, 교류하는 장소로 침체 지역을 재생하는 것을 목표로 한다.

다음으로, 농촌지역으로의 이주를 촉진하기 위해 농지를 보유하고 있는 빈집에 대한 검색체계를 구축하였다. 구체적인 관련 사업 계획을 수립하여 빈집 및 농지의 취득과 이민자의 빈집 취득 모두가 원활하게 이루어질 수 있도록 지원한다. 마지막으로, 공공시설 정비사업은 폐교 등 공공 소유의 유휴부동산을 활용한 재생 사업 추진 시 민간주체와 협력체계를 형성함으로써 민간의 자금, 기술의 활용을 지원한다.

일본의 지역재생은 인구감소 및 급속한 고령화로 인한 지방쇠퇴에 대응하고자 지역 일자리 창출, 지역 경제기반 강화, 생활환경 정비를 목표로 하고 있다. 이를 실현하기 위한 대표적인 수단으로 볼 수 있는 지역재생법에서는 각 관계부처의 정책을 종합적으로 담고 있다. 일본은 지역재생법 외에도 여러 법과 제도를 통해 각 지역의 여건과 상황에 맞는 지역재생 정책을 추진해 왔다. 일본의 사례를 거울삼아 우리나라의 실정에 적합한 쇠퇴 지방 도시 지원을 위한 다각적인 대책과 쇠퇴지역에 특화된 재생 정책이 강구되어야 한다.

지역재생과 입지적정화계획

지역재생은 지역의 자연적 특성, 문화적 자산을 기반으로 창의적 인재를 육성하여 지역의 활력을 유지하고, 지속가능한 발전을 도모하고자 한다. 이를 통해 지역 내 일자리를 창출하고, 경제기반을 강화하여 살기 좋은 생활환경을 마련하는 것이 지역재생의 기본방향이다. 2005년에 제정된 일본의 지역재생법은 단순한 물리적 환경개선에 초점을 두고 있는 것이 아니라, 지역의 자산을 활용해 자생적인 성장 기반을 확충하고 지속가능한 지역발전을 도모하는 데 중점을 두고 있다.

2014년 마을·사람·일자리 창생(蒼生) 법이 제정되면서 지역재생법에서는 지방의 재생을 위한 구체적인 조치를 다루게 된다. 즉, 지방재생 추진 교부금, 기업 대상의 고향세, 평생 활약 마을의 조성, 농지전용허가 특례 등 지방 재생을 위한 제반 지원 조치를 규정하고 있다. 평생활약마을은 지역으로 이주해온 고령자가 주민들과 교류하면서 평생학습, 취업, 자원봉사 등에 참여하고, 건강하고 활발한 생활을 지원하며, 의료 서비스를 받을 수 있는 공동체를 육성하는 정책이다.

최근 일본은 지역재생에 관한 법의 개정을 통해 지역 내 일자리의 창출과 지역의 활력 증진을 위한 지원 조치를 강조하고 있다.

지방의 재생과 연계하여 본사를 지방으로 이전한 기업에 대한 과세 특례를 확대하였으며, 지역관리 활동과 상가 활성화를 촉진하는 항목을 추가하였다. 상점가의 활성화를 위해 빈 점포를 활용한 사업계획을 수립하고, 관련 활동을 지원한다. 소규모의 거점을 형성하고자 농촌지역에 생활환경을 조성하고, 이에 이바지한 기업에 대한 과세 특례제도를 도입했다.

다음으로, 다세대 공생형 도시로의 전환을 위해 기존 주택 및 빈집을 활용한 주택단지 재생 사업, 농촌으로의 이주 촉진 사업, 민간자금을 활용한 공공시설 정비사업에 관한 지원 조치가 추가되었다. 주택단지 재생 사업은 고령화로 인해 활기를 잃은 주거단지를 안전하고, 일하는 장소로 탈바꿈하고자 함이다. 이를 위해 젊은 세대의 입주를 지원하고, 생활 편의시설을 확대 설치하며, 커뮤니티 버스를 도입하고, 주택을 공유업무공간으로 활용하는 등의 다양한 조치를 도입하는 것이다.

한편, 건축물의 용도규제 완화 및 도시계획 변경을 통해 주택단지 내 건축물의 용도를 다양화하고, 대중교통의 편리성을 높이기 위해 커뮤니티 버스를 운영한다. 농촌으로의 이주를 도모하는 조치로는 농지가 딸린 빈집에 대한 정보 검색시스템을 구축하고, 빈집 및 농지의 취득을 지원하는 사업을 창설하였다. 폐교 부지와 같은 미활용 공적 부동산을 활용해 재생 사업을 추진할 경우, 민간의 자금을 사용할 수 있으며, 관련 경험을 공유하는 제도를 도입하였다.

일본의 지역 재생 정책에서 강조하는 또 다른 주요 방향은 콤팩트시티이다. 2014년 8월에 도입한 입지적정화 계획과 토지이용계획에 압축적인 도시기능을 반영하여 콤팩트시티를 조성하고 있다. 입지적정화 계획은 주거 기능과 함께 복지·의료·상업과 같은 기능들의 입지를 종합적으로 계획하고, 대중교통 계획을 다루는 마스터플랜이다.

생활 서비스의 제공과 공동체 활동이 지속성을 확보하기 위해서는 일정 지역의 적정 인구밀도의 유지가 필수적이다. 이를 위해 도시종합계획에서는 거주를 유도하는 거주유도구역, 의료·복지·상업 등의 복합기능을 지역의 중심 거점에 배치하여 생활 서비스를 집약적으로 제공하는 도시기능유도구역을 도입하고 있다. 이는 급격한 인구감소와 고령화 추세를 고려하여 도시의 구조를 근본적으로 전환하자는 취지이다.

콤팩트시티와 네트워크시티를 결합하여, 도시계획과 대중교통 계획의 연계성을 높이고, 일체화하여 콤팩트형 마을을 조성하며, 지역의 교통체계를 재편하여 네트워크형 압축도시를 만들고자 한다. 입지적정화계획을 통해 기반시설 정비, 토지이용 복합화에 따른 새로운 유형의 마을만들기를 촉진할 수 있다. 재정 상황의 악화, 시설의 노후화 때문에 방치된 공공의 부동산을 재활용해 지역의 수요에 맞는 공공시설을 마련하거나 민간주체의 복합기능을 도입하는 것이 지역재생의 과제이자 전략이다.

4 도시이슈와 정책

도시는 개방적 교류를 요구한다
잃어버린 도시의 정통성
세계 도시의 맥구겐하임화
라이프 스타일 허브가 온다
미국 마운트 로렐 판결과 포용주택
분산된 집중 도시 모델을 지지한다
고층 건물은 죄악인가?
장소 번영과 사람 번영
선진적 도시계획체계의 시사점
계획이득과 사회적 형평
계획이익의 공공 환수와 사전협상제도

도시는 개방적 교류를 요구한다

도시는 인류의 가장 중요한 창조물이다. 도시는 교류와 학습의 공간으로 인간 상호 간의 협력 작업을 통해 지식을 생산하는 곳이다. 사회적 인간이 가진 가장 큰 재능인 상호 교류와 학습 능력을 통해 도시는 인류를 발전시켜 온 그릇이다.

도시에서는 사람들은 다양한 사람들을 만나고 여러 취향의 사람들과 교류하고 있다. 도시는 관찰과 학습을 더 쉽게 할 수 있게 한다. 도시의 혼잡한 공간에서 아이디어가 흘러가고 연결되며 전파되고 있다. 도시의 혼잡성은 더욱 새로운 정보의 흐름을 창조한다.

많은 비평가는 정보기술이 발달하면 도시가 가진 이점이 사라질 것이라는 주장을 하기도 했다. 그러나 컴퓨터와 인터넷이 훌륭하기는 하지만 대면접촉을 통해 얻는 수천 년간의 도시의 장점을 대체할 수는 없다. 교통과 통신의 발달은 사람들을 더 가깝게 모여 살게 한다. 거리에 대한 기술적 극복은 더욱 도시의 필요와 장점을 높이고 있다.

우리에게 도시가 필요하다는 사실은 도시의 미래에 대한 낙관적 전망을 보여준다. 사람들은 성공하기 위해서, 필요한 기술을 얻기 위해서 여전히 도시로 몰려든다. 기술과 정보가 습득되면서 새로운 아이디어들이 늘어나고 혁신이 등장한다. 사람들은 더 많은 교류를 얻기 위해서 도시에 환경의 지속성과 좋은 전망, 활기찬 거리를 만들어 가고 있다. 이러한 것들을 성취하기 위해서는 도시의 개발은 장려되어야 한다. 우리는 위대한 도시의 발전을 유도하는 모든 변화를 포용해야 한다.

매력적인 도시들은 가난한 사람들과 부유한 사람들을 모두 끌어들인다. 도시가 더 안전하고 건강해지면 부자들에게 더 매력적인 곳으로 변한다. 도시는 그곳의 즐거움을 즐기기 위해서 기꺼이 돈을 지불할 용의가 있게 한다. 점점 더 부유해지는 세계는 도시가 제공하는 혁신적 즐거움에 더욱더 많은 가치를 부여할 것이다. 어떤 장소들이 어떻게 소비도시가 되고 숙련된 거주자들을 유치할 것인가. 도시계획가 리처드 플로리다는 도시에서 일어나는 예술과 다양성을 확대하고 도시에서의 즐거움이 중요함을 강조한다. 안전한 거리, 빠른 출퇴근 수단, 좋은 학교처럼 핵심적 도시 서비스를 충실히 제공하는 것도 중요하다.

개방적인 도시는 교류와 학습을 더욱 활발하게 한다. 당나라 수도 장안이 세계 최대의 국제도시로 성장한 데에는 도시의 개방성에 있다. 외래 문물에 개방적인 분위기에서 다양한 종교가 소개되고 해외 유학생들도 대거 유입되면서 사상과 문화에서도 다양해지고 풍요로워졌다. 현대의 세계적인 대도시들은 대부분 개방성과 다양성을 갖는 포용도시와 국제도시를 지향한다. 세계인을 유인하고 경제 활성화, 소득 증대를 추구하는 도시들의 노력은 개방적 교류를 통해 도시의 성장성과 매력을 확대하고 있다. 성장하는 모든 도시는 개방적 도시로 나아갔지만, 폐쇄적으로 변했을 때 도시는 성장이 급격히 멈추게 된 많은 사례가 있다.

도시는 공평한 경쟁의 장이 필요하다. 도시에 사람과 기업을 유치하기 위해 펼쳐지는 국가와 도시 간의 경쟁은 건전하다. 경쟁은 도시들이 더 나은 서비스를 제공하고 비용을 낮게 유지할 수 있게 해준다. 특정 장소를 선호하기보다 도시들이 자신만의 경쟁우위를 찾아낼 수 있게 만드는 것이 바람직하다. 도시는 공평한 경쟁의 장에서 경쟁할 수 있지만 도시정책들은 공평한 경쟁이 이루어지지 못하기도 했다. 주택, 사회복지, 교육, 교통, 환경 등 여러 분야의 정책들은 도시지역에 불리하기도 했다. 그러나 도시는 이러한 불리한 여건을 극복하고 생존해 왔고 발전해 왔다. 도시가 경제와 사회 분야에서 그토록 중요한 역할을 한다는 이유로 우리는 도시의 발전을 가로막는 장벽들을 제거해야 한다.

지난 수천 년 동안 도시는 다양한 사람들을 끌어 모으면서 성장해 왔다. 도시는 인류를 가장 빛나게 만들어주는 협력 작업을 가능하게 한다. 다국적 기업인들과 국제무대에서 활동하는 사람들을 끌어 모은다. 도시는 경쟁과 다양한 혁신을 장려함으로써 성공해 왔다.

세계적인 도시경제학자인 에드워드 글레이저는 유명한 저서 도시의 승리에서 전 세계 도시의 흥망성쇠와 주요 이슈들에 대한 통찰을 통해 도시를 인류 최고의 발명품이라고 한다. 도시는 교육, 기술, 아이디어, 인재, 기업가 정신과 같은 인적 자본을 모여들게 하는 힘이 있고 이것이 왕성하게 교류되고 학습되면서 도시의 승리를 가져온다.

잃어버린 도시의 정통성

　오늘날 대도시에서는 과거의 건축물을 지어버리는 일이 비일비재하다. 도시중심지의 좁고 황폐한 골목길이 없어지고, 낡은 주택들은 값비싼 아파트와 새로운 마천루로 대체되었다. 버려진 부둣가와 선창의 창고들은 현대적 미술관으로 바뀌었고, 오랜 구역의 허름한 술집은 새로운 카페와 브랜드 체인점으로 바뀌었다.
　세계적 도시의 도시재생 과정에서 나타나는 이러한 변화를 미국인 사회학자인 샤론 주킨은 자본과 국가권력, 미디어와 소비자 취향의 문화 권력에 기반을 두면서, 도시의 정통성과 재개발 사이의 갈등이라고 비평한다. 그의 이야기를 통해 잃어버린 도시 정통성을 생각해 본다.

　주간지 타임은 2007년도 벌어진 가장 중요한 열 가지 아이디어 중 하나로 도시 정통성을 선정한 바 있다. 우리가 전통적이며 기원적인 삶의 체험을 창조할 수 있다면 도시는 정통성이 있다. 도시화 과정에서 젠트리피케이션 된 도시의 동네들은 역사적이며 기원적인 모습을 상실하고 있다. 경제적으로 여유가 있는 중산층들은 주택담보대출을 받아서 더 크고 넓은 집과 더 좋은 학교를 위해 교외로 이주한다. 기업들도 새로운 사업지구로 확장된 고속도로를 따라 퍼져나갔다.

　도시들이 정체성을 상실하고 있다고 믿으면서 사람들은 새로운 성장전략을 만들어냈다. 도시를 재건하면서 투자자와 관광객을 끌어들이고자 도시는 스스로 교외만큼이나 매력적이고자 했다. 도심의 쇼핑센터 개발업자들은 버려진 산업부지와 수변 부지를 교외의 쇼핑몰과 경쟁할 만한 수익성 있는 명소들로 탈바꿈시켰다. 금융회사와 부동산 산업이 도시에서 지역경제를 재형성하는 데 주도적 역할을 했고 상업적인 성공과 대도시의 명성을 회복시켰다.

오늘날 도시들은 경쟁력을 잃어가고 있다. 도시화 과정은 도시의 기원을 상실하는 과정이었다. 도시의 기원은 사람들이 뿌리를 내릴 수 있는 도시에 대한 도덕적 권리이다. 도시에서 정통성은 삶과 노동의 연속적인 과정, 점진적으로 축적되는 일상적인 체험들, 과거와 현재, 그리고 내일을 이어가는 지속성에 대한 믿음이다.

도시재생의 힘찬 전진 속에서 도시 정통성을 지키려는 자기방어도 나타났다. 역사보존 주의자들은 도시의 기억을 형상화한 오래된 건물들의 철거를 안타까워하며 저항하였고, 공동체 보존 주의자들은 도시 하층민들이 새로운 재생사업으로 인해 밀려나지 않은 권리를 옹호한다. 젠트리피케이션을 반대하는 일군의 사람들을 지칭하는 젠트리파이어들은 예전 집들을 개조하면서 상징적인 가치를 부여하였다.

이들의 움직임은 때로 중요한 공공정책들에 변화를 일으켰고 도시 정통성을 부각했다. 이들에 의해 세계 각처의 많은 도시에서는 지역역사보존법이 통과되고, 오래된 건물과 구역의 철거를 감시하고 방지하는 움직임으로 나타나기도 했다. 또한 고층의 공영주택단지는 고층 건물과 공영주택단지의 무분별한 확장을 제어하려는 계획으로 전환되기도 하면서 공영 주택단지들의 잠재력을 약화하기도 했다. 젠트리파이어들이 영향력 있는 정치세력으로, 도시의 중요한 이미지 생산자로 등장하면서, 일부는 흥미로운 도시의 생활모델을 만들기도 하고, 창조계급이라 불리는 지식인과 예술가로서 역사적 도시의 정통성을 남기고자 했다.

미국의 유명한 사회 운동가이자 도시계획가인 제인 제이콥스는 텅 빈 공원을 둘러싼 고층 건물들, 보행자보다 자동차를 위해 건설된 넓은 거리, 대규모 개발을 선호하는 근대적인 도시계획 전략에 반대하면서, 사람들을 안전하게 해주는 보도의 군중들, 새로운 작은 사업체들을 키워주는 낮은 임대료의 허름한 건물들, 주택에 붙어 있는 상점과 사무실의 혼합된 활용을 주장하기도 한다.

자유로운 생활양식에 동조하는 상품과 공간들은 좀 더 흥미로운 생활방식을 가져오고 사회의 다양성과 문화적 공간을 만든다. 이곳들은 근대화의 갈등이 어떻게 도시의 오래된 동네들 주변에 즐거움을 창조할 수 있었는지 보여주었다. 자본과 권위에 맞서 공동체의 유대를 강화하면서 도시재생의 새로운 전개를 준비해야 한다. 이제 우리는 도시의 활력을 가져오는 진정한 사회적, 문화적, 경제적 요소는 무엇인지 성찰해야 한다. 도시의 정통성은 도시를 체험하는 절대적 기준을 제공하며, 동네와 골목들, 친숙한 공공장소는 창조의 약속과 소멸의 위협 속에서 우리의 선택을 기다리고 있다.

세계 도시의 맥구겐하임화

모든 도시가 맥구겐하임화 되고 있다. 맥구겐하임이란 맥도날드화와 구겐하임 미술관을 결합한 신조어다. 도시에서 장소를 단일화하고 표준 건축기법을 반복시키는 거대한 문화 프로젝트 경향을 가리키는 말이다. 현대의 많은 도시는 경쟁 도시보다 더 나은 곳으로 보이고자 노력하고 있다. 모든 도시가 더 현대적이고 창의적인 이미지를 추구하고 있다. 그런데 그 결과로 나타나는 것은 다른 도시의 모방을 통한 도시 균일화이다.

뉴욕은 2차 세계대전 후 현대미술관을 통해 세계 문화도시로서 성공을 거둔다. 1960년대 프랑스는 파리의 쇠퇴한 보부르구역에 현대미술관인 퐁피두센터를 짓는다. 20년 후에 스페인은 빌바오 도시의 황폐한 공업단지에 또 다른 현대미술관인 구겐하임 빌바오 미술관을 지었다. 이것은 문화 수도인 파리의 이미지를 회복시켰던 도시재생 전략의 성공에 자극받은 것으로 알려져 있다.

뉴욕과 호주의 시드니 항구에는 각각 상징적인 구조물인 자유의 여신상과 오페라하우스가 있다. 뉴욕과 아시아의 유수 도시들은 더 높은 타워를 갖고자 경쟁하고 있다. 도시마다 여건의 다양성에도 불구하고 한 도시에서 다른 도시로 이렇게 맥구겐하임이 전파되고 있다. 여러 도시는 같은 방법을 쓴다. 구겐하임 미술관을 건설하고 도심을 재활성화하기 위해 대규모 개발프로젝트를 일으킨다. 다르게 보이기를 원하는 도시들은 더 많은 현대미술관, 예술축제, 카페거리를 만들어내고 있다. 이러한 과정을 통해 모든 도시는 균일화를 가져온다. 물론 이러한 문화전략을 통해 지저분하고 오래된 거리는 깨끗해지고, 시민들에게 안정감과 소속감을 주고자 한다. 공공미술 설치물들, 현대미술관 그리고 도시의 축제는 기업가적인 혁신과 창의성을 고무하고, 금융, 미디어, 관광이라는 도시의 광범위한 마케팅 도구가 되었다.

이미지를 세련되게 하고 투자를 활성화하기 위해 도시들은 의도적으로 문화를 활용한다. 빠르게 돌아가는 글로벌 경쟁을 따라잡기 위해서 도시재생의 문화적 전략으로서 신 경제시대를 위한 산업정책을 만들어냈다. 건축가들과 도시계획가들은 슈퍼블록과 고층 타워를 만들어냈다.

도시들이 재생과 재활성화의 과정에서 변화하고 있으며, 이 과정에서 도시는 정통성을 상실해 가고 있다. 세계적으로 기업도시와 새로운 도시 중산층이 등장했던 1950년대에 대규모로 진행된 도시재생사업들이 기원적 도시의 모습을 송두리째 바꾸어 놓았다. 공장들, 항구들, 도매시장, 음식 시장들을 몰아내고 금융과 행정지구를 확장함으로써 도시를 현대화해 왔다. 도시들을 상징하는 획일적인 사무실 건물들, 거대한 공영주택단지들, 무수히 만들어진 고속도로들, 그리고 기념비적인 문화센터들은 도시에 무미건조함과 획일성을 가져왔다. 결국 우리가 알던 기억 속의 도시는 사라졌다, 그곳은 다국적 기업체의 본사들. 대형 할인매장들, 그리고 대규모 개발프로젝트가 있는 기업도시가 되었다.

세계 도시들은 이제 다른 진전을 하고 있다. 도시 체험을 재구성하기 위해 다양한 방식으로 공간과 장소를 마련하고 있다. 지역적 변화들은 다양한 종류의 사회적 문화적 자본에 의해 구체화하여 간다. 새로운 건물들, 재 활성화된 중심가들, 역사적 랜드 마크들의 보존과 재활용으로 대체되었다.

이제 도시에서 명성을 갖는 지역은 건축, 디자인, 쇼핑, 음식, 예술 공동체 등 다양성과 미학적 독특성에 의해서 이루어진다. 도시의 특색을 지닌 다양한 색조는 소비문화가 지닌 새로운 매력을 반영한다. 오래된 건물과 새로운 건물들의 조화, 많은 거리의 특색 있는 연출, 사람들을 유인하는 다양한 장소가 활기 넘치는 도시의 구성단위이다. 도시의 삶은 오랜 거리와 건물들, 그리고 고풍스러운 블록들의 보존이 필요하다. 이것들은 섬세하게 직조된 사회적 활용과 사람들을 아우르는 문화적인 의미를 지니고 있었다.

도시의 미래는 이러한 정통성에 달려있다. 정통성은 한 장소의 모습이며 이미지이고 장소가 불러일으키는 사회적인 유대감이다. 도시의 정통성은 장소에 뿌리내리는 우리들의 갈망을 도시로 연결한다.

라이프 스타일 허브가 온다

이제는 라이프 스타일을 중심으로 한 세계 도시 허브(hub)의 시대가 온다. 세계적인 저널리스트이자 뉴욕대 교수인 대니얼 앨트먼의 저서 '10년 후 미래' 는 다가오는 미래의 세계 도시에 대한 예리한 통찰력을 보여준다. 그의 저서에 따르면 세계적 도시의 허브가 변화하고 있다. 세계적인 경제·금융 허브는 국경을 초월하여 교역을 주도하고 풍부한 인재와 자본을 끌어들여 국제적 경제와 금융 산업을 선도해왔다.

역사적으로 세계 경제가 거시적으로 변화하는 흐름에 따라 기존 허브는 쇠퇴하고 새로운 허브로 교체되는 일은 거듭되어왔다. 세계적 패권 도시는 로마에서 콘스탄티노플로, 그 후 베니스와 런던으로 바뀌었다. 현대에 이르러서는 뉴욕과 홍콩으로 그 위상이 계승되었으며, 최근에는 싱가포르와 두바이가 주목받고 있다. 그간 세계 경제의 허브는 금융과 상업의 중심지이자 수도로서 자원과 자본이 몰리는 곳이었다.

그러나 지난 천 년간 유지되어왔던 원칙이 변화하고 있다. 이제는 허브의 구심점이 재화가 아닌 사람으로 변화하고 있다. 기존의 경제적 허브들의 영향력은 약화되어 곳곳으로 분산될 것이다. 앞으로 많은 사람은 아름다운 해변과 고풍스러운 건물, 먹거리가 풍부하고 거주비가 합리적인 도시에 거주하고 온라인 근무를 원할 것이다. 이것이 곧 새로운 허브의 추세가 될 것이란 전망이다. 새로운 경제 허브는 라이프 스타일 허브가 될 것이다. 직주근접이란 기존의 틀에서 벗어나 직장이 수천 킬로미터 떨어져 있을지라도 자신이 꿈꾸던 생활을 삶을 실현하며 일할 수 있는 곳이 새로운 라이프 스타일 허브가 될 것이다.

그렇다면 사람들이 모여드는 새로운 중심인 라이프 스타일 허브가 갖춰야 할 조건은 무엇인가? 범죄로부터 안전한 도시, 쾌적한 환경이 갖춰진 도시, 물가와 세금이 저렴한 도시로 새로운 라이프 스타일을 추구하는 기업가, 투자자, 전문직업인, 부유한 은퇴자들이 모여들게 될 것이다.

어떠한 사람들이 이와 같은 라이프 스타일 허브에 살게 될 것인가? 업무장소가 공간적 제약에 얽매이지 않으며 생활의 편리함을 추구하는 사람들일 것이다. 인터넷을 통해서 업무를 처리하며 무형의 가치를 생산하는 사람들이다. 문화예술가, 작가, 프로그래머, 그리고 지역 또는 국가 간 이동이 자유로운 사람들일 것이다. 이들은 새로운 거주환경 속에서 신선한 아이디어를 얻게 될 것이다.

어떤 도시들이 새로운 라이프 스타일 허브의 후보가 될 것인가? 일단 물가가 높은 도시들은 제외된다. 인권이 존중받지 못하는 내전이나 국제분쟁지역은 제외된다. 현지 주민들이 어느 정도 생활수준을 유지할 수 있으며 원한다면 언제든 쇼핑을 할 수 있는 곳이어야 한다. 개인의 재산권 보호 또한 사람들을 불러 모으는데 매력적인 요소이다.

같은 비용으로 더 높은 생활수준을 누리고자 하는 사람들은 상대적인 구매력 가치를 중시한다. 개인의 삶에 대한 행복지수를 측정하는 방식에 있어 인간의 기대수명, 교육 수준은 등을 종합한 유엔의 인간개발지수 또는 국가가 개인의 재산권을 존중하는 정도를 평가한 국제 재산권지수가 주목받고 있다. 사회적·정치적 갈등, 치안 상태와 안전성을 중시하는 세계평화지수도 중요하다. 이동성이 높은 전문직 종사자들에게 매력적인 국가는 구매력지수, 유엔 인간개발지수, 세계평화지수 모두가 높은 지역들이다. 물론 인권과 재산권의 점수가 낮은 지역은 제외될 것이다. 앞서 언급한 국가는 초고속 인터넷망이 갖춰져 있으며 적정한 생활비로 안락한 생활을 누릴 수 있는 행복하고 자유로운 국가이어야 한다.

라이프 스타일 허브의 핵심은 전문직들이 편안하게 자신들의 직장, 여가생활 모두를 즐길 수 있는 환경을 제공하는 곳이어야 한다. 앨트먼은 상위 10개 국가 중 아시아 국가에 해당하는 곳으로 베트남, 말레이시아, 싱가포르를 꼽는다. 과연 우리 도시는 세계적인 라이프 스타일 허브로의 도약을 준비하고 있는지 되짚어볼 일이다.

미국 마운트 로렐 판결과 포용주택

미국의 도시계획 역사에서 마운트 로렐(Mt. Laurel) 판결은 주민들이 지방정부의 도시계획 결정에 맞서 '저소득층을 위한 주택공급 정책'을 제도화시킨 대표적인 사건이다. 마운트 로렐 사건을 계기로 미국 도시계획 제도에서 포용적 주택정책이 법률적 기반을 견고히 하게 된다.

미국 초기의 조닝제는 주거지에 타 용도의 진입을 제한하고 주거환경을 유지하자는 취지였으나, 저소득층의 진입을 막는 결과를 초래했다. 일부 지역에서는 저소득층이나 유색 인종의 주거지 진입을 막기 위해 대지면적의 최소한도, 전면 대지 폭의 하한선 규정, 다가구 주택 또는 제조업 용도의 건물의 입지를 금지하는 것과 같은 도시계획적 수법을 적용하였다.

뉴저지 주 마운트 로렐 시의 도시계획 조례에 따르면 단독주택

지역은 최소한 0.5에이커(약 2,025㎡)의 대지면적을 갖춰야 했다. 해당 조례를 통해 양호한 환경을 유지할 수 있음을 기본취지로 내세웠으나 실질적으로는 규모가 커서 저소득층이 살 수 있는 주택 건립을 원천적으로 차단하는 도구로 활용되었다. 당시 마운트 로렐은 교외화로 인해 대부분 흑인이었던 마운트 로렐 지역의 주민이 해당 지역을 떠나야 했다. 이에 지역 정부에게 다른 곳으로 이주하게 될 주민들을 위해 저렴한 아파트를 건설해 달라고 요청하였으나 거절되었다. 이에 주거지 입지에 대한 불공정성에 반대하는 시민단체와 인권단체가 연대해 마운트 로렐 시 도시계획 무효화 운동을 전개했다. 주거지 입지 차별 철폐 운동은 시민의 호응을 얻으며 미국 전역으로 퍼져나갔으며, 이에 법원은 공공복리에 반하는 지역제 조례는 위헌이라는 판단을 내렸다.

1972년 주민 측의 승소 판결에 따라 법원은 마운트 로렐 시에 다른 지역으로 강제 이주해야 할 상황에 있는 저소득층을 위한 주택 공급계획을 법원에 제출하라고 명령했다. 지방정부는 반드시 토지이용계획을 통해 적절하고 합리적인 방식으로 다양한 주택을 선택할 수 있는 현실적인 대안을 제공해야만 했다. 지방정부는 중·저소득 가구를 위한 저렴한 주택을 적극적으로 제공해야 함은 물론 공급 기회를 차단해서는 안 된다고 명시하였다. 특히 용도지역제는 주 정부로부터 위임받은 경찰권이므로 일부 고소득층만을 위한 도구로 활용되는 것은 적절치 못하며, 모든 소득계층을 위한 복지와 다양한 계층에게 적절한 양의 주택을 공급하는 데 활용되어야 한다고 강조되었다.

첫 번째 마운트 로렐 판결 이후 법원의 입장을 보완하여 1983년 발표된 것이 마운트 로렐Ⅱ이다. 대상 범위가 낙후되고 가난한 일부 도심 지역만이 아니라 뉴저지 주 전체임을 명시하였으며, 중·저소득가구를 위한 주택공급의 원칙과 종합계획을 마련할 것을 촉구하였다. 또한, 민간 개발자가 특정 지역에 저렴한 주택을 건설하지 않을 경우, 이에 상응하는 저가 주택을 다른 지역에 건설하기 위한 비용을 지방정부가 민간 개발자에게 부담금 형태로 부과할 수 있는 권한을 부여받게 되었다.

마운트 로렐 판결은 주거권과 시민권 운동가들에게는 획기적인 전환점이라고 평가될 뿐만 아니라 미국의 주택 및 토지이용정책에 큰 변혁을 일으킨 사건으로 여겨진다. 저렴주택의 공급과 상응하는 부담금의 부과가 지역제 운용 권한으로 자리 잡게 되었으며, 포용적 지역지구제 실행의 첫걸음이 되었다. 이를 계기로 모든 지방정부는 다양한 계층의 수요에 맞는 부담 가능한 주택을 적정량 공급해야 할 헌법적 의무가 일반화되었다. 고소득층이나 저소득층이나, 흑인이나 백인이나 교외에서 살 수 있는 법적 권리를 확보하게 된 것이다.

포용도시를 실현하기 위한 미국 주택정책의 목표는 주택 입지를 결정하는 물리·환경적 혼합에서 한 걸음 더 나아가 사회적 교류와 통합의 기회를 증대하는 데에 있다. 저소득층의 임대료 관련 세금을 감면해 주고, 시민단체는 자발적으로 기업과 제휴를 맺어 공공 임대주택의 공급을 유도함으로써 저소득층의 사회활동을 장려하고 사회구성원으로 성장할 기회를 제공한다. 도시계획의 역사는 포용적 주택정책을 통해 다양한 사회계층이 균형을 이루는 포용도시를 지향하고 함께하는 공동체를 추구하고 있음을 보여주고 있다.

분산된 집중 도시 모델을 지지한다

지속가능한 도시 형태에 관한 집중과 분산에 대한 오래된 논쟁이 있다. 지속가능한 도시에 대한 논의는 1987년 미래세대를 위한 자원의 보호 보고서에서 최초로 제시되었고, 사회적, 경제적, 환경적 차원의 도시환경 목표와 방향에 대해 논의가 확대되었고, 1993년 리우 유엔 환경 회의에서 지속가능한 도시개발 지표가 국제적으로 제기되었다.

영국에서는 지속가능한 도시구현을 위해 1990년대 다양한 도시정책을 추진한다. 토지이용과 교통계획의 통합적 접근, 기존 개발밀도의 유지, 도심부에 가능한 한 많은 주택 건설 및 소매업 유치, 역사성을 갖는 도심부의 중요성, 계획에서 디자인의 중요성, 시민 참여의 강조 등은 지속가능한 개발을 위한 영국의 주요한 전략이었다.

지속가능한 도시의 형태로 도심부에 고밀도로 집중되게 건설하는 압축도시가 제기되어 왔고 무수한 찬반 논쟁을 불러왔다. 압축도시와 집중을 찬성하는 태도는, 많은 도시개발을 수용하며, 기반시설과 기개발토지의 재이용, 도심부 재생을 통한 교외 지역의 보존이 쉽다고 주장한다. 저렴한 대중교통수단, 높은 접근성과 이동성, 교통비용의 감소, 자전거, 보행의 활성화, 공해감소에 따른 보건성 제고, 고밀화로 인한 난방비용의 저감, 사회적 혼합 촉진, 지역 활동의 집중 및 업무환경 활성화 등도 집중된 도시의 장점이다.

반면 압축도시에 반대하는 분산의 입장에서는, 교외 지역 주거지 선호 경향, 과밀 혼잡으로 인해 집중개발의 폐해, 도시 내 공지의 감소로 인한 환경의 질 저하, 교외 지역 공동체 경시 우려, 도심 내 혼잡 및 공해 증가, 사회적 격리 현상 심화, 교통 제한에 비해 에너지 절감 효과 미약, 지방분권화 및 공동체 시설 확충의 어려움, 경제적 효과가 불확실한 재정적 인센티브 제공 필요 등을 집중된 도시의 단점으로 제시해 왔다.

사실 집중과 분산에 대한 논쟁은 교통, 도시 형태, 에너지 소비 간의 관계에 관한 많은 연구가 진행됐음에도 불구하고 아직 명확한 해답은 없다. 1인당 에너지 소비량은 교외 지역에서 가장 높게 나타나지만, 대도시는 혼잡의 영향으로 중소도시에 비해 덜 효율적이다. 에너지 효율과 교통, 혹은 에너지 효율과 도시 형태의 단편적 연구는 편향된 결과가 도출될 우려가 있다. 그래서 도시연구는 사회적, 경제적, 환경적 측면의 종합적 고려가 필요하다. 각자의 도시는 고유한 장소 특성적 요인을 갖고 있으므로 도시 형태를 획일적으로 적용하는 것은 위험하다. 지속가능한 도시 형태는 도시 만을 넘어 연담지역 혹은 교외 지역과의 관계성을 고려하는 것도 중요하다.

집중과 분산의 도시 모델의 대안으로 분산된 집중 도시모형이 있다. 압축도시 개발에 대한 반론으로 제기된 개발 형태로서 다핵 도시 형 혹은 다수의 소핵도시를 갖는 단핵 도시형 개발모델이다. 분산된 집중 모델의 주요 지침은 명확하다. 도시 확산과정은 감속되어야 하며, 과도한 형태의 압축도시 집중개발은 비현실적이며 바람직하지 않다. 다수의 도시 주변에 구성되는 다양한 형태의 분산적 집중이 바람직하다. 도심부는 도시재생을 통해 인구와 고용의 감소를 둔화시켜야 한다. 도시 간 대중교통수단이 개선되어야 한다. 복합용도는 장려되어야 하며, 인구집중 유발시설은 대중교통의 결절점에 배치한다. 도시녹화를 장려한다. 도심 재생 집중개발의 장점과 불가피한 분산개발의 장점을 접목하며, 주민참여의 촉진, 지역적 자원의 보존을 강조한다.

지속가능한 도시는 인간의 기본적 욕구를 충족시킬 뿐 아니라 도시나 지역의 고유한 특성을 반영할 수 있어야 한다. 도시공간을 적게 점유하면서도 보다 효과적인 도시 형태가 무엇인가? 자원 이용을 줄이고 공해를 줄이는 구조, 혼잡을 유발하지 않으면서 다양한 서비스와 시설로의 높은 이동성과 접근성을 가능케 하는 구조, 도시와 농촌 간의 공생적 관계를 유지하도록 하는 구조, 지역 공동체의 자율성 및 자족성을 실현할 수 있는 구조, 사회적 혼합을 수용하면서 상상력이 풍부한 주거지 형태를 제공하는 구조가 집중과 분산에 관한 도시논쟁의 종착점이 될 것이다.

고층 건물은 죄악인가?

유명한 도시계획가인 제인 제이콥스는 고층 건물로 인해서 거리가 고통 받을 수 있다고 주장한다. 그녀는 1961년 미국 대도시의 죽음과 삶이라는 저서를 통해 효과적 도시 근린을 만들기 위해 활기찬 거리, 거리 모습의 다양화와 복합용도가 필요하다고 했다. 과밀은 슬럼화로 이어진다며 과밀을 경계하고 적당한 수준의 밀도는 다양성의 기반이 된다. 그녀는 단일용도만의 도시계획을 거부하고 다양성을 위한 복합용도 지역제를 옹호하며 상업 기능이 없이 주거만으로 채워지는 공영주택 프로젝트를 한 가지 목적만 가진 무익한 정책이라고 반대하기도 했다.

고층 건물에 반대하면서 낮은 도시경관을 선호했다. 인구밀도가 높은 거주지는 거주자들을 거리로부터 격리한다고 지적하면서 낮은 건물들이 많은 지역에서 거리를 감시할 수 있고 보행자가 더 안전해질 수 있다고 했다. 도시재개발에 대한 반대에서 시작해 고층 건물에 대한 보다 전면적인 반대를 하게 된다. 도시지역에서 일정한 밀도 이상의 집이 들어서면 지역은 몰개성하고 표준화될 위험이 크다고 했다.

반면 도시의 승리의 저자인 에드워드 글레이저는 도시가 전원보다 더 친환경적이라며 교외의 전원주택 단지야말로 환경 측면으로 가장 바람직하지 않은 거주 방식이라고 역설적 주장을 한다. 고층 건물들이 들어선 도시지역의 지상 공간이 활발한 활동이 펼쳐지는 한 몰개성하다고 말하기는 힘들다고 반박한다. 고층 건물이 들어선 지역들도 많은 흥미로운 매장과 식당들이 들어설 수 있다. 또한 인간의 다양성은 다양한 주거 형태를 요구하고 있고 그래서 고층 건물을 원하는 사람도 많다는 점을 강조한다.

제인 제이콥스는 낮은 건물들을 지키고 싶어 했다. 더 오래되고 더 낮은 건물들을 지키면 건물가격이 유지될 수 있다고 생각했다. 글레이저는 낡은 단층 건물을 고층 건물로 대체하지 않고 그대로 지킨다고 해서 구매력이 보존되는 것은 아니며 오히려 공급을 제한하게 되어 부동산 가격의 상승을 불러온다고 본다. 고층 건물은 새로운 공간을 제공함으로써 도시의 부동산 가격 상승압력을 낮춰줄 것이라고 주장한다.

글레이저는 개발을 제한하면 보호지역들이 더 비싸지고 배타적으로 변질하는 문제를 제기한다. 가난한 사람들에게는 신규 공급이 제한되면 도시가 수요를 따라잡지 못해서 주택가격이 올라갈 수밖에 없다는 것이다. 대체로 도시에서는 용도지역제, 고도 제한, 보존위원회의 활동 등이 결합하면서 신규 건축이 더욱 힘들게 되는 규제망이 되었다.

도시공간의 구매력은 고도 제한과 고정된 건물 재고량이 아니라 도시성장이 도시공간을 창출하고 유지한다는 글레이저의 주장은 도시 저소득층에게 도시에 머물 수 있게 하고 도시들이 계속 번성하고 다양성을 유지하게 도와준다는 것이다. 고도 제한은 일조권과 전망을 늘려주고 보존은 역사를 보호해 주지만 아무런 대가 없이 주어지는 것은 아니라는 것이다.

주택공급의 증가는 주택가격뿐만 아니라 도시거주민이 수를 결정하기도 한다. 글레이저는 더 낡고 더 낮은 도시지역들이 주는 즐거움과 감정에 대한 제이콥스의 통찰에 대해 찬사를 보내면서도 높은 인구밀도가 가진 장점을 그녀가 신뢰하지 않았다고 지적한다. 도심부 고층 고밀도의 지역에는 재미있는 식당들과 특이한 점포들, 특이한 보행자가 많았음을 고백한다. 마천루로 둘러싸인 지역이지만 역동적으로 돌아가는 도시공간이었다. 모든 사람이 고층 건물에 살아야 하는 것은 아니다. 많은 도시인이 제인 제이콥스처럼 더 오래되고 더 낮은 공간을 선호하기도 한다. 반면 도시의 고층 건물에서 사는 것을 즐기는 사람들도 많아서 그 길은 열려야 한다. 많은 사람이 도시중심에서 사는 미래를 꿈꿀 수 있지만 그 꿈을 실현하기 위해서는 더 높은 건물의 건축을 제한하는 규제 장벽을 낮춰야 가능할지 모른다.

코르뷔제는 현대도시의 죄악은 개발밀도이며 그 해결책은 역설적으로 밀도를 증가시키는 것이라 하기도 했다. 압축도시는 도시 고밀개발을 통해 경제적 효율성 및 자연환경의 보전까지 추구하는 도시개발 형태로 도시 내부의 복합적인 토지이용, 대중교통의 효율적 구축, 도시 외곽 및 녹지지역의 개발 억제, 도시 정체성을 유지하기 위한 역사적인 건물의 보전을 종합적으로 지향하는 도시 모델이다.

장소 번영과 사람 번영

지역개발 정책의 오랜 논쟁 중의 하나가 장소의 번영이냐, 사람의 번영이냐는 문제이다. 이 논쟁은 낙후지역에 각종 정책과 사업을 추진할 때, 그 목표와 수단을 장소에 중점을 두어야 하는지, 사는 사람에 기반을 두어야 하는지의 차이에서 비롯된다. 낙후지역이나 쇠퇴 지역 등 특정한 장소에 초점을 맞추어 지역개발을 도모하는 정책은 장소 번영정책이며, 특정 계층에 대한 보조금이나 교육지원 등 사람에 초점을 두는 정책은 사람 번영정책이다.

　미국에서의 사례를 중심으로 장소의 번영과 사람의 번영이라는 두 접근방식의 차이를 제시한 바 있는 강현수 교수의 주장을 일부 소개한다. 1960년대 미국인 학자 루이스 위닉은 그간 대부분 지역개발정책이 장소의 번영을 지향하고 있다고 진단한다. 장소를 기반으로 막대한 예산을 투입해 왔으나, 실제로 도움이 필요한 사람에게 지원이 이루어지지 못한다. 상대적으로 부유한 계층이 정부 혜택을 더 받게 되거나, 다른 사람에게 혜택이 돌아가는 결과를 초래한다는 것이다. 1980년 대통령위원회 보고서에서는 장소지원 정책을 비판하고 주민들을 직접 지원하는 정책으로 전환하게 된다.

　장소의 번영 대신 사람의 번영을 우선시하는 사람들은 정부 정책의 궁극 목표는 당연히 사람의 지원이 되어야 한다고 본다. 사람의 번영이 궁극적 목적인데 장소의 번영이 꼭 사람의 번영을 가져오지는 않는다는 것이다. 낙후지역 주민들을 지원할 목적으로 장소에 기반을 둔 정책 지원을 시행하나, 장소에 투자된 자원이 실제로 어려운 사람들에게 도움이 된다는 보장은 없다. 빈곤 지역에도 부유 계층이 있고, 잘 사는 지역에도 저소득층 사람이 거주한다. 결과적으로 장소 번영정책은 빈곤 지역에 사는 부유 계층을 돕게 된다.
　지역에 일자리 창출하는 정책의 결과 새로운 고용이 창출된다고 하더라도, 혜택을 보는 자는 지역 내 기존 숙련 취업자이거나, 외부인일 수 있다. 또한 특정한 지역만을 지원함으로써 더 살기 좋은 다른 지역으로 이동하려는 사람들을 낙후지역에 머물게 한다는 것이다. 그래서 낙후지역의 빈곤 사람들을 직접 지원하는 정책에 비해 상당히 낭비적이고 비효율적이며, 결과적으로 장소 기반 정책은 형평성을 담보하지 못한다는 주장이다.

장소 번영 지지자들의 반론도 있다. 사람 번영정책을 옹호하는 입장에서 선호하는 저소득층에 대한 서민 주택임대료 지원제도는 빈곤 동네의 주민들을 주거환경이 더 낮은 지역으로 이주시키는 데 성공적이지 못했다. 임대료를 지원한다고 해도 빈곤한 사람이 생활환경이 열악한 지역을 벗어나 부유한 지역으로 진입하기는 쉽지 않다. 부자 동네에서의 장소 기반 생활환경이나 공공서비스 수준이 높아서 가난한 사람들을 배제한다. 결국 저소득층 주민들이 집중되어 거주하는 지역에서 빈곤 지역을 쉽게 벗어날 수 없어서 장소 지원정책이 여전히 필요하다.

낙후지역을 포기하고 그곳 주민들의 이주를 촉진하는 정책은 거주지 선택의 자유를 포기하는 것이므로 장소와 지역사회의 가치는 강조되어야 한다는 주장이다. 그리고 특정 지역에서 개인별 빈곤 수준이 제대로 구축되어 있지 못하다면, 사람을 지원하는 정책보다 장소를 지원하는 정책이 더 효과적일 수도 있다.

또한 장소와 사람은 분리될 수가 없으며, 장소와 사람 사이를 분리하는 것은 장소와 사람을 상품화시키는 것이라는 지적도 있다. 장소의 번영과 사람의 번영을 구분하는 논리를 받아들이게 되면 사람도 잃고 장소도 잃게 된다는 주장이다. 장소 기반 정책을 비판하여 사람의 번영이 더 중요하다고 주장하는 논리를 실제로는 한 장소를 몰락시키면서 다른 장소를 성장시킨다는 비판도 있다.

그간 우리나라에서 수행됐던 국토 균형발전 정책, 도시 재개발 정책 등은 대부분 장소 번영정책들로써 주민의 삶의 질 향상에 괴리가 있었던 것이 사실이다. 이제 장소와 사람의 번영을 동시에 촉진할 수 있는 정책이 되어야 한다. 장소를 지원하는 정책과 사람을 지원하는 정책이 결합하는, 사람과 장소의 통합정책을 만들어 가야 할 것이다. 장소 번영정책에 따라 낙후지역에 지원하면서도 동시에 주민들의 생활환경과 문화 복지, 역량 강화를 동시적으로 개선해 가는 통합적 정책이어야 한다. 지역개발 정책은 장소 번영뿐만 아니라 거주하는 주민을 위한 고용 창출, 사회적 자본 확충, 공동체 육성이 병행되어야 한다.

선진적 도시계획체계의 시사점

도시계획 본연의 목표와 목표 달성을 위한 전략은 무엇인가?

도시의 목표를 체계적으로 관리하기 위해 최근 선진적 도시계획체계에 대한 요구가 증대되고 있다. 이를 위해 도시계획이나 개발계획에서 제시하는 목표와 전략의 실현 정도와 수행 여부를 진단하여 도시계획과 정책의 방향을 설정해야 한다는 목소리가 높다. 계획이 제대로 실현되고 있는지, 계획의 작동체계는 적정한지, 계획의 작성 방식은 적절한지 되짚어볼 일이다. 궁극적으로, 도시계획 패러다임의 변화를 적극적으로 반영한 국제적 수준의 모범적 도시계획체계를 만들어 가야 한다.

도시계획 분야의 선진국인 미국과 영국의 도시계획 관리체계를 살펴보자.

미국 워싱턴 DC의 종합계획에서는 장기 목표, 정책 및 실행 항목, 장래 토지이용도면을 정책 지도로 제시한다. 도시 전반을 아우르는 주제, 목적 및 정책을 13개 부문 계획에서 제시하고 있으며, 각 세부 사항은 코드화되어 있어 관리가 쉽다. 공간계획에서는 도시를 총 10개의 권역으로 구분하고 각 지역의 목표 및 정책을 제시한다. 정책의 실행전략을 제시하면서 지역 전반을 대상으로 하는 일반정책과 지역 내 특정 구역을 대상으로 하는 특화정책으로 구분한다. 도시계획의 실행과 이행을 강화하기 위해서 실행의 중요도, 수행 기간, 책임 부서, 예산의 필요 여부 등을 일목요연하게 정리된 표로 제시하고 있는 것도 특징이다.

미국 캘리포니아 주의 도시계획은 도시의 성장 방향 및 원칙, 추구하는 가치 등을 고려하여 미래의 목표를 설정할 수 있도록 세부적인 지침 사항을 제시하고 있다. 일반적 요소와 필수적 요소별로 법적 요구사항을 제시하고, 비슷한 정책의 다른 도시사례를 제공한다. 부문별 요소에서는 계획의 내용, 목표, 정책을 제시함으로써 도시의 물리적 발전을 위한 장기적 계획을 제시한다. 계획의 수립 단계부터 적용, 개선, 이행 및 유지를 목표로 향후 성장 방향과 토지이용, 교통, 주거, 경제 등 다양한 관련 분야의 목표 및 정책을 제시한다.

영국 국가계획정책에서는 도시계획의 목적으로 국가의 정책 및 원칙을 제시하며, 지속할 수 있는 경제발전, 더 살기 좋은 환경을 지향점으로 도시계획을 수립하고 있다. 중앙정부 차원의 분야별 계획 지침서로서 지속 가능한 발전, 개발제한구역, 주택 등의 분야별 정책을 제시한다. 또한, 중앙정부가 수립한 정책 방향 내에서 지방 당국은 효과적인 도시계획 수립을 위한 지침을 제공한다. 계획 정책, 개발 및 토지이용에 관한 정책 간 관계를 명확히 설정하며 필요에 따라 상호 보완되도록 운용하고 있다. 영국의 국가계획 정책은 최상위 목적인 지속 가능한 개발을 실현하기 위한 경제적, 사회적, 환경적 측면에서의 계획 방향을 제시하고, 분야 간 유기적인 관계를 갖도록 수립되고 있다.

이상과 같은 미국과 영국의 도시계획체계는 다음과 같은 특징을 갖는다. 도시계획은 종합계획과 일반계획으로 구분하여 수립된다. 도시계획은 시민의 삶에 더욱 밀접하고 포괄적인 분야에서 정책의 목표와 세부 전략 및 지침 사항을 제시한다. 국가적 차원에서 설정한 정책 방향에 따라 각 실행기관은 구체적이며 위계적인 계획을 수립한다. 또한, 도시 전반의 계획 내용을 경제·사회·환경적 측면에서 다루며, 지속 가능한 발전 및 기후변화에 대한 대응 등 시대적 패러다임을 지향한다.

계획서의 기술 방식은 관련 분야의 내용을 찾기 편리하게 구성함은 물론 편리하게 활용하는데 주안을 두고 있다. 특히, 계획의 내용에 실질적 구현을 위한 상세계획을 담고 있어, 목표별 실행 지침서의 기능을 하고 있다. 계획보고서는 기본방향, 정책, 실행의 체계에 따라 서술하여, 각 실행기관이 구체적으로 정책을 실행하는 실행 계획적 성격을 강화하고 있는 점도 특징이다.

결국, 도시계획은 정책계획이며 지침계획의 역할을 실질적으로 담당해야 한다. 또한, 도시계획은 도시의 목표와 추진전략 간에 일관성이 있는 실행계획이 돼야 한다.

계획이득과 사회적 형평

도시계획 역사에 있어 계획이득은 영향부담금, 개발조건의 부여 등과 함께 난처하고 복잡한 논쟁거리가 되어 왔다. 계획이득이란 넓은 의미의 개발이익으로서 계획이나 허가 등으로 토지소유자에게 발생하는 미실현 이익까지를 포함한다. 계획이익은 계획허가로 상승하는 토지가치의 상승분을 의미하는데, 토지이용의 변동을 비롯하여 용적률 상향조정, 건물 층수 조정, 도시설계 지침 변경 등 토지 및 건축행위와 관련된 규정의 변화로 인해 발생하는 토지가치의 상승분을 가리킨다.

계획이익의 적용과 시행에 있어 핵심 이슈는 개발사업자가 해당 개발지역에 제공하는 공공편익 시설에 대한 부담방식과 강제성의 적합성 여부였다.

영국에서는 1947년 토지개발권을 국유화했고 국가가 토지소유주에게 그들이 잃게 되는 개발권에 대한 보상을 도입한다. 모든 개발이득은 공동체에 귀속되어야 했으나, 그것은 정치적으로 지나치게 과감한 것으로 시장기능이 무너지면서 급기야 1954년 보수당은 사실상 이 제도들을 철폐해 버렸다. 그 후 노동당과 보수당 정부는 개발이득의 일부 환수를 둘러싼 제도의 도입과 폐지를 반복했다. 다만 개발자들이 허가받는 조건으로 재정 부담을 할 수 있도록 계획 당국과 자발적으로 협약을 맺을 수 있는 제도를 도입한다. 개발

사업은 신규 접속도로와 같은 공적 시설이 필요했고, 개발자는 이 공공행위에 대한 재정 부담을 할 능력과 의사를 가지고 있을 수 있다는 점에 기반을 둔 제도다.

한편 미국에서는 지역사회가 개발로 인해 필요하게 된 공공시설의 개선비용을 충당하기 위해 영향부담금과 같이 개발자에게 금전적인 부담금을 직접 부과하는 대안적 방법을 채택하기도 했다. 그러나 이 방식은 이후 재건축 허용조건이나 상업시설 건설조건으로 도로개설 요구의 권리가 잘못되었다는 판례에 의해 자취를 감추게 된다. 그리하여 계획협약이나 영향부담금제도가 1980년대 후반 이후 경기침체와 함께 사라지게 된다.

이제까지 영국에서는 계획이익 조정을 위한 다양한 시도가 있었다. 1990년 개정된 도시농촌계획법에 근거하여 사전협상 방식의 기부채납제도로 많은 저렴주택과 커뮤니티 기반 시설을 공급하고 있다. 2008년 부과금 형태의 기반 시설 부담금제도가 도입되어 2010년부터 시행되고 있는데, 기반시설부담금은 계획 의무를 보완하고, 강화하는 수단으로 사용되고 있다. 또한 개발로 인한 인근 도로에 미치는 영향으로 개발사업 제안이 거부될 경우, 개발시행자는 기존 공공도로 개선작업을 수행함으로써 개발사업 제안이 통과될 수 있다.

또한 개발계획 실행 가능성과 계획이익 환수의 균형을 강조한다. 영국의 계획이익 환수제도는 대부분 개발사업 및 용도변경에 적용되어 일정 규모 이상에만 적용되는 우리나라의 개발 부담금이나 사전협상제도보다 훨씬 적용이 구체적이며, 개발이익 환수율도 높다.

이러한 제도가 광범위하게 시행되는 이면에는 토지에서 발생하는 계획이익의 공동체적 성격에 대한 사회적 합의가 존재한다. 모든 개발사업을 도시기본계획에 부합하는 방향으로 계획적으로 개발되도록 하고 있으며 기반 시설 부족 문제를 미리 방지하며, 무리한 토지개발 및 토지투기에 대한 근본적인 차단 역할도 강력하다.

토지가치의 증가는 주로 토지소유자에게 발생하지만, 계획이득 일부를 공공 부문으로 전환하기 위해 세금이 부과될 수 있기도 하다. 도시계획에 의해 본래 기능이 새로운 수요에 맞춰 용도를 변경하면 해당 지역의 지가 상승이 발생하므로 도시계획 변경에 따른 이익을 체계적이고 유연하게 관리할 필요성이 있다. 또한 토지이용계획, 용도변경 등을 통해 발생하는 이익을 적절히 조정, 관리할 수 있는 체계를 통해 공공복리를 증진하고 아울러 필요한 도시기반시설을 공급하거나 개발에 따른 영향을 최소화할 수 있는 토지이용의 체계적 정비가 필요하다.

계획을 축소하려던 1980년대 영국에서의 시도가 완전히 실패하고 최근 더욱 계획체계가 강화된 연유는 삶의 질에 강력한 사회적 규제가 요구되며 계획은 주요한 부분을 차지하기 때문이다. 다만 자신을 둘러싼 근린 환경의 보전이 환경 의식이 가미된 님비현상으로 확대되고, 저소득 불우한 계층에 대한 배타적 장벽으로 작동되는 역사적 아이러니가 두려울 뿐이다.

계획이익의 공공 환수와 사전협상제도

도시계획 변경에 따라 발생하는 계획이익의 정당한 분담은 어떻게 해야 하며, 공공기여는 어느 정도가 정당한가?

개발이익은 일반적으로 공공투자로 인한 편익 증진, 개발사업 인허가로 인한 계획이익, 토지개발과 건축행위를 통해 발생한 개발이익 등을 의미한다. 반면 계획이익은 직접적인 투자로 인한 이익이 아닌 도시계획 변경에 따른 지가 상승으로 발생한 이익으로, 용도지역의 변경, 토지이용계획의 변경, 도시계획사업의 결정 등으로 인해 발생한 이익이다.

도시계획 변경에 따른 계획이익의 공공 환수는 왜 필요한가?

첫째, 개발사업의 시행 주체나 토지소유자의 노력과 상관없는 용도지역 변경으로 인한 계획이익은 사회적 형평성을 훼손하고 있다. 개발이익은 개발자의 행위 결과에 따라 생기지만, 계획이익은 공공의 결정에 따른 토지가치 상승으로 인한 이익으로 실제 개발사업 자체의 시행 여부와 반드시 결부되지는 않는다. 개발이익은 개발 주체의 의도적 행위에 따른 이익으로 개발자가 위험을 감수한다는 점에서 개발자의 이익 전유(專有)에 대해 상당 부분 수긍할 수 있다. 반면, 계획이익은 토지소유자, 개발자의 행위와 무관한 이익이기에 공공 환수의 대상이 되는 것이 타당하다. 그간 도시계획 변경으로 인한 계획이익의 환수는 미흡했다. 개발사업의 시행을 위해 용도지역이 상향 조정된 경우, 이에 대한 개발 부담금이 부과된 사례는 극히 드물다.

둘째, 도시계획과 토지이용계획 변경을 위한 유연성을 확보하기 위한 장치가 필요하다. 토지이용계획은 도시공간의 변화를 반영 또는 유도하기 위한 제도적 수단이다. 적절한 시점에 여건에 맞는 개발을 유도하는 방향으로 도시계획제도가 운용되어야 한다. 그러나 현재 토지이용계획 변경으로 인한 계획이익은 사유화되는 경우가 많다. 용도지역 변경이 진행되면 특혜시비가 발생하고, 공공은 계획대로 도시개발을 추진하지 못한 채 경직된 개발 억제 중심의 도시관리에 머무는 경우가 많다.

셋째, 도시개발에 따른 도시관리비용 충당방식의 문제이다. 특정 개발사업을 추진하는데 일반 세금으로 기반 시설을 설치하는 것은 사회적으로 정당화되기 어렵다. 그래서 도시계획 변경에 따른 계획이익을 공공기여 방식으로 기반 시설을 마련할 필요가 있다. 지금까지는 관행적으로 개발자가 기반 시설을 조성한 뒤 이를 기부채납하면 지방정부가 관리해 왔다. 개발자가 사업에 필요로 하는 토지를 제외한 나머지 용지에 기반 시설을 할당함으로써 기반 시설이 적정하지 않게 조성되는 경우도 나타난다. 또한, 기반 시설이 지역 단위가 아닌 개별 사업 단위로 마련되게 되고, 기반 시설 설치가 개발사업과 동시 진행되거나 후행할 수밖에 없어 기반 시설 투자가 적시에 공급되지 못 하는 일도 있다.

도시계획 변경에 따른 특혜시비 논란에서 벗어나 사회적 합의에 부응하는 도시계획 체계로의 전환이 필요하다. 도시계획 변경 사전협상제도는 도시개발사업의 공공성을 강화하고 저 이용 토지의 효율적인 활용을 도모하고자 2009년 서울시에서, 이후 부산시, 부천시 등에서 도입하였다. 도시계획 변경 사전협상제도는 민간이 도시계획 변경이 수반되는 개발을 하고자 할 경우, 공공과 민간이 미리 정해진 원칙과 기준에 따른 사전협상 절차를 통해 적정한 공공기여량과 공공기여 시설, 공공기여 이행방안 등을 합의한 후, 사업대상지의 도시계획 변경을 진행하는 제도이다. 도시계획 변경을 수반하는 개발사업의 계획이익을 합리적인 방법으로 환수하기 위한 제도이다.

사전협상제도는 도시의 발전 방향, 필요 공공기여 시설 등에 대한 명확한 이해와 정립이 선행되어야 한다. 사전협상제도는 우발적 계획이익을 사회 전반이 공유하도록 유도한다는 점에서 의의가 있다. 공공기여 산정기준이 사전에 마련, 적용됨으로써 사업자는 사업 시행 전에 사업성을 검토할 수 있으며, 개발계획에 대한 협의와 도시계획 변경의 타당성, 개발의 공공성에 대해 사회적인 공감대와 합의를 형성해 나가는 데에 의의가 있다. 민간과 공공이 신뢰와 공감을 바탕으로 한 협상을 통해 합의점을 도출하는 협력적 도시계획 절차로서도 의미가 있다.

5 주택정책

새로운 주거유형
1파운드 주택정책
영국의 빈집 재생 정책
일본의 빈집 문제
도심부 저렴 주택정책
자조 주택의 연원과 경험
3080+ 공공주도 정비사업
MZ세대와 주택시장

새로운 주거유형

사회경제적 여건과 생활양식이 변화하면서 다양한 주거유형이 등장하고 있다. 주거 공간과 작업공간이 결합된 공유형 주거문화도 등장하였다. 독신가구, 고령 가구의 증가와 청년층의 주거 문제를 해소하기 위한 대안적 주거유형으로 공동체 주거가 큰 주목을 받고 있다.

공유주택이란 공통된 특성이나 관심사를 가진 1인 가구들이 모여 주거지 내의 주방, 거실 등 일부 공간을 공유하면서 함께 살아가는 새로운 유형의 주택이다. 셰어하우스는 여러 사람이 하나의 집에서 함께 생활하면서, 개인의 독립적 공간으로서 각자의 침실을 사용하고, 거실, 화장실, 욕실 등을 함께 이용하는 공동 주택이다.

건축도시공간연구소에서 제안한 셰어하우스는 수도권에 거주하는 청년 1인 가구를 대상으로 대중교통 및 상업시설로의 접근성을 고려하여 계획한 공유 주거형 공공임대주택으로, 공유주방 및 거실을 중심으로 5가구를 하나의 단위로 설정하고, 5가구를 2~3개 집단으로 나누어 각 집단을 대상으로 공동식당, 세탁실, 창고 등의 시설을 공급하는 방식을 제안하였다.

사회임대형 공동체 주택은 서울시의 공동체 주택으로 개별적인 가정생활을 독립적으로 유지할 수 있는 단위 주택에 거주자들이 함께 사용하는 커뮤니티 공간을 추가한 주택 유형이다. 1인 가구와 청년 가구를 대상으로 셰어하우스 형태로 운영된다. 두레 주택,

주택협동조합 등 다양한 협동조합과 사회적 기업 등이 공급 주체이다.

고령자 맞춤형 주택은 고령자의 주거수요에 대응한 맞춤형 주택 유형으로, 노인이 안전하고 편리하게 이용할 수 있도록 각종 설비와 편의 시설을 갖춘 주택이다. 시설의 성격이나 운영방식에 따라 고령 맞춤형 임대주택, 헬스케어 주택, 무장애 주택, 시니어 공생주택 등 다양한 유형을 포괄한다. 고령자 복지주택은 공동 주택의 형태로 주택과 사회복지시설이 복합적으로 계획되며, 저층부에는 입주자와 지역주민이 함께 이용할 수 있는 고령자 친화형 사회복지시설이, 상층부에는 공공임대주택이 마련된다.

의료안심주택은 서울시에서 추진하는 임대주택 유형 중 하나로 어르신, 노약자, 당뇨·고혈압환자 등 의료취약계층을 위한 맞춤형 공공임대주택이다. 의료서비스 시설로의 접근성이 매우 우수한 입지에 위치하며, 주택 내 생활공간은 무장애 공간으로 구성됨은 물론, 각 가구의 현관문, 화장실 등에 설치된 센서를 통해 비상시 관리사무실로 자동적인 연락을 취할 수 있다.

시니어 공생 주택은 사회적 보호가 필요한 노인을 위한 주택으로, 입주하는 다양한 세대의 공동의 문제인 여가 및 사회 활동에 관한 불편함을 세대 간 공동체 형성을 통해 해결하고자 한다. 자녀 세대와 고령 세대의 공생을 통해 자녀 양육 및 노인 돌봄에 관한 해결책을 함께 제안하고자 하는 주택 유형이다.

인구구조의 변화, 사회경제적 변화, 주택시장의 변화는 주거수요의 특성 변화에 큰 영향을 주고 있다. 주요 특징으로는 생애주기별 주거수요 다변화, 소형주택과 임대주택의 수요 증가, 아파트 이외의 주택수요 증가, 주거 지원 서비스 요구 증대, 노후주택 정비수요 증가를 꼽을 수 있다.

이제 우리는 사회경제적 여건과 생활양식이 주거수요에 어떠한 영향을 미치는가에 주목해야 한다. 다양한 주거유형에 거주하는 주민들의 주거수준의 적정성을 파악하고 대응함은 물론, 청년층, 독신자, 고령자 등의 새로운 주택수요에 대응하기 위해서는 여러 주거유형을 개발하고 기준을 정비해야 한다. 기존의 임대주택 재고를 활용하여 새로운 주택수요에 대응할 수 있는 다양한 방법도 고려해볼 필요가 있다. 오늘날의 복잡하고 다양한 주거수요에 효과적으로 대응하기 위해서는 기존의 대규모 주택 공급방식에서 벗어나 소규모의 개별 수요 중심의 주거 지원이 적극적으로 시도되어야 한다.

1파운드 주택정책

1파운드 주택정책을 들어보았는가? 단돈 1파운드로 슬럼 화된 빈집을 살 수 있게 하는 정책이다. 영국, 프랑스, 이탈리아 등 여러 나라에서 도시재생 정책의 하나로 시행되었으며, 그 중 대표적인 곳이 영국의 리버풀이다.

오랜 경제 불황으로 많은 사람이 도시를 떠나자 주택은 장기간 빈집으로 방치되었다. 빈집으로 인한 사회적 문제로 대두되자 영국 정부는 2002년부터 리버풀을 비롯한 9개 도시를 대상으로 주택시장개선정책을 시행한다. 지자체가 빈집을 사들여 철거하고 새 주택을 공급하는 것이다. 오래된 흑인거주지역으로 가장 쇠퇴한 지역의 하나였던, 리버풀의 그란비 포 스트리트 재생 사업지구가 그 하나였다. 1990년대 슬럼 철거에 따라 마을에 공터를 남긴 채 지역의 문제가 악화하였다.

2011년 정부의 주택시장 재생 정책의 방식이 철거방식에서 개량 위주로 변경되면서 다양한 커뮤니티 활동이 시작된다. 당시 리버풀은 1천여 채의 빈집을 소유했지만, 주택자금이 없어 방치된 상태였다. 이 문제를 해결하기 위해서 2013년 시는 이른바 1파운드 주택 프로그램을 도입했다. 시 소유 빈집을 인수자가 보수 비용부담을 조건으로 팔겠다는 것이다. 이 목적을 달성하기 위한 조건이 있다. 3~5년 안에 집을 거주 가능한 상태로 재건해야 하고, 최소 거주기간이 있으며, 사는 사람이 2명 이상이어야 하고, 재판매는 5년 뒤에 가능하다. 결국 시가 별도의 예산 지출 없이 저소득 무주택 가구의 주택 소유를 지원하는 동시에 해당 주거 지역의 가치를 높이자는 것이다.

몇 가지 문제도 있었다. 방치된 노후주택이므로 보수비용의 문제이다. 어떤 경우 1파운드에 주택을 인수했으나 보수비용으로 총 6만 파운드, 우리 돈 약 8,700만 원이 소요되기도 했다. 그래도 주택의 시세 가치보다는 저렴했다. 신청자가 많았으므로 인수자 선정을 어떻게 할 것인가도 문제였다. 신청 자격 기준은 리버풀 주민이거나 직장이 리버풀에 있어야 하고, 전업 일자리가 있어야 한다. 그리고 생애 첫 주택이어야 한다. 나중에 신청이 폭주하자 선정기준이 추가되었는데, 보수비용을 감당할 수 있도록 연 소득 2만~3만 파운드의 저축을 가진 가구를 우선 선정하기도 했다. 그래서 적지 않은 보수비용이 필요해 저소득층은 접근하기 어렵다는 비판도 있다.

슬럼 지역에서의 안전과 소유관계에 따른 법률적 애로도 있었다. 시 당국이 보수공사를 승인해야 주택 소유권이 공식적으로 인수자에게 양도되기 때문이다. 그렇지 않으면 주택은 다시 시 소유가 되고 인수자는 보수비용을 환불받지 못한다. 1파운드 주택정책의 또 다른 문제는 부동산 투기 위험이 있다는 것이다. 저렴한 가격에 주택을 인수한 뒤 되팔아 큰 시세 차익을 볼 수 있다. 시는 투기 방지를 위해 대상 주택의 양도와 임대를 5년간 금지하지만, 이 조항이 엄격하지 않다고 지적되기도 한다.

여러 우려에도 불구하고 이 사업에 대한 시민들의 호응은 높았다. 2013년 20채의 빈집을 대상으로 한 시범사업에 250명이 몰렸으며, 2015년 120채를 대상으로 한 두 번째 프로그램에서는 2,500가구가 신청했다.

리버풀의 1파운드 주택 프로그램이 충분한 효과를 얻기 위해서는 사회기반시설 적정 공급, 일자리와 고용정책의 동시적 추구가 함께 진행되어야 한다. 지역사회의 지속가능성을 높이고자 하는 커뮤니티 정책이 함께 추진되어야 한다. 실제로 리버풀 그란비지구에서는 주민 중심의 그린지구 만들기, 다 문화지역 활성화, 사회적 안전과 화목, 예술과 사회적 구심점 만들기 운동이 전개되었다.

리버풀의 1파운드 주택정책 프로그램의 성공은 유럽 여러 국가에서 정책 도입에 관심을 보이는 등 도시재생과 주택정책에 새로운 바람을 일으켰다. 실제로 처음 이 프로젝트가 발표되고 세간의 주목을 받게 되자, 부동산 사업자들이 주변 빈집을 인수해 보수공사에 착수하기도 했다. 그때까지 누구도 슬럼 지역에 투자하려 하지 않던 상황을 감안하면 엄청난 변화였다. 리버풀의 1파운드 주택정책의 성공을 계기로 공동 주택이나, 상가 재생 차원에서 1파운드 상점으로 확대하자는 이야기도 나오고 있다.

영국의 빈집 재생 정책

영국 정부는 주요 도시정책으로 쇠퇴지역의 재생 정책을 추진하고 있으며, 특히 빈집이 대거 분포하는 지역을 대상으로 다양한 방안을 시행 중이다. 2011년부터 빈집 재생과 공공임대주택의 공급을 지역 커뮤니티 정책과 연계하여 추진하고 있다. 쇠퇴지역 내 빈집을 재활용할 수 있도록 정비 프로그램을 통해 영국 정부는 주택의 공급, 무주택 문제의 해소, 지역쇠퇴의 방지를 도모한다.

영국의 캐노피 하우징 프로젝트는 커뮤니티 주도의 대표적 빈집 재생 사업이다. 빈집 문제는 2008년도부터 두드러졌으며 대도시인 리즈 시에서의 빈집에 대한 대응책이 필요했다. 영국 북부 웨스트요크셔주에 있는 리즈 시는 인구 79만의 도시로서, 양모 산업의 중심지였으며 엔지니어링, 철 주조, 인쇄 산업이 번성했다. 20세기 후반 전반적인 쇠퇴기에 접어들었으나 '24시간 유럽 도시', '북부의 수도 건설' 등의 비전으로 되살아났다. 넓은 공원과 열린 공간이 많아 영국에서 가장 친환경적인 도시로 꼽힌다.

2008년도 기준 리즈시의 빈집은 전체 주택 물량의 5%인 17,000호에 달했다. 지역사회의 참여와 소규모 개량을 중시하는 빈집 전환 프로그램을 통해 지역 내 빈집의 정비, 장기간 임대 계약의 유지, 주택관리에 관한 문제에 신속히 대응하고자 했다. 빈집 전환 프로그램을 추진하기 위해 주도성을 갖는 주택관리 단체로서 캐노피 하우징이 조직되었다. 캐노피 하우징은 대부분 장기간 빈집으로 방치되었던 주택을 대상으로 지역민들과 함께 주택개량 사업을 시작하였다.

캐노피 하우징의 구체적인 활동과 역할을 살펴보자. 1996년, 두 명의 리즈 시 주민이 다수의 빈집을 지역사회 문제로 제기하였다. 이들은 빈집 전환 프로그램에 지역주민이 참여하길 원했으며, 지역 청년들이 능동적으로 참여할 기회를 마련하고자 했다. 1997년 캐노피 하우징, 리즈시 정부, 리즈 시 연합주택협회 간의 협업계획이 수립되었다. 캐노피 하우징은 1998년에 커뮤니티 혜택 제공사업 조직체로 등록되었으며, 자원봉사자들의 참여가 활성화되었고, 지역 내 빈집의 개량작업을 수행하기 시작했다. 1999년 부엌, 사무실 등의 건축물 개량을 위한 역량을 구축했으며, 실습 훈련 프로젝트의 실행과 함께 이듬해부터 지역의 빈집 전환 작업을 본격화했다. 또한, 2002년에는 42곳의 빈 창고를 주민을 위한 공동체 시설로 재활용하였으며, 2004년에는 난민 및 보호시설 거주단체와 공식적 협업 관계를 구축하여 주택과 자원을 제공하는 등 업무의 영역을 확장하였다. 2007년, 400명 이상의 자원봉사자와의 협업을 바탕으로 36호의 공가 전환 주택을 공급하였으며, 중앙정부는 본 자원봉사 프로그램에 상을 수여했다. 이후에도 리즈 시 내 여러 지역에서 자원봉사자, 지역단체의 지원을 근간으로 거주민들을 위한 작업장, 사무실로 재탄생시키는 프로젝트를 수행하였다.

풍부한 지역 커뮤니티의 지원과 주민들의 관련 기술 습득은 캐노피 하우징이 빈집 개량을 위한 실질적 업무 추진 시 직면했던 장애 요소를 극복하는데 긍정적 영향을 주었다. 캐노피 하우징의 활동은 다양한 국적의 사람들이 향유 할 수 있는 서비스 개선을 목적으로 한다. 자원봉사자는 지역 내 다양한 연령층, 재능보유자를 포괄하며, 이들은 전문적 기술이 요구되지 않는 도색, 장식, 카펫 설치, 타일 작업 등을 함께 수행한다.

캐노피 하우징은 빈집 개량사업 수행 시 무주택자들과 협업하여 안전하고 저렴하며 질적 기준에 부합한 주택을 공급하고, 이들이 주택개량의 전 과정에 참여하는 자발적인 빈집정비 모델을 제시했다. 캐노피 하우징의 역할은 지역 커뮤니티가 지역의 재생을 주도하며, 커뮤니티 간 결속력을 강화하는 계기가 되었다. 더불어 기존의 주거 취약계층의 임대를 유지한 채 취약계층이 새로운 커뮤니티에 합류할 수 있도록 지원하며, 주민들의 역량 증진과 고용환경을 개선하고자 힘쓰며, 관계 기관들과 프로젝트의 경험과 성패를 공유한다.

영국 리즈시의 캐노피 하우징은 커뮤니티 부문의 주도로 사업조직체를 결성하여 빈집 전환 프로그램을 추진한 사례이다. 본 사례는 빈집 개량의 전반적 과정에 주거 취약계층인 신규 임차인을 참여하도록 하고 주택관리조직과 협업 관계를 구축했으며, 다수 자원봉사자의 지원으로 사업을 진행했다는 점에서 물리적인 빈집 재정비에 머물지 않고 지역 커뮤니티를 활성화하고 주민참여 모델을 만들었다는 데 의의가 있다.

일본의 빈집 문제

일본에서는 빈집 문제가 자주 거론된다. 빈집 문제는 지금도 심각한 문제이지만 앞으로 문제가 더 커질 것이다. 니카가와 히로코가 지은 빈집 문제라는 책을 통해 일본의 빈집 문제 현황과 배경을 되새겨 봄으로써 우리를 돌아보고자 한다.

일본 전국의 빈집 수는 820만 호, 총주택 수에서 점하는 비율은 13.5%, 거의 7채 중 1채가 빈집이다. 노무라연구소의 발표에 의하면, 2033년 총주택 수 7,100만 호의 30.2%인 2,150만 호가 빈집이 된다고 한다. 3채 중 1채의 비율이다. 왜 이렇게 빈집이 늘어나고 있는 것인가?

제일 큰 원인은 공급과잉에 대한 정부의 무정책이다. 인구동태를 부시하고 경기대책만을 중시하여 공급을 계속해서 밀어붙였다는 것이다. 1970년경 이미 양적으로 충족해 있었고, 이때부터 이미 저 출산과 노령화에 따른 인구감소는 알고 있었다. 그런데도 주택을 계속해서 만들어 냈던 것은 주택경기를 통해 경기를 부양했기 때문이다. 건축을 장려하려고 주택융자, 소득세 공제, 주택취득

자금의 특례 등 소비 진작책을 지속해 왔다.

 또한 신축주택건설에서 장기적인 전망을 소홀히 한 점 역시 빈집을 만드는 요인이다. 역으로부터 멀어서 불편하다거나 핵가족세대가 쓰기에 지나치게 규모가 크고, 위치상 언덕길이어서 이용하기 힘들다는 이유로 빈집예비군이 되는 사례가 적지 않은 것이다. 애당초 주책의 질에도 문제가 있다. 시장가격이 물건의 질에 맞지 않게 높게 설정됐다. 에너지 성능, 내진기준, 휠체어가 다닐 수 없는 통로, 장애인이 이용할 수 없는 화장실 등 불편한 주택이 많다. 고가의 물건인데도 불구하고 가격에 어울리는 질적 수준이 뒤따르지 않는다. 위치와 규모, 성능이 부족하므로 빈집으로 만들어지는 것이다. 특히 단독주택과 임대주택의 경우 적절한 관리가 없으므로 성능은 저하되고 그로 인해 빈집이 되어가는 양상을 반복한다.

 중고 주택에 대한 건물의 가치가 세월이 지나면 없어진다는 사고방식도 문제다. 부모가 집을 사고 주택융자를 계속 갚는다. 그러나 자식이 그 집을 상속받는 시점에서 건물의 가치는 제로로 평가받는다. 사회의 변화로 인해 건물 외관과 설비와 방 배치가 낡게 되고 손질이 되지 않으면 자식은 그 집에 살지 않는다. 부모가 주택융자를 다 갚고 집이 자기 것이 될 즈음에는 노령기에 접어든다. 그즈음 집은 필요 없어지고 노후에 개호시설로 들어가려고 집을 팔려 해도 팔리지 않는다. 이러한 악순환이 반복된다.
 상속대책으로 있는 개인 임대주택도 빈집증가에 큰 몫을 한다. 수요에 맞지 않는 물건이 많다. 현재 빈집 820만 호 중 개인 임대

주택의 빈집은 430만호나 된다. 실제로 임대료는 도심의 몇 군데를 제외하고는 내림세를 보여주고 있으며 빈집도 증가하고 있다. 집을 지으면 입주자가 쇄도하던 30년 전과는 다른 상황이다. 건물이 오래되고 역으로부터 15분 이상 걸리고 버스를 이용해야 하는 건물의 빈집은 채워지기 어렵다.

동경의 일극집중화도 큰 폐해다. 실제로 수도권 집중화는 1960년대부터 시작되었고 시대에 따라 다소 변화는 있지만 흐름을 막지는 못한다. 5번에 걸친 국토종합개발계획에서 지역 간 균형발전, 다극 분산형 국토를 주창했으나 이제는 꼬리를 감추고 있다. 1990년에는 수도 기능 이전과 국회 이전 논의가 있었으나 적극적이지 않다. 오히려 동일본대지진 이후 각종 시책은 동경일극집중을 부추기고 있다. 그래서 지방은 인구감소, 경제 피폐 등의 공동화가 진행되고 있다. 빈집도 지방권에 많다. 지방에 노인인구가 많은 지역일수록 빈집비율이 높다. 지방에서의 빈집대책은 단순히 인구를 끌어들이는 것 이상으로 지역에 젊음을 되찾는 것이 필요한 것이다.

인구가 감소해가는 지방 도시에서 빈집이 있다는 문제보다도 빈집이 되어가는 인구 유출이 더 큰 문제이다. 역발상으로 지방 도시에서 빈집을 활용하여 인구를 끌어들이는 재료로 삼고 있기도 하다. 빈집뱅크를 만들고 관광자원으로 활용하는 지역도 있다. 지역으로 인구를 불러 모으기 위한 빈집활용에 있어서 개인의 힘만으로는 한계가 있다. 지역의 연계 제휴와 행정의 뒷받침이 매우 필요하다.

도심부 저렴 주택정책

저렴 주택이란 시장가격보다도 싸게 공급되는 주택이다. 시장가격의 주택을 취득하기에 충분한 수입이 없는 사람을 위한 주택, 공공에 의해 공급되는 주택이기도 하다. 영국 도심부 지자체 지침에서는 시장가격으로 구매할 수 없는 계층을 위한 주택으로 시장가격의 30% 이하라고 구체적 기준을 제시하고 있기도 하다.

저렴 주택은 저소득층 이외에도 주거 문제를 겪는 계층을 광범위하게 포괄하면서 각 계층이 부담 가능한 주택을 늘리는 개념이다. 저렴 주택은 공공 주택, 사회주택, 공공임대주택 등 다양하게 불린다. 최근에는 사회적 경제 주체, 주택협동조합 등 비영리단체를 통한 공동체 주택으로서의 코하우징, 셰어하우스 등이 공급되면서 저렴 주택의 영역이 확장되고 있기도 하다.

대도시 도심부는 직장인들의 주택수요, 저소득자, 무주택자가 많아 저렴 주택에 대한 수요가 높다. 도시중심부에서 저비용주택, 집세가 싼 주택을 발견하기 어렵다. 도심 근무자, 직주근접이 필요한 사람을 위한 주택이 부족하다. 신규 개발을 할 용지도 한정되어 있어 도심부를 관리하는 지자체는 상업업무 용도의 개발과 주택개발과의 균형을 어떻게 잘 잡아 계획을 세울 것인가가 중요한 과제이다.

저렴 주택의 필요성이 최근에 매우 높아지게 된 것은 지자체 주택행정이 저렴 주택 개발하는 공급자로서의 역할에서 정책의 추진자로 그 역할이 변화하여 공영주택 불하로 감소한 저렴 주택의 재고량을 확보하기 위해서도 도시계획과 연계할 필요성이 높아졌다는 데 있다.

저렴 주택의 실현 수법으로서 신청자와의 협의를 우선으로 꼽고 있다. 주택공급을 위해서는 도심부에서 복합용도에 의한 개발이 중요하다는 점, 커뮤니티의 혼합에서도 여러 종류의 주택공급이 필요하며 이 경우 저렴 주택을 포함할 것, 개발계획을 입안하는 데 도시계획위원회와 주택위원회에 관여하여 저렴 주택 방침을 입안할 것 등이 제시되고 있다.

저렴 주택 공급의 실현 방법은 무엇인가, 저렴한 주택을 어떻게 확보해야 할까. 도심부에서는 신규 개발 용지가 한정되어 있으므로, 당연히 현재의 주택을 감소시키지 않는 것도 저렴 주택의 확보와 함께 중요하다.

공급 방법의 하나는 복합용도, 특히 업무 용도와의 혼합에 의한 공급으로 주거용도 이외의 기능에 지가를 부담시키는 방법이다. 또 다른 방법은 다양한 주택을 공급하면서 저렴 주택을 공급하는 것으로, 다양한 계층을 위한 주택을 공급하는 것으로 다른 계층에 지가를 부담시키는 방법이다.

저렴 주택을 공급할 때 공공협회나 공사 등 비영리단체를 염두에 두고 하는 것이 바람직한데, 이러한 비영리단체의 참가로 저렴 주택이 유지될 가능성이 크다. 영국에서는 정책적으로 지불가능 주택이 필요할 경우 지자체는 일반적으로 계획허가 권한을 배경으로 개발업자와의 교섭으로 그것을 달성하려 한다. 이때 민간업자가 저렴 주택을 제공한다는 약속을 어기지 않도록 지자체는 민간업자와 협정을 체결한다. 이것이 계획협정이고 많은 지자체가 계획협정을 통해 저렴 주택을 공급하고 있다. 이 협정으로 주택 용지의 대부 정책, 거주밀도 기준, 커뮤니티 요구정책, 소유 형태, 보조금제도 등이 포함된다. 협정을 체결할 때 공공 측이 정책의 지속가능성을 개발업자에게 요구하는 경우가 많다. 도심지역에서는 주택에서 사무실로의 용도 전환 문제도 있어서 공급한 저렴 주택이 저소득층을 위한 실질적 주택이 되도록 하기 위한 방책이 취해지고 있다.

세계 각국의 정부, 지자체, 지역 사회단체 등 모든 수준의 정책 입안자들은 무수히 많은 정책 수단을 동원하여 저렴한 주택 문제에 대응하고 있다. 주택정책의 목표가 공공 주택의 공급량뿐만 아니라 저렴 주택의 질적인 수준을 정립하고 높여가야 한다. 공동체토지신탁이나 공유주택과 같은 다양한 정책적 시도가 요구된다. 궁극적으로는 더 많은 저렴 주택이 생애주기별 맞춤형 사회주택의 형태로 공급될 필요가 있다.

자조 주택의 연원과 경험

자조 주택은 주민 자기 노동력을 사용함으로써 저렴한 주택을 제공하는 주택정책의 하나이다. 미국의 일부 도시에서 시행된 바 있는 '노동 제공형 가옥 소유제도'는 도시 내의 방치된 건물에 지원자의 노동력을 투입하여 건물의 가치를 재창출하고, 일정 기간의 임대를 거쳐 지원자에게 건물의 소유권을 부여하는 정책이다. 도시 내 불량주택지에서 저소득층이 손수 집짓기를 통해 주거 문제를 해결하고자 했던 이러한 노력은 전 세계적으로 한 세기 동안 지속해서 진행되었다.

자조 주택에 관한 이념은 고층 건물 도시에 대한 반발과 초기 전원도시 운동과 그 맥을 같이 한다. 영국의 도시계획가 게데스는 모든 사람이 그들만의 도시를 만들 수 있으며 이를 통해 대량 산업주의의 폐해를 극복할 수 있다고 믿었다. 또한, 불량주택 철거정책은 사회적으로 큰 부작용과 해를 일으키는 정책이며 주민을 더 열악한 주택환경으로 내모는 결과를 초래한다고 여겼다.

노후주택의 열악함, 혼잡, 무질서를 치유하고자 했던 많은 사례는 단조로웠던 창가에 화분을 두고 벽에는 페인트를 칠하는 등 기본적인 환경개선부터 출발했다. 이를 통해 주민들의 자발적인 협력이 형성되면서, 점차 좋은 이웃이 되어 지역공동체를 만들어 갔다. 주민들은 청소, 칠 작업, 정원관리에 참여하기 시작했다. 게데스는 인도의 많은 도시에 대한 자문을 수행하면서 자조 주택을 도시 수복, 보존적 재개발이라는 개념으로 발전시켰다. 소규모 철거, 직선화, 부분적 재개발을 통해 깨끗한 골목, 개발 공간, 정돈된 정원을 만들게 될 것이라 믿었다. 노동력은 주민들 자신에 의해 제공되며, 정부는 재료를 제공하고 모든 계획은 주민들의 실제적이고 적극적인 참여를 통해 실현되어야 한다고 주장했다.

사실 어느 시대 어느 도시에서나 불량주택 문제는 정책결정자들의 의지만으로는 해결할 수 없다. 주민 개개인의 능동적 실천 의지와 행동이 뒤따르지 않고는 주택 문제의 해결은 고사하고 주택 문제가 무엇인지 정확히 파악하기도 어려운 것이다. 그래서 자조 주택 실행계획을 통해 공동의 협동을 바탕으로 지역의 주택 문제를 해결해 나가는 것이다.

　물론 이에 대해 많은 비판도 있었다. 자조 주택은 주민 조직화의 어려움, 건설의 지연, 건물의 낮은 품질, 대량생산의 어려움, 안전 및 위생 상태의 취약함이 뒤따른다는 이유로 회의적인 시각을 보이는 입장도 존재한다. 자조 주택은 실질적으로도 건축비용이 상당한 편이며 그나마 비용의 절감으로 간주할 수 있는 것은 건축비용에 포함되지 않는 주민 개인의 노동력뿐이다. 또한, 저소득층이 손수 주택을 짓는 것은 궁극적으로 토지소유주에게 가장 큰 이득이 되며 직접 주택을 짓는 개인은 여전히 자본의 도구에 불과하다는 주장도 있다. 거주자는 자신이 건축한 주택에 대한 합법적인 권리를 확보하기 위해서는 높은 비용을 내야만 한다. 이러한 여러 가지 비판에도 불구하고, 주택의 건설, 관리에서 거주자가 주체가 되어 주요한 결정을 내리고 이바지할 수 있는 환경이 개인과 사회의 복지에도 활력을 주는 것은 분명하다. 자조 주택은 주거공동체를 활성화함으로써 사회변화의 지렛대가 될 수 있다.

　그렇다면 정부는 어떠한 역할을 해야 하는가? 주택정책은 사람들이 자유롭게 살아갈 수 있는 주거환경의 기본 골격을 제공하는 것을 목표로 삼아야 한다. 정부는 재정가나 건설자의 역할을 그만두고 촉진자나 조정자가 되어야 한다. 정부는 소규모 주택건설업자, 협동조직들이 건축자재와 전문서비스를 제공하는 것을 지원하는 역할을 담당할 수 있다. 일자리가 있는 곳과 가능한 한 인접한 곳에 토지를 제공하고 개량된 기반 시설을 제공하는 정부의 역할은 필수적이다. 노후 불량 주택가에 거주하는 사람들은 자녀를 위한 보다 나은 교육환경을 열망하며 주거환경 개선에도 의욕적이어서, 강한 결속력을 보이며 도시정책과 제도에도 큰 관심을 보인다.

1980년대 자조 주택을 활성화하는 정책들은 찬사를 받는다. 제3세계의 많은 사례에서는 자조 주택이 자본가 계층과 저소득계층 모두에게 긍정적 영향을 주었으며 사회를 안정시킨다. 이러한 자조와 지역사회 참여라는 사상은 주민과의 지속적인 소통을 통해 성공적인 자조 주택 재개발 사례를 만들어 왔다.

3080+ 공공주도 정비사업

정부는 2021년 2월, 「공공주도 3080+」 대도시권 주택공급 획기적 확대 방안을 발표한 바 있다. 공공이 주도해 2025년까지 도심 내에 양질의 부담 가능한 주택을 서울 32만 호를 포함하여 전국 83만 호를 추가 공급한다는 것이다. 역세권이나 준공업지에는 도심공공주택 복합 사업이 적용되고, 기존 재개발, 재건축사업 정비구역에는 공공정비사업을, 재생 사업구역에는 주거재생 혁신지구 사업 등 다양한 사업방식을 통해 최대한의 주택공급을 한다는 것이다.

그동안 진행되어 온 재개발, 재건축 등 정비사업은 절차가 복잡하고 오랜 기간이 소요되었다. 특히 소유자들 간 개발비용 부담 능력 차이, 세입자 문제 등으로 인해 조합방식에 의한 사업 진행에는 난관이 많았던 것이 사실이다. 서울의 경우 최근 3년간 신규 아파트의 68%가 정비사업을 통해 공급되었으나, 절차의 복잡성, 이해당사자 간의 갈등으로 공급이 장기화하여 왔다.

지난 2020년 5월에 정부는 그간의 민간 주도 정비사업 방식을 보완하기 위해 공공성을 강화한 공공재개발과 공공재건축 사업방식을 도입하였다. 용도지역 상향, 용적률 완화, 분양가 상한제 적용 면제 등의 공적 지원을 강화하면서, 사업이 지연되고 있는 사업대상지에 공공이 참여하여 주택공급을 촉진하자는 의도였다. 그러나 여전히 공공 재개발사업과 공공재건축 사업은 조합방식으로 추진됨에 따라 신속한 사업추진에 한계를 안고 있다는 지적이다.

반면에 3080+ 공공주도 재개발 방식은 공공재개발에 비해 공공단독으로 사업을 시행한다는 것이 가장 큰 차이점이다. 사업내용에 있어 조합원에게 기본수익에 더해 10~30%P를 보장하며, 공기업이 인허가나 경기변동에 따른 사업 위험성을 전담한다. 토지납입시 확정 수익률을 보장하고, 기부채납 조건도 토지 면적의 15% 이내로 제한한다. 집주인은 공공이 분담금 수준을 보장하기 때문에 분담금 상승 걱정을 줄일 수 있으며, 분담금 부담 능력이 없어 내몰림 현상이 발생하는 문제해결을 위해 공기업이 부족분을 대납하며 중도금도 40%로 하향했다. 세입자 재정착 지원범위를 확대하고, 영세 상인들의 생계보장을 위해 국비 지원으로 대체 영업지를 마련하게 된다.

공공주도 정비사업은 신속한 사업추진과 사업성을 높이고자 하는 의지가 보인다. 통상 13년 정도 소요되었던 사업 기간을 5년 이내로 단축하여 속도를 내겠다는 것이다. 통합심의를 통해 인허가 절차를 대폭 단축하게 된다. 사업성 제고를 위해 분양가 상한제 적용에 예외를 두고, 기부채납 수준을 완화하고 용도지역 상향이나 용적률을 완화한다. 사업비나 이주비 지원을 위해 주택도시기금 융자를 시행하고 비 주거시설에 대해 공간지원 리츠를 통해 매입을 지원한다.

결국 공공 직접 시행 정비사업은 공공의 주도로 절차를 간소화하여 신속한 사업을 추진하는 공공주도 신속처리제(Fast-Track) 방식이 특징이다. 토지주, 세입자와 개발이익을 최대한 공유하는 것을 목적으로 용적률 완화뿐 아니라 정비기반시설 및 공공임대 기부채납 부담을 낮추어 조합원의 수익률을 적정한도 보장되도록 하였다. 또한 토지소유권을 미리 사업시행자에게 이전하여 토지를 확보하고, 주택에 대한 우선 공급권을 부여하여 정산하는 방식을 도입하였다. 공공 직접 시행 정비사업은 관리처분방식에 따른 조합원의 지나친 수익 추구를 차단할 수 있고, 사업 의사결정 권한을 공기업에 부여하여 사업 지연을 단축할 수 있다.

정부가 의욕을 가지고 추진하고 있는 이번 공공주도 정비사업은 신도시 사업과는 달리 주민동의를 전제로 진행된다는 점에서 주민동의를 끌어낼 수 있는지가 사업 성공의 관건이다. 또한 사업을 추진하게 되는 공기업이 정비사업의 사업시행자로서 신뢰는 확보할 수 있는지도 중요하다. 반면에 공공성과 전문성을 바탕으로 사업을 빠르게 추진하고, 개발이익 사유화 방지와 시장 안정을 동시에 추진할 수 있는 새로운 방법인 것은 분명하다. 사업 시행방식에 있어 공공 직접 시행 정비사업이 조합방식과 수용방식이 갖는 한계를 극복하고 새로운 정비사업 방식으로 자리 잡아 갈 것으로 보인다.

MZ세대와 주택시장

주택시장의 주요 수요계층이었던 베이비붐세대가 본격적인 은퇴를 시작하고 그 자녀 세대인 MZ세대가 새로운 주택시장의 주축으로 등장하였다. M 세대는 1980년대 중반 이후 태어난 밀레니엄 세대로서, 인터넷, 이메일, 컴퓨터에 익숙한 '디지털 1세대'로서, 강한 독립심과 자유로운 사고, 자기 자신에게 높은 관심을 둔다. Z세대는 1990년 중후반 출생 세대로 온라인과 오프라인 생활을 동시에 경험한 '공유 1세대' 혹은 '디지털 네이티브(digital native)'라 불린다. 이들은 인터넷, 스마트폰과 동영상 콘텐츠를 가장 많이 활용하는 세대이다.

MZ세대는 역사상 존재했던 어떤 세대보다 규모가 클 뿐만 아니라 앞으로 소비를 이끌 세대이다. 이들은 SNS로 인맥을 쌓고 실용성을 추구하는 등 이전과는 다른 가치관, 생활방식, 소비행태를 보인다. 소비보다는 경험을 통해 행복을 누리며, 소유보다는 공유를 통해 효율적으로 비용을 지출한다. 구매력이 높고, 유행에 민감하며 구매 의사결정에 영향을 주며 소비시장에 막대한 영향을 끼친 세대이기도 하다

우리나라 전체 인구의 약 35%에 달하는 MZ세대는 최근 주요한 소비 주역으로 부상하며 문화의 소비자이자 생산자로서 해야 할 역할을 함께 수행하고 있다. 향후 주거문화의 근원적인 변화가 예상되는 가운데, 주택시장의 새로운 수요자인 MZ세대가 주도할 주택시장의 방향을 생각해 보자.

먼저 MZ세대에서 두드러지는 점은 1인 가구의 확산이다. 가족에 대한 가치관의 변화, 1인 가구로서 누리는 삶의 다양성이 중시되면서, 다품종소량생산과 가치 중심 사회로의 전이가 급속하게 전개되고 있다. 2008년 세계경제포럼에서는 싱글 경제의 형성을 핵심어로 제시하며, 1인 가구 증가에 따른 사회적 변화를 '솔로 이코노미'라고 명명한 바 있다. 국내의 경우 2015년 1인 가구가 27%로 가장 주된 가구 유형으로 등장한 이래, 2035년 1인 가구는 34%를 넘어설 전망이다.

그렇다면 이들의 현 주거환경은 어떠한가? 경제적으로 불안정한 MZ세대는 다른 세대에 비해 결혼과 내 집 마련을 포기하거나 미루는 경향이 있다. 최근 주택가격의 상승과 소형 저렴 주택 부족, 급격한 전세의 월세화는 경제적으로 취약한 MZ세대의 거주 불안을 가중시키고 있다. 주택시장에서 싱글 경제를 적극적으로 반영하여 소규모의 다양한 주택이 제공되어야 한다. 무주택 싱글 가구와 저소득층 같은 주거 취약계층에 공공임대주택 공급을 확충해야 한다. 중요한 점은 임대주택단지가 저소득층 거주 지역으로 인식되는 점을 극복하기 위해서, 주택시설과 단지 내 복리시설의 고급화를 통해 임대주택단지도 살만한 곳이라는 소비자의 만족을 불러일으켜야 한다. 영구임대주택이나 장기 임대주택을 늘려 이주에 대한 부담을 줄이고 거주기간의 안정성을 보장하여 이용 중심의 주택을 늘려야 한다. 주거 취약계층에 임대료 일부를 지원하는 주택바우처와 같은 주거복지 프로그램도 보다 강화되어야 한다.

시장가격보다도 싸게 공급되는 저렴 주택의 제공도 중요하다.

1987년 세계무주택자의 해를 계기로 저렴하고 부담 가능한 주택공급에 대한 개념이 등장하였다. 저렴 주택이란 시장가격의 주택을 취득하기에 충분한 수입이 없는 사람을 위한 주택, 공공에 의해 공급되는 주택이기도 하다.

어떻게 저렴한 주택을 공급해야 할까? 영국에서는 저렴 주택의 공급을 위해 도심부에서 복합용도에 의한 개발을 중시하며, 커뮤니티의 혼합을 위해 여러 종류의 주택공급을 강조하고 이 경우 저렴 주택을 포함한다. 도시개발계획을 입안하는 데 도시계획위원회와 주택위원회가 관여하여 저렴 주택 방침을 반드시 입안하고 있다. 저렴한 주택을 공급 방법의 하나는 복합용도, 특히 업무 용도와의 혼합에 의한 공급으로 주거용도 이외의 기능에 지가를 부담시켜 주택가격을 낮추고 있다.

도시재생과 주택정책에 새로운 바람을 일으킨 영국 리버풀의 '1파운드 빈집 재생 프로그램'에서는 시 소유 빈집을 인수자가 보수비용부담을 조건으로 1파운드에 판매한 정책이다. 이 정책은 시민들의 엄청난 호응과 함께 주민 중심의 그린지구 만들기, 다문화지역 활성화, 사회적 안전, 예술과 사회적 구심점 만들기 운동으로 확산하였다. 영국 리즈시의 캐노피 하우징은 빈집 개량사업 수행 시 무주택자들과 협업하여 안전하고 저렴하며 질적 기준에 부합한 주택을 공급하고, 이들이 주택개량의 전 과정에 참여하는 자발적인 빈집정비 모델을 제시했다. 도시재생과 주택정책에 새로운 바람을 일으킨 영국의 두 사례는 지역 커뮤니티와의 협력을 기반으로 빈집 재생과 공공임대주택 공급이 지향해야 할 발전 방향을 제시한다.

부동산의 소유에서 이용 가치로 무게중심이 옮겨지면서, 향후 주택의 소유보다는 공유 혹은 임차에 더 많은 관심이 쏠리고 있다. 타인과의 공유공간이 어우러진 형태의 '코리빙' 또는 '셰어하우스' 또한 MZ세대의 높은 관심을 받고 있다. 보증금과 임대료 측면에서 경쟁력이 있을 뿐만 아니라, 개인의 성향과 취미를 접목한 다양한 주제의 셰어하우스가 나타나고 있다. 비혼족, 반려동물 동반자, 동호인 등 다양한 콘텐츠를 주제로 한 셰어하우스는 지속해서 증가할 전망이다. 공유주택 문화가 보편화된 해외에서는 피트니스 센터, 문화시설을 갖춘 프리미엄 셰어하우스를 제공하는 런던의 올드오크(Old Oak)의 사례처럼 공유주택의 고급화 산업이 성장세이다. 수요자의 생활양식을 고려하여 유연한 계약기간을 도입하고, 가변성 있는 빌트 인 공간계획을 적용해 취미생활과 기호를 고려한 차별화된 주택을 공급하여 소비자의 주거 선택성을 높여가고 있다.

  MZ세대는 주거선택의 주요 요인으로 자녀의 교육환경과 생활권 내 편의 시설을 중시하는 경향을 보인다. 지역공동체의 구성원으로서 이웃 간 교류를 중시하기도 한다. 따라서 지역 내의 커뮤니티 활동을 장려하고, 생활의 편리성을 도모하는 원스톱 서비스를 적극적으로 도입한 주거단지가 생활권 단위로 자리 잡게 될 것이다. 통합형 생활 서비스와 조망 권을 갖춘 도심 내 대규모 주상복합 건물에 대한 이들의 높은 관심은 생활의 편리성, 고급화에 대한 수요에 대응되는 것이다. 이들이 추구하는 가치의 다양화는 아파트 중심의 획일적인 주거환경을 탈피하여 더 다채로운 주택 유형과 주거단지의 구현으로 이어질 것이다.

또한, 기존 공급자 주도의 주택 분양이 수요자 요구 맞춤형 주택 제공으로 전환되면서 라이프 스타일을 고려한 주문 형 주택시장도 성장세를 보인다. 변화하는 인구 패턴에 부응하여 독신자, 맞벌이 부부를 포괄하는 다양한 이들의 생활방식에 부합하는 주거 공간계획과 지역 커뮤니티 활성화도 적극적으로 모색되어야 한다.

MZ세대가 경험하는 산업구조와 근무환경의 변화도 주택시장에 영향을 미치고 있다. 스마트기술의 발전으로 근무 및 고용 형태가 더 유연화 되면서 재택근무용 주택과 소규모의 주거와 업무공간을 결합한 소호주택(SOHO; Small Office, Home Office)에 대한 수요 또한 증가하고 있다. 비대면 활동, 재택근무, 그리고 인터넷 쇼핑과 SNS 접근을 통해 생활문화의 주류가 바뀌면서, 주거 중심의 활동이 강화되고 주거와 업무공간을 통합한 또 하나의 주거 형태를 불러오고 있다. 여가생활에 대한 욕구가 증가함에 따라 가족 중심의 여행문화, 비슷한 관심사를 공유하는 교류문화, 다양한 체험과 휴식문화가 확산하고 있다. 이에 따라 세컨드하우스, 알파하우스에 관한 관심이 증가하고, 공통의 관심사를 가진 이들로 구성된 네트워크 타운 또한 생겨날 것이다.

MZ세대는 도시환경을 위한 행동을 삶 속에서 실천하기도 한다. 환경을 생각하는 이들은 동물실험을 하지 않는 화장품을 사용하며, 동물성 원료를 사용하지 않은 생필품만을 구매한다. 쓰레기 없는 생활을 추구하는 '제로 웨이스트(zero-waste)'를 실천하고 있다. 이처럼 도시환경을 생각하는 MZ세대의 인식은 주택수요와도 직결된다. 미세먼지 문제에 민감하고 대응책을 원하는 이들의 수요에 대응하여, 공기 질을 측정하는 센서를 설치해 자동 환기를 가능케 하는 시스템을 도입하고, 바람으로 미세먼지를 제거하는 '에어샤워' 시스템도 도입되고 있다. 환경과 건강에 대한 공간 이용에 대한 요구도 대폭 증대되어, 공원, 공공공간 등은 도시 곳곳에 자연성을 확충하게 될 것이다.

MZ세대가 주도하여 도시환경을 만들어 나가는 세상이다. 이들은 다양한 삶을 살아가며 온라인상에서 만나는 누구와도 소통하고 친구가 되며, 먼저 행동으로 실천하여 선한 변화를 만든다. 마케팅과 콘텐츠의 경계가 없는 새로운 판을 열고, 소유보다 공유를 통해 소비의 균형을 맞추며 삶의 질을 새롭게 정의해 나간다.

새로운 가치관과 생활양식을 거리낌 없이 보여주는 MZ세대가 전면에 등장하였다. 우리의 삶과 생각하는 방식 모두의 전환을 요구하고 있다. 새 기준, 새 일상을 의미하는 새로운 뉴노멀 시대에 접어들고 있다. MZ세대에 대한 배려와 함께 이들이 만들어 나가는 역동적인 주거환경과 도시의 모습을 기대해 본다.

6 도시재생

도시재생에서 강조되어야 할 것들
도시재생 뉴딜정책에 바란다
도시재생 뉴딜사업의 중요한 점
도시재생 뉴딜 역점 추진 방향
도시재생사업에 대한 제언
성장관리형 도심재생
도시재생대학, 목표와 과제
도시재생의 세 가지 목표
도시재생사업 모니터링이 중요하다
영국 리버풀 도시재생의 교훈
대전 원도심 창조적 재생전략
도심융합특구 추진과제
영주시 공공건축이야기
세종시 도시재생대학 졸업 노트

도시재생에서 강조되어야 할 것들

도시재생 선도지역 공모사업에 대한 전국 지자체의 열기가 대단하다. 작년부터 본격적으로 추진되고 있는 도시재생 뉴딜 사업은 이제 도시정책의 뜨거운 논쟁거리가 되었다. 각 시, 군에서는 도시재생 전담부서를 만들고 도시재생 조례를 제정했다. 도시재생 대학을 통해 주민들이 직접 지역의 재생 사업 과정에 참여하여 사업을 계획하고 있다. 도시마다 재생 전략계획을 수립하고 활성화 계획에 착수하여, 활성화 지역을 선정하고 사업을 구체화하고 있다.

도시재생 계획을 마련하고 도시재생사업을 추진하면서 강조되어야 하는 몇 가지를 생각해 보자. 우선 도심 쇠퇴의 원인에 대해 정확히 진단해야 한다. 원인을 알아야 대책이 나온다. 쇠퇴의 원인은 도시마다 공통적인 것도 있겠고, 특별한 요인이 있을 수 있다. 도심 쇠퇴의 원인을 구체적이고 명확하게 보여주어야 한다. 쇠퇴의 현상도 정확하게 직시하도록 현장감 있게 보여주어야 한다. 이것이 원인대처형 처방이다.

또한 중요한 것은 그 지역이 가진 여러 자산의 잠재력을 극대화하는 전략이 담겨야 한다. 유형, 무형의 지역 자산을 목록 화하고 체계화하며, 창조적 안목으로 자산의 잠재력을 바라보는 힘이 필요하다. 그래서 지역의 잠재력을 최대화하는 방식을 찾아내자. 이것이 도시재생의 비전이고 전략이 되는 것이다. 이를 통해 다른 도시와 차별되는 도시다움을 만들어 내게 된다. 활용할 수 있는 장소와 자원을 집약하고, 폐철도, 폐도 등의 유휴부지, 빈 점포와 빈집 등의 유휴시설을 다시 바라보자. 예전에 문화적 향수를 공유할 수 있는 공간, 지역경제의 핵심 구실을 했던 시설을 다시 활성화하는 것, 오래된 지역기업과 학교와의 협력체계를 마련하고, 사회적 기업, 협동조합 등과 사회경제적 활동을 재생과정에 담는 것도 긴요하다. 무형의 지역 자산을 창의적으로 개발하고 적극적으로 활용하자. 인적 네트워크, 지역 스토리텔링, 혁신적 행정 등 무형자산을 발굴하고 마을문화지도, 인벤토리 작성 등 자산 활용 시스템을 구축하여 재생활동과 연계하자. 또한 재생 관련 사업과 지원제도를 전략적으로 활용하고 사회적 기업, 마을기업 등을 활용한 자력재생의 주체를 만들어 가고, 체계적인 교육을 통한 역량 강화, 대내외 협력네트워크의 확장도 중요하다.

도시재생사업을 초점 화하는 것도 중요하다. 많은 사업의 단순한 나열로는 곤란하다. 전략과 목표를 명확히 하고 핵심 사업을 만들자. 전략적 목표를 정량화하고 사업의 절차와 과정을 명료하게 세우며, 사업의 파급효과를 제시해야 한다. 물리적 사업과 프로그램사업을 결합하여 지역단위의 공간에 할당해 가야 한다. 사업 간의 위계와 순위를 체계화해 보자. 상권 활성화를 위해서 사회적 기업과 같은 커뮤니티형 기업을 육성하고 비즈니스 모델을 구축해 가야 한다.

사람과 조직 중심적 처방도 강조되어야 한다. 사업 중심이 아닌 사람 중심적 재생이어야 한다. 지속가능한 사업이 되기 위해서는 사업을 충분히 이해하고 이끌어가는 사람이 필요하다. 도시재생의 주인은 지역에 헌신적이고 지역을 사랑하는 사람이어야 한다. 이들이 도시재생을 이끌도록 조직의 틀을 제공하고 지원해야 한다. 도시 재생대학, 재생지원센터, 전문 코디네이터 등이 적절한 역할을 부여받고 책임 있게 움직여야 한다. 도시에 젊은 인재들이 머물고 찾도록 하는 것은 중요한 과제이다. 교육과 취업 여건의 개선이 중요한 이유이다. 젊은이들의 창의적인 아이디어 및 기술 개발을 공유할 수 있는 시스템을 마련해서 새로운 가치 창출에도 적극적으로 나서자.

공동체 활성화와 역량 강화는 도시재생의 핵심 목표이다. 주민이 자신이 사는 도시의 쇠퇴 문제를 직접 고민하고, 해결책을 도출하도록 하자. 역량 있는 주민을 육성하고, 참여하는 시민공동체를 만들어 가야 한다. 커뮤니티 기반의 공유와 나눔 활동도 활성화 되어야 한다. 부녀회와 노인회, 협동조합, 사회적 기업 및 기타 주민 조직 등 다양한 조직이 도시재생사업에 참여하도록 하자. 지속가능한 도시재생 추진을 위해 다양한 계층이 참여하고, 소통하는 커뮤니티 활성화 전략이 진행되어야 한다. 도시 재생대학을 통해 지역주민이 지속해서 도시재생에 참여할 수 있는 기반을 마련하고, 지역주민에 의한 다양한 아이디어 수렴, 지속적 사업발굴을 위해 도시재생 역량 강화교육 및 컨설팅이 진행되어야 한다. 사회적 약자의 처우 개선을 통한 공평한 사회 만들기도 도시재생사업을 통해 추구해 보자. 취약 계층을 대상으로 한 복지인프라 확충을 통해 지역 내 빈부 격차 해소하고, 자생적 경제활동 유도를 위한 지역상인 지원, 지역상인 역량 강화도 지속해서 요구되는 과제의 하나이다.

우리가 도시재생을 통해 기대하는 것은 명확하다. 주민 주도적인 사업추진으로 유휴시설을 재창조한다. 지역경제 주체들을 보듬어서 새로운 일자리 확대와 경제 자립도를 높여 나간다. 낙후된 원도심 지역의 생활환경 개선을 통해 다양한 계층의 새로운 인구를 유입한다. 지역 내 다양한 자산에 대한 인식 전환을 통해 주민들의 자긍심을 고취하고, 지역의 문제와 지역 자산 활용방안을 공동으로 고민하는 지역발전의 주체로서 커뮤니티를 활성화한다. 역사 및 문화적 장소에 활력을 부여하고 다양한 콘텐츠 개발을 통해 방문객을 획기적으로 유치한다. 다양한 산업이 분포하면서도 특색 있는 삶의 정주 공간을 가꾸어 나간다. 마을만들기 사업을 통해 주민주도의 협력과 소통의 모델이 되는 도시를 지향한다. 이것이 우리가 도시재생사업을 하는 목표이자 이유이다.

도시재생 뉴딜정책에 바란다

새 정부의 핵심 정책으로 도시재생 뉴딜정책이 추진되고 있다. 주거 문제 해소, 미래 성장 동력 확충과 함께 지방분권과 균형발전이라는 시대적 과제를 뉴딜정책에 담고 있다. 2017년 7월 도시재생 예산을 확정하였고, 국토부는 도시재생사업기획단을 본격적으로 가동하고 있다.

도시재생 뉴딜정책은 매년 100개 마을, 10조 원의 재원을 투자하는 대형프로젝트다. 주거환경이 열악한 달동네, 재개발 해제지역, 빈집이 증가하고 있는 원도심, 전통시장 등이 그 대상 지역이다. 주거환경을 개선하고, 원도심의 지역경쟁력을 강화하며 일자리를 창출하고자 한다. 원도심의 유휴공간에 역사와 문화를 접목하여 지역경쟁력을 높이고 경제적, 사회적 활력을 도모하여 궁극적으로 도시를 다시 살리자는 것이다.

뉴딜사업의 추진은 지방의 자율성을 기본으로, 정부와 지자체가 함께하는 지방분권적 사업방식을 원칙으로 한다. 지역 스스로 문제를 진단하고, 여러 주체 간의 협력을 통해 지역맞춤형으로 사업을 추진하자는 것이다. 그래서 지역 공기업과 지역에 기반을 둔 다양한 사회적 기업, 협동조합 등 사회적 경제조직의 참여를 강조한다. 개발에 따른 기존 주민 또는 상인의 내몰림 현상을 방지하기 위하여 임대료의 제한, 저소득층 주거나 영세 상업 공간의 의무적 확보 등 젠트리피케이션 방지대책도 표방한다.

이는 그동안 도시재생사업이 뉴타운과 재개발, 재건축사업 등 주택개발사업 방식으로 진행되어 오면서 나타난 부작용에 대한 반성이다. 낡은 원도심에 주택공급사업만이 진행되면서 교통과 교육 및 공공시설 부족, 환경문제 등 도시문제가 심화한 반성이기도 하다.

도시재생 뉴딜사업에 요구한다. 사업내용에 있어서는 종합성과 다양성의 시각을 갖추어야 한다. 사회와 경제, 문화 등 종합적인 틀에서 추진하되 민간의 자발성과 다양성, 창의성을 접목해야 한다. 도심 재생은 지역의 역사 및 상징성을 나타내는 사업, 전통시장의 활성화, 도심 주택 재개발, 벤처기업 유치 등을 통해 접근할 수 있다. 전통적인 복합용도 도시 블록을 보존하고, 도시의 거리를 특화함으로써 과거의 향수를 가진 지역의 물리적, 기능적 보전을 통해 지역의 정서를 담은 도심 재생이 가능하다. 공공 공간의 적정한 배치와 활용, 원주민과 신규 유입 주민 간의 공존의 틀을 만들어야 한다. 유휴시설이나 유휴공간의 활용과 공유경제 활성화라는 패러다임을 적극적으로 담되, 특히 주민들은 사용하지 않는 토지와 낡은 건물, 빈집을 재생에 적극적으로 활용해 가자.

사업추진 체계에서는 지역 자율성이 근간이다. 중앙정부는 큰 틀에서 정책 방향과 재정지원 원칙을 정하고, 지역에서 지역맞춤형 도시재생을 추진할 수 있도록 권한을 위임해 가자. 지역주민들의 적극적인 참여와 역량을 강화해야 하며, 재생 관련 전문가들의 유기적인 참여를 확보하고, 행정조직의 전문성을 강화하는 일도 중요하다. 도시재생사업은 지자체, 지역주민, 시민단체, 전문가 등 지역의 다양한 주체들이 함께하는 마당이다. 주민과의 비전 공유, 재생 사업에 대한 합의 형성, 효과적인 추진방식의 분담은 성공적인 도시재생사업의 추진을 위한 필수 요소다. 주민협의체와 사회적 경제조직은 공유경제의 가치를 믿고 확대해 가야 한다.

사업 대상에 있어 농어촌 지방자치단체를 고려한 사업모델을 적극적으로 발굴해야 한다. 농어촌 지역재생 사업모델은 지방에서 절실하고도 시행 가능한 사업방식이다. 인구감소와 고령화 그리고 기반 산업 부재로 침체한 지방 도시의 여건을 반영한 재생 사업모델을 발굴하고 도시재생 뉴딜사업의 큰 틀에서 통합적 운용이 필요하다. 도시와 농촌을 통합적으로 관리하고 주민 역량강화사업도 통합된 추진 틀을 모색하자. 쇠퇴지역 내에는 공공기관 이전적지, 폐교, 폐철도 등 국·공유 유휴공간이 산재해 있다. 미이용 국공유지 또는 공공시설 내 빈 공간을 도시재생사업에 적극적으로 활용한다면 사업비의 상당 부분은 절감할 수 있다.

새 정부가 지향하고 있는 도시재생 뉴딜정책은 지방 도시의 삶의 질 향상을 통한 국토 균형발전이라는 시대적 과제를 추구하는 것이어야 한다. 우리나라의 미래를 위한 도시정책이어야 한다.

도시재생 뉴딜사업의 중요한 점

전국의 지방자치단체에서는 2018년도 신규 사업선정을 위한 준비와 함께 2017년 12월 시범 사업지역으로 선정된 68곳의 도시재생 뉴딜사업 추진을 위해 도시재생활성화계획을 마련하고 있다. 2018년 6월 말까지 중앙정부의 심의를 완료하고자 하는 빠듯한 일정과 함께 함께 전국적으로 동시에 진행되다 보니 참여 인력의 부족으로 인한 부실화에 대한 염려도 크다.

도시재생활성화계획에 강조되어야 할 몇 가지 점을 지적하고자 한다.

첫째, 지역마다의 특성에 따라 계획의 목표를 명료화하고 사업을 통해 이루고자 하는 성과를 분명히 하자. 단계적으로 이루고자 하는 목표와 함께 궁극적으로 지향하는 지역의 정체성을 보여주어야 한다. 이를 위해서는 사업의 대상과 테마, 범위를 명확히 구분해야 하며, 사업지구와 주변 지역과의 관계도 구체적으로 제시해야 한다.

둘째, 주민참여의 과정과 절차를 분명히 제시해야 한다. 도시재생 뉴딜이 추구하는 주요 목표의 하나가 풀뿌리 도시재생 거버넌스 구축이다. 주민 중심의 도시재생 역량을 강화하고 주민참여의 제도적 기반을 만드는 것이 사업의 본체이다. 정부와 지자체, 주민, 시민사회단체, 다양한 사회적 경제 조직 등 다양한 주체가 서로 협력하고 역할을 해야 한다. 그래야 지역 주도의 도시재생이라는 본연의 목적을 달성할 수 있다. 도시재생 경제조직의 육성과 주민협의체, 도시재생 현장지원센터 등 거버넌스 체계구축을 위해 자율성 기반의 획기적 지원이 마련되어야 한다.

셋째, 실효성 있는 젠트리피케이션 방지대책이 마련되어야 한다. 지역 활성화의 결과로 급격한 임대료 상승은 임차인 이탈, 상가 내몰림 현상에 대한 선제 대응이 중요하다는 것이다. 토지건물 소유주와의 소통 채널 구축, 임대인과 임차인 간 상생을 유도하는 조치가 사업 초기 단계부터 마련되어야 한다. 정부와 지자체에서는 젠트리피케이션 진단지표 개발, 임대 동향 조사를 바탕으로 상생계획과 상생 협약을 모니터링해가야 한다.

넷째, 각 사업은 실현 가능성 관점에서 면밀한 검토와 과정을 밟아야 한다는 것이다. 사업별 사업비책정은 적정한지, 재원 조달 방안은 검토되었는지 항상 점검되어야 할 일이다. 단위 사업별로 용지매입은 가능한지, 공기관이 참여하는 사업일 경우 상호 검토과정은 적절하게 진행하고 있는지 점검되어야 한다. 실행 가능성과 타당성분석을 위한 체크리스트를 점검하자. 때로는 단기적인 사업성과 달성에 치중하지 말고 장기적인 안목을 가지고 실행계획을 수립하고 창의적인 재원을 발굴하고 자생적 수익구조도 창출할 일이다. 지역의 특성을 고려하고, 사업의 중요성을 기준으로 추진 주체, 추진방식을 포함한 구체적인 실행계획을 수립해야 한다.

다섯째, 공간과 사업의 통합적 시각을 견지하자. 사업지구와 주변 지역과의 공간적 통합, 하드웨어 사업과 소프트웨어 사업 간의 사업내용의 통합, 본사업과 여타 관련 사업과의 유기적 연계 통합이라는 사고방식을 말한다. 사업지구와 주변 지역은 유연한 공간적 맥락과 소통의 흐름에 있어야 한다. 물리적 시설사업은 이를 운용하는 프로그램사업과 결합해야 한다. 재생 뉴딜사업은 타 부처 주관의 다양한 사업과 긴밀한 관계를 갖고 추진되어야 한다는 말이다.

2018년 3월 정부는 도시재생 뉴딜의 향후 5년간 추진전략을 담은 내 삶을 바꾸는 도시재생 뉴딜 로드맵을 발표하고, 도시재생 뉴딜의 본격적인 추진에 박차를 가하고 있다. 목표는 명확히 제시되었다. 도시 활력 회복을 통한 삶의 질 향상을 위해 노후 저층 주거지의 주거환경을 정비하고 구도심을 혁신거점으로 조성하는 도시공간 혁신, 일자리 창출을 위해 민간의 참여를 바탕으로 도시재생 경제조직의 활성화, 공동체 회복과 사회통합을 위해 풀뿌리 도시재생 거버넌스를 구축하고 젠트리피케이션 대응 전략이 그것이다. 그러나 지역마다 여러 가지 문제를 안고 있다. 지역의 정체성이 다르고 사업의 중요도가 바뀌며 주민공동체의 수준과 여건도 다양하다, 지금 중요한 것은 개별 사업지구의 특성에 따라 유연한 관점을 갖고 여유와 인내를 갖고 지켜봐 주는 것은 아닐까 생각해 본다. 진정으로 내 삶을 바꾸는, 우리 공동체를 바꾸는 사업이 되어야 하기에 하는 말이다.

도시재생 뉴딜 역점 추진 방향

　도시재생 뉴딜사업이 3차 연도를 맞았다. 2019년에도 전국 100곳 내외의 지역을 선정한다. 이 중 시·도 선정사업이 70곳 내외, 중앙정부 선정사업이 30곳 내외다. 금년도 특이사항은 사업 조기 추진을 위해 3월 중 30% 지역을 우선 선정하고, 하반기에 70%를 선정한다는 점이다. 또한 사업선정 시 활성화 계획을 함께 승인하여 예산을 조기에 지원하는 '선정 후 즉시 사업 착수' 방식을 도입한 점도 달라진 정책이다. 그간 사업선정 후에도 계획수립 과정에서의 갈등으로 사업 집행이 지연되는 상황을 차단하겠다는 의지로 보인다. 사업 대상 지역은 전국 모든 지역을 대상으로 하되, 서울 등 투기과열지구와 투기지역은 부동산 시장의 불안 유발 가능성이 적은 지역에 한정한 점은 도시재생사업으로 인한 부동산 시장 과열을 차단하자는 의지이다.

　2019년도 재생 뉴딜사업은 주민들이 체감할 수 있도록 생활SOC 공급을 확대하고, 지역의 혁신거점 공간을 확충하는데 강조점을 둔다. 생활SOC 공급 확대는 지역별로 기초생활시설을 집중적으로 공급하여 주민의 삶의 질 향상을 목표로 한다. 기초생활 인프라 최저기준에 미달하는 생활SOC를 복합화 하는 경우가 해당한다. 이를 위해 뉴딜사업 신규 선정 시 생활SOC 관련 배점을 상향 조정하고, 생활SOC 복합시설을 조성하는 뉴딜사업에 가점을 부여한다. 커뮤니티 케어, 공동육아 나눔터, 다함께 돌봄 등 각 부처 생활

SOC 서비스와도 적극적으로 연계한 것은 바람직한 정책 방향이다.

혁신거점 공간 조성을 위해 도시재생 어울림센터 등 산업, 상업, 주거, 행정이 집적된 복합기능의 핵심 시설을 적극적으로 조성하는 것도 강조된다. 용적률 완화 등 특례도 부여하는 도시재생혁신지구도 도입된다. 청년 스타트업 등 저렴한 창업 공간을 제공하는 상생협력 상가를 공급하고, 도시재생형 스마트시티 활성화를 통해 지역의 일자리 창출에도 적극적으로 나서게 된다.

지역특화형 재생사업도 금년도 역점 추진 방향이다. 지역의 특화자산을 발굴하여 차별화된 사업모델로 발전시키자는 의도이다. 지역특화형 재생 사업은 여러 유형이 있다. 대학이 지자체와 함께 활성화 계획을 마련하고 지식자원, 시설자원을 지역사회와 공유하는 대학타운형, 건축·경관 전문가의 재생 사업 참여를 통해 매력적인 공간환경을 조성하는 건축·경관특화형이 있다. 건축자산형을 통해 한옥과 근대건축물을 재생의 핵심 요소로 활용하며, 역사·문화형은 역사문화 공간 조성, 고도 보존육성, 문화도시 조성 사업이 해당한다. 지역 상권 특화 형은 구도심 내 전통시장 및 상권을 집중적으로 활성화한다. 여성 친화형은 자녀 돌봄, 여성 고용 지원, 범죄 예방설계 등 여성 친화형 공간 조성을 추진하며, 농촌지역 특화발전형은 농촌 읍면 소재지 맞춤형 지원 등 농촌 맞춤형 뉴딜 사업을 추진하는 것이다. 아울러 산업 쇠퇴로 어려움을 겪는 산업위기대응 특별지역, 고용위기지역을 대상으로 대체 산업 육성 및 지역주민 재취업 지원사업도 추진한다.

뉴딜사업 지역 부동산 시장에 대한 관리에도 적극적으로 나서게 된다. 투기수요를 차단하는 주택정책의 틀에서 뉴딜 지역의 부동산 시장을 관리하게 된다. 사업대상지 역, 인근지역의 과열 발생 시 사업 대상에서 제외하여 시장 불안을 원천적으로 차단하겠다는 의지이다. 3단계의 대책이 지속해서 마련된다. 사업 신청단계에서는 지자체가 활성화 계획수립 시 사업지역 및 인근 대상 투기 방지 및 부동산가격 관리대책을 포함토록 하고 평가 시 반영한다. 선정단계에서는 뉴딜 사업 대상 지역을 모니터링 하여 지역 시장 상황을 분석하고 사업지역 현장 조사 결과 부동산 과열 지역은 배제하게 된다. 사업 선정 이후에도 분기별로 사업지역 부동산 시장 모니터링·관리하며, 투기 발생 시 사업 시기 조정, 다음 연도 선정물량 제한이 가능하다.

새롭게 강조되는 금년도 도시재생 뉴딜사업 추진 방향은 적절하게 제시되었다고 본다. 실질적인 효과를 얻기 위해서 사업내용과 사업지역의 선정에서 효율성과 실행력이 강조되어야 할 것이다.

도시재생사업에 대한 제언

도시재생사업이 활발하게 진행되고 있다. 매년 100개 지구에, 10조 원의 재원이 투자되는 도시재생 뉴딜 사업은 낙후지역의 생활환경 개선을 넘어, 시대적 과제인 지역의 성장 동력과 균형발전을 담아내는 도시의 미래상을 제시해야 한다. 도시재생사업의 성공적 추진을 위해 몇 가지 제언하고자 한다.

먼저, 계획의 체계에 있어서는 도시재생전략계획과 활성화 계획의 실효성을 강화해야 한다. 전략계획이 활성화 지역선정에만 그치는 형식적 계획으로 머무는 것은 한계가 있다. 도시 전역의 재생 방향과 전망을 수립하고, 도시기본계획이나 여타 계획과 긴밀히 추진되어야 한다. 활성화 계획의 사업은 사업지구별 상황에 적합하게 추진되어야 한다.

거점 중심 재생 정책의 목표는 노후 주거지, 도심 내 유휴시설을 혁신적 도시공간 거점으로 재구축하는 것이다. 그러나 도시마다 도시재생 뉴딜 사업 대상지구가 해당 도시의 거점이 될 수 있는지는 상이하다. 일반적으로 인구 감소, 산업침체, 주거환경 악화의 모습을 보이는 낙후지역이 도시재생 사업지구로 선정되기 때문에 거점으로의 발돋움하기엔 어려움이 있을 수 있다. 이처럼 지역 자체의 발전 잠재력이 취약한 지구의 재생 사업의 효과를 높이기 위해서는 오히려 거점과의 연계 전략을 통해 인구 유입을 유도하여 지역의 기반을 조성하고, 장소성을 강화해야 한다.

결합형 재생사업도 적극적으로 시도해야 한다. 소규모 주거지 재생 사업과 근린형 재생 사업을 결합하여 추진한다면 사업의 효과를 높일 수 있다. 재생 사업 유형 간 세부 사업별로 결합하고 연계하여 추진해 보자. 소프트웨어적 사업의 경우 사업대상지와 주변 지역 간의 적극적인 교류방안을 모색해야 하며, 사업구역 적용에서도 탄력적인 운영이 필요하다.

또 다른 당면 과제는 도시재생 경제생태계 조성이다. 민간이 재생 사업에 활발히 참여할 수 있는 체계를 구축하자. 재생 사업에 공기업, 민간기업, 지역주민 등 다양한 주체의 참여를 적극적으로 유도해야 한다. 이를 위해서는 무엇보다도 사업추진 체계의 간소화, 규제 완화가 마련되어야 한다, 부담금 및 세금 감면, 인허가 절차 간소화를 통해 원활한 사업을 가능케 하는 특별구역제도의 적극적 활용이 요구된다. 철도공사, 관광공사, LH 등의 개발 공기업 간 역할 분담과 사업 참여의 범위를 넓혀야 한다. 특히, 기존의 도시재생 사업 진행에 있어 상대적으로 소외되었던 기업들의 적극적인 참여를 권장하고, 행정, 시민, 기업 간의 소통체계를 구축해야 한다.

빈집과 공 폐가 정비사업은 재생 사업의 상징으로, 이는 유휴자산으로써 적극적인 정비와 활용이 필요하다. 그러나 현재 무허가 공 폐가의 지원사업 대상 제외, 소유주들의 공 폐가 정비사업 참여 저조 등의 한계에 직면하고 있다. 빈집을 활용한 다양한 사업모델을 발굴하고 빈집 소유자의 사업 참여 방안을 다각화하자. 더불어, 사회적 기업, 민간단체의 참여를 유도하기 위해서는 더욱 적극적인 공공의 역할과 다양한 지원책 마련이 필요하다.

추진체계로서 사업추진 거버넌스도 점검해야 한다. 그간 거버넌스의 사업추진 과정 내에는 의사결정의 지연, 이해관계의 상충, 부서별 합의 도출의 애로 등의 많은 문제가 존재한다. 이에 대한 대응책으로 재생지원센터, 코디네이터, 총괄 MP 등 주요한 역할을 전제로 하는 거버넌스가 시도되고 있다. 그러나 아직 각 조직의 역할, 권한, 책임이 불분명하여서, 도시재생 거버넌스의 새로운 역할이 요구된다. 현재 우리 실정에 맞는 도시재생 거버넌스 구축을 위해 도시재생사업에 부합하는 다양한 조직 운영을 제도화하고 그들의 역할과 기능에 맞는 책임과 권한을 부여해야 한다.

 이제 도시재생은 도시의 재활성화와 도시기능의 재창조에 초점을 두어야 한다. 도시의 고유한 역사나 산업 유산, 문화자산 등 사회문화적 자산을 지역 활성화 요소로 활용해야 한다. 재생의 주체로서 시민의 참여와 역할이 지속해서 확대되어야 한다. 이제 우리는 결과 못지않게 추진과정에도 중점을 두고, 관련 주체들과 함께 만들어가는 재생 사업에 비중을 두어야 한다. 도시 내 다양한 주체들이 도시를 만들어 나가는 과정에 동참하고 있는지 점검해 볼 일이다.

성장관리형 도심재생

 성장관리란 도시 내 일정 지역을 대상으로 종합적인 계획에 기초하여 무분별한 성장을 배제하고 관리된 성장을 도모함으로써 도시의 균형 잡힌 성장과 삶의 질 향상을 실현하는 것이다. 도시가 지속해서 성장하고 변화하는 가운데, 도시개발의 속도와 규모, 내용을 조절하는 정책이라고 할 수 있다.

 미국의 도시성장관리정책은 1960년대 흑인거주지역 환경악화와 도시재개발 정책에서 소외에 대한 불만에서 기인한다. 급격한 경제성장으로 환경보전을 위한 토지이용규제의 강화와 규제 수단이 필요했고, 이와 함께 도시개발에 있어서 주민참여를 제도화한 것이 성장관리정책의 태동이라 할 수 있다. 이러한 배경에서 1970년대 들어 도시의 급격한 성장에 따른 도시기반시설 공급의 문제로 도시개발의 속도 조절이 필요했다.

미국 오리건 주는 성장관리 프로그램이 강력한 환경윤리에 기반을 두고 시행되었다. 도시개발에 의한 외연적 확산을 방지하기 위해 도시 성장 경계를 설정하였다. 플로리다 주는 1985년 지방정부 종합계획 및 토지개발 규제법을 제정하여 여러 계획 간 일관성을 강화하였다. 개발과 함께 공공시설의 동시적 확보를 위한 강력한 요구조건이 시행되었다. 메인 주는 주 계획의 틀 속에서 지방계획 수립을 유도하기 위해 인센티브 제도를 도입하였다. 자연 자원 보호에 관심을 기울였고, 개발과 공공시설 확충의 일관성 유지와 압축적이고 짜임새 있는 도시개발을 위한 정책들을 포함했다.

이러한 성장관리는 현재의 시점에서 과거와 미래, 그리고 기성 시가지와 신 개발지를 중재하는 수요관리 체계이다. 기성 시가지의 체계적인 정비와 신개발지의 계획적 개발을 어떻게 유도해 나가느냐가 관건이 된다. 특히 도심부는 해당 도시의 경제·사회·문화적 중심지로서의 공간적, 기능적 위상 측면에서 도시 전체에 미치는 영향이 지대하다는 점에서 성장관리의 핵심적 대상이 된다. 이를 위해 도심부에 대한 압축적이고 짜임새 있는 도시개발을 추진할 필요성이 있는데, 이는 토지의 효율적 이용을 극대화하고자 하는 것으로서, 종래의 외부 확산적이며 느슨한 도시개발에서 내부 지향적이고 압축적인 도시개발로 전환하는 것이다.

2000년대에 접어들어 미국에서는 현명한 성장관리정책이라는 일명 스마트성장이 일반화되었는데, 이 개념 아래에서 도시문제는 중심부와 교외 부를 포괄하는 하나의 문제로 인식되고 있다. 여기에서 스마트는 효율적으로 지방정부의 재정을 운영하는 것, 환경에 대한 부하를 최소한으로 억제하는 것, 지역 커뮤니티를 활성화하는 것 등의 의미를 복합적으로 포함하고 있다.

성장관리형 도심 재생이란 성장관리의 개념을 다양한 도심 재생 기법을 통해 도심부에 적용하여 대도시의 무분별한 확산을 방지하고 도심부의 재활성화를 도모함으로써 궁극적으로는 경제성장과 환경보존이 조화를 이루는 지속 가능한 도시개발을 추구하고자 하는 것이다.

이러한 성장관리형 도심 재생은 물리적, 환경적 측면에서는 도심부를 압축적 구조로 개편하고 생태적으로 건강한 도시로 조성하는 것이다. 도심부 토지이용을 복합화하며, 도심부를 인간과 자연이 공존하는 쾌적하고 활성화된 공간으로 조성한다. 사회적, 경제적 측면에서는 도시민들에게 취업과 여가의 균등한 기회 제공 등 사회적 형평성을 추구하고자 소매업 활성화, 벤처기업 육성, 문화산업 육성 등을 통해 도심부의 자족적 경제기반을 구축한다. 정책적, 관리적 측면에서는 도심 기능의 회복을 통한 인구 및 산업의 도심 회귀를 촉진하고 체계적인 도심부 정책을 추진하고자 주민참여를 활성화함으로써 도시정책 및 관리의 효율성을 높여야 한다. 도시 외곽에서의 무분별한 도시 확산의 방지와 함께 도심부가 본래의 기능과 역할을 충실히 담당할 수 있도록 성장관리형 도심 재생이 필요하다.

도시재생대학, 목표와 과제

　도시재생대학은 도시재생사업 추진을 위한 교육프로그램이다. 도시재생대학은 도시재생사업을 추진하는 주체들의 역량강화사업이자, 소통과 공유의 장이다. 주민 스스로 지역의 의제를 발굴하고 지역을 변화시키는 역량을 강화하고자 하는 것이 도시재생대학 운영의 목적이다. 도시재생대학을 통해 주민들이 직접 지역의 재생사업에 참여하여 사업을 계획하고 도시와 마을의 재생 사업을 만들어가고 있다.

　우리가 도시재생대학을 통해 기대하는 것은 명확하다. 유휴시설을 재창조하고, 낙후된 원도심 지역의 생활환경 개선을 모색한다. 지역 내 다양한 자산에 대한 주민들의 자긍심을 고취하고, 지역의 문제와 지역 자산 활용방안을 고민하는 장이기도 하다. 역사·문화적 장소에 활력을 부여하고 다양한 콘텐츠를 개발하며, 특색 있는 삶의 정주 공간을 가꾸어 나간다. 주민 주도적인 사업추진으로 주민 주도의 협력과 소통의 모델이 되는 공동체를 활성화하는 것이 도시 재생대학의 기본 목표이다.

　그렇다면 도시재생대학의 교육내용과 프로그램은 무엇을 지향해야 하는가? 우선 도시와 마을 쇠퇴의 원인을 진단해야 한다. 발전 대안을 만들기 위해서는 쇠퇴의 원인을 구체적으로 파악해야 한다. 유형, 무형의 지역 자산을 목록 화하고 체계화하며, 창조적 안목으로 지역이 가진 여러 자산의 잠재력을 키워가는 사업 전략을 만들어보는 교육내용이 있어야 한다. 도시의 고유한 역사와 산업유산, 문화자산 등 사회문화적 자산을 지역 활성화 요소로 활용해야 한다. 폐철도, 폐도 등의 유휴부지, 빈 점포와 빈집 등의 유휴시설을 다시 바라보고, 예전에 문화적 향수를 공유했던 공간, 지역경제의 핵심 임무를 수행했던 시설을 다시 활성화하는 것, 오래된 지역기업과 학교와의 협력체계를 마련하고, 협동조합 등과 사회경제적 활동을 재생과정에 담는 것도 긴요하다. 공공이 추진하고 있는 도시재생사업 목록을 주민의 눈높이에 의해 점검하는 과정이면 좋겠다.

이상과 같은 도시재생대학의 지향을 달성하기 위해 교육방식도 발전되어야 한다. 통상적인 도시재생대학 프로그램은 도시재생의 개념과 제도의 이해, 공동체 이해, 타 지역사례 공유, 도시재생 선진지 현장 견학, 주민참여 활동 향후 계획수립 등 도시재생사업과 밀접한 주제들로 구성된다. 주제별 접근은 마을 자원조사, 지역의 문제점 분석, 핵심사업 도출, 사업계획 작성 등으로 진행된다. 주민이 마을의 문제점을 분석하고 활성화 계획을 직접 구상해보는 경험을 통해 지역 내 도시재생사업에 적극적인 참여 동기를 부여하게 된다. 여기서 무엇보다도 중요한 것은 주민들의 관심을 유도하고 참여에 의의를 느끼도록 유익하면서도 재미있는 운영방식이 요구된다.

운영방식에 있어 교육 팀의 구성은 주제와 지역의 특성에 따라 유연하면서도 다양하게 진행되는 것이 바람직하다. 세종시의 경우 도시재생 입문팀, 뉴딜 사업 공모 준비팀, 중심시가지 도시재생을 수행하기 위해 상인회팀, 협동조합구축을 위한 교육 팀 등이 운영됐다. 마을을 주민들이 직접 가꾸는 마을 경관개선팀, 마을 장소 자산 발굴과 문화 체험 시스템을 개발하는 문화해설사팀과 지역특화상품개발과 비즈니스 모델발굴에 참여한 청년 팀도 운영되기도 했다.

일본 세타가야구 도시재생 마을만들기를 수행해온 우매즈씨 부부는 35년간 활동해온 마을활동가이다. 그들은 마을만들기를 추진할 때 무엇보다도 주민들이 쉽게 할 수 있는 것부터 해야 한다고 강조한다. 공원과 녹도 지역을 관리하면서 초등학생과 함께 꽃 심기, 회원 간 여행과 교류 등과 같이 주민들이 쉽게 참여하고 즐겁게 함께 할 수 있는 프로그램을 통해 활동을 꾸준히 유지했다고 한다.

도시재생대학의 발전을 위해 몇 가지 제언하고자 한다.
첫째, 주민역량을 높여가기 위해서는 지역 실정에 맞는 도시재생대학 운영, 주민의 생각을 실천으로 옮길 수 있는 주민 제안사업의 주기적이며 지속적인 시행이 필요하다. 주민공모사업과 재생대학을 연계하고 접목해서 운영한다면 참여도를 높이는 방안일 수 있다. 지역마다 다양한 방식의 일자리 창출이 시도되어야 하며, 청소년, 주부, 어르신 등 계층별로 맞춤형 참여 프로그램이 적극적으로 도입되어야 한다. 재생대학에 지도교수나 코디네이터로 참여하는 전문가는 분반의 주제나 참여자의 성향과 수준을 고려하여 다양한 운영방식을 개발하는 것도 필요하다.

둘째, 도시재생대학 운영과정은 지역 네트워크를 폭넓게 확장해가는 과정이었으면 좋겠다. 지역 내외의 관계 기관과 단체와의 활발한 네트워크 형성을 통해 도시재생사업의 민관협력체계도 구축되어야 한다. 현장성을 중시하고 사업 관련 조직 간의 참여를 확대해 가야 한다. 주민협의체, 문화예술단체, 지역전문가 등을 중심으로 협의 체계를 구축하여 사업추진을 위한 다양한 의견을 포용해 가는 것도 필요하다.

셋째, 사회경제적 지속성을 마련하는 것도 재생대학의 임무 중 하나이다. 사업추진 기구로 신탁업무센터나 협동조합 등의 실행조직을 실험하고 만들어가는 것도 재생대학에서 다루고 있는 주요 과제가 되어야 한다. 공실 점포를 신탁 받아 임대차 알선, 창업지원 관련 업무, 마을기업의 창업 및 운영 지원, 주민, 상인공동체 협동조합 설립이 주요 사업이다. 일자리 창출과 지역공동체 활성화를 위한 마을기업, 협동조합 설립을 위한 교육프로그램 운영 등은 지역의 재생사업을 지속할 수 있게 만드는 핵심요소이다.

넷째, 사업 중심이 아닌 사람 중심적 재생 거버넌스를 만들어가야 한다. 지속 가능한 사업이 되기 위해서는 사업을 충분히 이해하고 이끌어가는 사람이 필요하다. 이들이 도시재생을 이끌도록 조직의 틀을 제공하고 지원해야 한다. 도시재생대학은 이러한 사람을 키워내는 일을 한다. 재생대학은 마을활동가, 문화해설사, 코디네이터 등을 지속해서 양성하는 모태이어야 한다. 도시재생대학을 통해 역량 있는 주민을 육성하고, 참여하는 시민공동체를 만들어가야 한다. 재생대학 운영을 통해 주민공동체, 여성, 청년, 상인 등 다양한 구성원들이 참여하고 소통하며, 사업 실행방안에 대한 의견을 제시하고 사업에 대한 의사결정에 참여하도록 해야 한다.

다섯째, 지역에서 전개되는 모든 사업이 재생대학에서 묶어졌으면 좋겠다. 도시재생사업과 함께 전개되고 있는 공동체 활성화 사업, 농촌중심지 사업, 각종 개발사업 등 다양한 지역사업이 제각기 진행되고 있다. 이를 수행하는 운영체계와 주민협의체도 제각각 존재한다. 이러한 비효율과 혼선을 극복하기 위해서는, 이를 통합적이며 종합적인 운영체계가 요구된다. 도시재생대학은 이를 만드는 데 도움을 주도록 지역의 모든 사업을 대상으로 넓혀서 운영하는 것이 바람직하다.

우리는 도시재생사업을 진행하면서 쉽지 않은 여러 문제를 안고 있다. 자체 재원을 어떻게 충당할 것이며, 비용 절약적 도시재생을 어떻게 추진할 것인가? 행정기관과 시민사회 여러 조직 간의 원활하고 지속 가능한 정보교류를 어떻게 해야 하는가? 도시재생에 참여하는 활동가나 주민들의 관심도를 어떻게 증진해야 하며, 특별히 젊은 세대의 참여를 키우는 방법은 무엇인가? 마을 정비를 통해 임대료 상승이 나타나게 되면 어떻게 대처해야 하는가? 이러한 근본적 문제는 도시재생의 현안 과제이며, 도시재생대학을 통해 고민하고 논의해야 하는 의제이기도 하다.

바야흐로 시민의 도시 시대이다. 전통적 방식의 도시 관리는 한계에 이르렀다. 이제 시민들이 중심이 되는 거버넌스 시대로 변하였다. 시민의 가치관과 눈높이로 도시의 비전과 전략을 세워가야 한다, 도시를 만드는 일, 사업들을 계획하고 실현하는 과정은 새로운 도시 플랫폼으로서 협력적인 거버넌스를 요구한다. 좋은 지역 공동체를 만들어가기 위해 협력적 거버넌스는 도시재생의 핵심이다. 좋은 도시재생 거버넌스를 만들어가는 것은 도시재생대학의 목표이자 방법이다.

도시재생의 세 가지 목표

도시재생사업의 목표는 명확하다. 지역경제 활성화와 주민의 삶의 질 향상, 공동체 활성화가 그것이다.

지역경제 활성화는 쇠퇴한 지역에 새로운 도시기능을 도입하고, 지역 자산을 활용하여 고용을 창출하고, 지역 소득을 증대시키자는 목표이다. 이를 위해 역사적이며 문화적인 건축물을 보전하고 특색 있는 경관과 머무르고 싶은 공간을 창출해 가자. 경제적 재생을 위해서는 기존 산업과 연계될 수 있는 새로운 산업을 발굴하며, 낡은 상가 거리를 특성화된 거리로 탈바꿈해 가야 한다. 원도심에 있는 다양한 시설을 문화적 내용과 역사적 가치를 지닌 관광문화자원으로 인식하여 특색 있는 공간으로 조성하고 활용하는 프로그램을 개발하도록 해야 한다.

몇 가지 전략이 경제 활성화를 위해 시도되고 있다. 다양한 계층을 유입하기 위해 유휴공간을 활용하고 있다. 빈 건물을 활용하여 학생이나 청년, 직장인의 생활공간으로 제공하고, 예술인들의 예술 공간으로 활용하자. 문화의 거점으로서의 원도심 지역이 다시 태어나도록 다양한 문화 활동을 지원하자. 버려진 폐산업 시설이나 유휴공간을 매력적인 경제활동 공간으로 재구성하는 것도 유효한 전략의 하나이다. 그 도시만의 독특한 정체성 확보를 위해 테마 가로를 조성하는 것도 전략의 하나다. 침체하고 특색 없는 거리에

도시의 정체성을 부여하여 활력 있는 거리로 재창출하자. 찾아보고 싶고 머무르고 싶은 공간으로 바꿔가자는 것이다. 과거 번성했던 쇠퇴지역이 보유하고 있는 역사적이며 문화적인 도시 정체성 자산을 적극적으로 활용하여 문화서비스 확충하며, 재활용을 통해 시민이 필요로 하는 문화 여가 공간을 공급해 가자.

주민의 삶의 질 향상은 중요한 재생사업의 목표이다. 생활환경 확충을 통해 더불어 사는 행복한 공간으로 조성하자는 목표이다. 원도심 지역은 노후 건축물의 지속적 증가로 인해 주거환경의 질이 악화하고 있으며, 신도시 개발에 따른 주민 이주, 취약계층에 대한 주거복지에 대한 고려도 더욱 요구받는다. 노후 건축물 및 기반 시설을 지속해서 개선하고, 다양한 계층을 위한 복지사업, 환경 개선을 통해 주거환경 향상이 필요하다. 그래서 주민의 삶의 질 향상을 위해 안전하고 쾌적한 주거환경 정비는 지속적인 과제이다.

교육, 문화, 복지, 인프라 등 주민이 일상생활에서 필요한 서비스를 적정하게 도입해 가야 한다. 주민 모두가 최소한의 생활수준을 누릴 수 있도록 기초생활 인프라를 적정 수준으로 개선해 가야 한다. 환경친화적이고 건강한 도시를 지향하며 범죄 및 재해로부터 안전한 생활환경을 만들자. 주민 모두가 안전하고 걷고 싶은 가로환경도 중요하다. 골목길을 활용하여 도시재생 거점 공간을 연결하는 보행 네트워크를 구축하고, 주거지역 내 범죄예방 도시디자인 적용을 통해 범죄로부터 안전한 도시 조성, 골목길 테마의 문화프로그램을 개발하여 추억의 향수를 제공하는 곳도 많이 나타나고 있다. 쾌적하고 편안한 활동공간 조성을 위해서 사회적 약자를 배려한 복지서비스 확충을 통해 쾌적한 정주 여건 조성과 노후주택 재정비를 통해 사회적 취약계층의 삶의 질 향상을 추구해 가야 한다.

도시재생의 또 다른 목표는 공동체 활성화이다. 주민이 자신이 사는 도시의 쇠퇴 문제를 직접 고민하고, 해결책을 도출하도록 하자. 역량 있는 주민을 육성하고, 참여하는 시민공동체를 만들어가야 한다. 커뮤니티 기반의 공유와 나눔 활동도 활성화 되어야 한다. 부녀회와 노인회, 협동조합, 사회적 기업 및 기타 주민조직 등 다양한 조직이 도시재생사업에 참여하도록 하자. 지속가능한 도시재생 추진을 위해 다양한 계층이 참여하고, 소통하는 커뮤니티 활성화 전략이 진행되어야 한다. 도시재생대학을 통해 지역주민이 지속해서 도시재생에 참여할 수 있는 기반을 마련하고, 지역주민에 의한 다양한 아이디어 수렴, 지속적 사업발굴을 위해 도시재생 역량 강화 교육 및 컨설팅이 진행되어야 한다. 사회적 약자의 처우 개선을 통한 공평한 사회 만들기도 도시재생사업을 통해 추구해 보자. 취약계층을 대상으로 한 복지인프라 확충을 통해 지역 내 빈부 격차 해소하고, 자생적 경제활동 유도를 위한 지역상인 지원, 지역상인 역량 강화도 지속해서 요구되는 과제의 하나이다.

도시재생사업 모니터링이 중요하다

모니터링은 각종 사업의 목적과 결과를 성과지표를 통해 주기적으로 진단하는 방식이다. 사업 시행 시, 사업추진과 전략적용이 계획대로 진행되고 있는지, 계획에서 설정한 세부 목표와 성과들이 얼마나 달성되고 있는지 진단하고, 원활히 진행되지 않는 부분이 있다면 그 원인을 파악하는 것은 매우 중요하다.

도시재생사업에 있어 모니터링은 제도적으로 도시재생전략계획 가이드라인 상에서 재생사업에 대한 지속적 모니터링의 필요성을 명시하고 있다. 또한, 해당 도시의 여건과 도시재생 목표에 부합하는 평가지표를 설정하고 성과관리 방안을 제시하도록 규정하고 있다. 활성화계획 가이드라인에서는 평가계획 수립 시, 사업 목표 달성에 관한 지표뿐만 아니라 사업추진 시 주민참여도, 계획 대비 집행실적, 지자체 부서 간 협업 정도 등을 진단하도록 하고 있다.

지난 2014~2020년 기간에 전국적으로 447개나 되는 많은 도시재생사업이 추진된 바 있다. 수많은 사회적, 물질적, 인적 자본이 투입되는 사업인 만큼 당초 목표했던 취지가 제대로 반영되고 있는지, 계획 목표가 성과로 이어지고 있는지에 대한 지속적인 진단이 필요하다. 다년간 도시재생사업을 통해 일정 정도의 성과를 이룩했음에도 불구하고 잦은 설계변경, 부지 매입과정에서의 애로사항, 토지 보상 지연 등의 문제가 빈번하게 발생하고 있다. 사업지구별로 주민협의체 운영방식, 거버넌스 주체 간의 소통체계, 협동조합 육성방식이 체계적으로 통합되지 못한 채 제각각 운영되고 있다.

2013년 도시재생 활성화 및 지원에 관한 특별법(약칭 도시재생법)의 제정과 함께 본격적으로 도시재생사업이 시행된 지 10년 정도 지났다. 재생사업을 통해 지역의 물리적 환경개선이 실질적으로 이루어지고 있는지, 국비 지원을 통한 마중물 사업의 효과와 역할은 어떠한지, 민간의 참여와 지원방식은 적절한지, 추진 거버넌스는 원활히 운용되고 있는지 질문을 던지고 이에 대해 고민해야 한다. 이제는 근본적이며 전면적으로 도시재생사업이 어떤 실적과 효과를 이루어 왔는지 점검해야 할 때이다.

더 체계적인 도시재생사업 성과관리를 위한 모니터링 체계의 구축 방향을 생각해 본다.

첫째, 각 사업의 성과관리 및 모니터링을 주기적으로 시행해야 한다. 지자체와 도시재생지원센터가 중심이 되어 사업추진 단계에 맞는 성과관리 방안을 마련하고 주기적으로 전담 조직의 운영, 사업 예산집행, 사업운영실적 등에 대한 모니터링이 이루어져야 한다. 사업이 종료된 지구에서의 지속적인 모니터링도 강화되어야 한다. 자율적이며 자체적 진단을 우선하여 운영프로그램으로 모니터링사업을 책정하고 실효성 있는 수행방식을 마련하자.

둘째, 사업의 특성에 따른 모니터링 방식이 마련되어야 한다. 국가 도시재생기본방침이나 계획수립 가이드라인 등 관련 제도와 법률상에서 명시하고 있는 평가 방법 및 지표 간에 일관성을 확보하기 위한 제도적 보완이 필요하다. 도시재생사업 추진 단계에 따른, 사업의 성격을 반영한 차별적이고 명확한 모니터링 체계가 구축되어야 한다. 모니터링을 위한 자료의 선정 시 자료의 구득 가능성, 단순성, 객관성 등이 고려되어야 한다.

셋째, 현장 중심의 도시재생 모니터링 및 평가지표의 보완이 필요하다. 도시재생 선도지역과 일반지역, 도시와 농촌지역과 같은 각 사업 지구의 특성과 현장 여건에 대한 충분한 고민을 반영한 모니터링 방식과 지표가 마련되어야 한다. 현장별로 구축된 거버넌스 주체의 역량 수준을 기반으로 유연하면서도 실질적인 모니터링 방식과 결과를 모색해야 한다.

넷째, 모니터링 결과를 도시재생사업의 문제해결과 새로운 정책 제안에 적극적으로 반영하자. 전국 각 재생사업지구의 모니터링의 결과를 공유하고 이에 대해 다양한 주체가 소통할 수 있도록 하여 현존하는 문제의 규명과 해결을 통한 정책발굴에 활용하자. 도시재생 종합정보체계를 적극적으로 활용하여 사업추진의 모니터링 결과가 축적된다면 도시재생사업 관리체계의 개선과 함께 정책개발 플랫폼의 기반도 제공할 것이다.

영국 리버풀 도시재생의 교훈

세계의 무역 중심 도시에서 가장 빈곤한 도시로 전락한 것이 리버풀의 역사이다. 800년 전 작은 어촌마을에서 시작되어 산업혁명 시기에 세계 최대의 무역항으로 성장한 곳이 리버풀이다. 200년에 걸쳐 이어져 온 영광이 전쟁과 산업구조의 변화에 따라 급격히 쇠퇴한 곳도 바로 리버풀이다. 이렇듯 급속한 성장과 쇠퇴를 경험한 리버풀이 1980년대부터 오랜 역사와 문화자산을 도시에 아로새기는 도시재생을 통하여 도시가 재도약하고 있다. 도시재생을 통해 19세기 항구도시에서, 20세기 음악을 중심으로 이어져 온 대중문화 도시로 우뚝 서고 있다.

리버풀 도시재생의 성공을 이끈 요소는 다양하지만, 핵심은 맞춤형 재생전략, 역사문화자산, 공간계획, 전담 주체, 독창적 재생 정책 등으로 이야기되고 있다. 교훈을 집어보자.

첫째 교훈은, 단계별 맞춤형 재생 전략의 추진이다. 1980년대부터 본격적으로 추진된 리버풀의 도시재생은 3단계로 구분된다. 1980~90년대는 워터프런트를 중심으로 한 도시재생의 시기이다. 워터프런트에 내재한 역사문화자산을 활용한 재생 사업에 성공을 거두면서 자신감을 갖게 된다. 두 번째 단계는 2008년까지의 시기로 도심 중심 재생과 유무형의 역사문화자산을 접목한다. 리버풀 비엔날레를 비롯하여 2004년 세계문화유산 등재, 2008년 유럽문화수도 개최 등 담대한 문화프로그램을 통해 물리적 재생 효과를 극대화한다. 세 번째 단계는 현재까지로 도시 전체로 재생 사업을 확장하고 있다. 리버풀 주요 지역과 기존 원도심 지역의 재생을 연결함으로써 워터프런트와 도심부가 연결되는 거대한 재생 축이 형성되었다. 도시마케팅과 재생을 결합함으로써 역사와 문화에서 시작한 재생의 대상과 범위를 확장한 것이다.

두 번째 교훈은 역사문화자산의 체계적 관리와 활용이다. 리버풀 도시재생은 역사 문화 주도의 재생이라 할 수 있다. 시에서 건물디자인과 경관관리를 지속해서 전개함은 물론 문화유산지구에서의 재생사업은 유네스코의 체계적 관리를 받고 있다. 과도한 개발계획은 사업을 잠정 보류하기도 했다. 역사문화자산의 소중한 가치와 배치되는 이익 추구형 재생사업에 대한 지속적 관리를 선언한 것이다. 문화도시의 이미지를 강화하기 위해서 재생 공간에 비틀즈와 관련된 다양한 매력과 비틀즈샵을 자리 잡게 하는 등 비틀즈라는 무형의 문화를 유형의 재생 공간에 지속해서 접목하고 있다.

셋째 교훈은 도시재생의 의지를 반영한 공간계획의 수립이 뛰어나다는 것이다. 공간적 측면에서 리버풀의 장기적인 비전과 발전 방향을 담은 통합개발계획, 지역개발 체계, 지역계획 등 주요 법정 공간계획에서 도시재생을 가장 핵심적인 계획 부문으로 설정하고 있다. 재생이 필요한 지역을 주요 재생 지역으로 설정하고 지역별 특성을 고려하여 재생의 방향과 토지이용을 계획하는 등 재생 정책을 강조하여 추진하고 있다. 이러한 일관성 있는 추진과 다양한 공간계획 간의 정합성 유지는 리버풀이 도시재생을 얼마나 중요시하고 있는지 보여주고 있다.

넷째는 전담 주체를 통한 재생 사업 추진체계의 일관성이다. 리버풀 도시재생을 전담하여 추진한 주체는 머지사이드 개발공사와 리버풀 비전이다. 시기에 따라 역할의 변화는 다소 있었지만, 2008년 새로운 리버풀 비전을 재조직하고 물리적 재생은 물론 비즈니스와 기업지원을 일괄적으로 추진하고 있다. 또한 다양한 관계 기관들과 파트너십을 구축하고 협력적 관계에서 리버풀의 도시재생을 책임지고 있다.

마지막 교훈은 주변부 쇠퇴지역에 대한 독창적인 재생정책을 추진한 것이다. 공동체가 중심이 된 독창적인 재생정책이 효과를 보았다. 주변 지역은 쇠퇴한 지역에 대해 새로운 색깔의 재생 문화를 입히고 있다. 쇠퇴한 주거지에 대해 2011년에 접어들면서 철거 대신 개량 위주의 주택 재생 정책으로 선회하고 공동체 주도의 토지신탁이 만들어진다. 동네 상점 운영, 지역주민의 화합 등 비물리적 측면의 마을 재생 사업이 병행되고 있다. 상가 지역에서는 빈 상점의 소유주가 에이전시에게 무상으로 건물을 임대하고 에이전시가 여건 조성 후 임차인에게 수익을 창출하게 하는 상가 활성화 방식도 꾸준히 전개하고 있다. 이상의 도시재생 교훈은 역사와 문화를 아로새긴 도시재생의 리버풀 이야기다.

대전 원도심 창조적 재생전략

대전 원도심은 1980년대 둔산 신도심 개발에 따라 도심공동화 현상이 시작되었다. 2007년 대전시 도시 균형발전 지원에 관한 조례가 제정되었고, 2003년부터 대전시는 상가의 임대료 지원, 도로정비 등 물리적 환경개선을 통해 도심의 기능 유지와 활성화를 위해 노력해 왔으나 실질적 효과는 미비했다.

최근 대전 도시철도 2호선, 충청권 광역철도 건설, 세종 시로의 BRT 노선 신설 등 교통 여건 개선과 함께 원도심 재생을 위한 활발한 움직임이 일어나고 있다. 대전역 일대를 대상으로 한 대전역세권 재정비촉진계획은 2021년 상반기에 지방재정 중앙 투자심사를 통과하였으며, 선도사업인 공원 조성과 도로 정비가 본격화되면서 민간개발 사업도 구체화 되고 있다. 2016년부터 시작된 경제기반형 도시재생사업으로 융합형 컨벤션 집적지, 도심형 산업지원센터, 지하상가 연결사업 등이 활발하게 진행 중이다. 2020년에는 중심시가지형 도시재생 뉴딜 사업 대상지로 쪽방촌 일원이 선정되기도 했다. 2021년 3월에는 도심융합특구 사업 대상으로 선정되어 선화구역, 대전역세권 구역을 중심으로 혁신적인 원도심 계획안을 마련하고 있다.

대전 원도심이 새로운 활력을 되찾고 대전의 부흥을 견인하기 위해서는 원도심의 창조적 재생전략이 요구되며, 이에 대한 몇 가지 제언하고자 한다.

첫째, 창조적이며 종합적인 원도심 마스터플랜을 마련하자. 대전역세권은 지식기반 경제생태계의 허브로 자리매김해야 한다. 원도심 일대에서 이미 추진 중인 경제기반형 도시재생사업, 역세권 재생사업, 도심융합특구사업과 한밭운동장 드림파크사업 간을 연계한 원도심의 큰 그림이 논의되고 있다. 동서축인 충남도청사~대전역과 함께 새로운 남북축으로 중앙로~한밭운동장~보문산을 잇는 T형의 경제 활성화 축으로 한밭운동장 부지를 거점 공간으로 개발하자는 야심 찬 구상이다. 이미 추진 중인 사업들을 여하히 조직하고 원활한 사업추진을 가능케 하는 추진체계의 구축 여부가 관건이 될 것이다.

둘째, 종합적인 지역관리 지침에 따라 개별 재생사업과 정비사업을 추진해야 한다. 재개발, 재건축 등 정비사업을 적극적으로 추진하는 동시에 도시재생사업, 도시균형발전사업 등 타 사업과의 연계 방안과 균형점을 모색하자. 민간의 대규모 선투자에 앞서 공공자원의 확보, 핵심 시설의 유치가 병행되어야 한다. 사업추진 과정에서 주민들의 충분한 의견수렴이 필요하며, 재정비촉진지구의 사업추진과 함께 구역 해제지역의 관리 방안도 마련되어야 한다. 원도심 전 지역을 종합적이며 체계적으로 관리하기 위한 가이드라인을 수립하고 개별사업의 지침이 되도록 해야 한다.

셋째, 복합문화관광의 허브로 조성하자. 대전 원도심을 광역적 문화거점으로 육성하고, 원도심에 산재한 근대문화 유산을 적극적으로 활용해 문화예술과 교류의 기능을 충실히 담당하는 지역이 되어야 한다. 충남도청 이전 부지를 종합적 문화예술 복합공간으로 재탄생시키고, 원도심 내 특화 거리 조성은 물리적 환경조성에서 끝나는 것이 아니라, 경관개선, 콘텐츠 확보, 프로그램 운영, 운영 거버넌스 구축 등이 지속해서 병행, 추진되어야 한다. 벤처 스타트업 특화거리, 원도심 근대건축물 여행코스, 문화 올레길 조성 등 지역의 이야기가 살아있는 골목골목을 만들어보자.

넷째, 다양한 계층을 위한 정주 환경을 조성하자. 국공유지를 활용한 청년 주택, 기존 유휴건물을 활용한 주거 공간 조성 등 다양한 계층의 주거 공간을 지원할 수 있는 주거정책을 도입하자. 살기 좋은 지역, 살고 싶은 마을이 되도록 원도심 일원을 지구단위계획 구역으로 지정하여, 개별 건축물은 해당 지침 사항에 따라 관리되어야 한다. 주민주도형 도시관리 방안의 하나로 특색 있는 동네 경관 조성, 지역 내 공유공간 통합 조성 등도 마을 단위 정주 여건 향상을 위해 추진되어야 할 사업이다.

21세기는 창의력과 감성의 시대이다. 지식, 경제, 창조성이 도시공간에 구현된 창조도시에 관한 관심이 뜨겁다. 문화와 지식의 에너지가 도심 곳곳에 넘쳐나며, 창조산업의 활성화가 도심의 새로운 동력이 되는 대전 원도심으로 거듭나길 소망한다.

도심융합특구 추진과제

도심융합특구는 국가 균형발전의 추진전략으로 세계적인 도시의 혁신지구와 판교 테크노밸리를 모델로 삼아 비수도권 광역시의 도심에 혁신거점을 조성하는 것이다. 2020년 9월 정부는 지역의 혁신거점 마련을 위해 도심융합특구 조성계획을 발표하였다. 도심융합특구는 5개 광역시 도심 내에 산업·주거·여가 등 다양한 기능이 복합된 고밀도 혁신 공간을 조성해 기업과 인재를 견인하고자 한다. 향후 정부는 도심융합특구 활성화를 위해 특성화된 기업의 유치 지원, 수도권 소재 기업의 이전 지원, 연구개발 지원, 조세 감면, 인재 양성, 청년 주택제공 등과 같은 지원을 확대하고자 한다.

2022년 1월 현재, 대구·광주·대전·부산 등 4곳의 도심융합특구 사업지가 선정되어 현재 기본계획을 마련 중이다. 각 도심융합특구 대상지는 KTX역, 고속도로 등 광역교통망이 우수한 지리적 이점이 있으며, 상업·문화 인프라 또한 잘 마련되어 있다. 대학 캠퍼스의 유휴부지를 첨단산업단지로 활용하는 캠퍼스 혁신파크 사업이나 혁신도시와 같은 기존 사업과 탄력적인 연계 방안을 모색하고 있다.

대전의 도심융합특구는 KTX 대전역 일원과 충남도청 이전지 일원 2개 지역으로 약 124만㎡의 규모로 기본계획을 수립 중이다. 주요 사업으로는 지식재산권 서비스 특화단지 구축, 클라우드 데이터센터 구축, 소셜벤처 특화 거리 조성, 철도산업 클러스터 조성, 창업 지원주택 건립, 대전역 서광장 리뉴얼 등이 추진 예정이다.

도심융합특구사업이 원활한 추진을 위해 고려해야 할 몇 가지 과제는 다음과 같다.

첫째, 조속한 제도적 정비와 장치가 마련되어야 한다. 2021년 5월 강준현 의원이 대표 발의한 「도심융합특구의 조성 및 육성에 관한 특별법(안)」은 현재 국토교통위원회에 계류 중이다. 특별법(안)은 융합특구 종합발전계획 수립, 도심융합특구 지정 및 조성 절차, 도심융합특구에 대한 지원 사항 및 운영방식에 관한 내용을 담고 있다. 향후 도심융합특구가 성공적으로 기반을 마련해 자리를 견고히 하기 위해서는 범부처 차원의 지원이 절실하므로 이를 위한 조속한 특별법 제정이 필요하다. 또한, 도심융합특구 사업계획 수립 및 추진·예산 확보·운영의 전 과정에서 관련 부처 간 지원사업을 연계하고, 적정 수준의 민간참여를 유도하는 운영 및 지원 체계를 구축해야 한다. 정부와 지자체는 기업과 청년을 위한 투자촉진 보조금, 기업 이전 지원금, 규제 특례, 각종 세제 혜택 등 인센티브 마련을 진지하고 실질적 차원에서 고민해야 한다.

둘째, 지역별로 차별화된 사업발굴 전략이 마련되어야 한다. 지역별 도심융합특구의 특징적 사업발굴과 기능 설정이 불분명할 경우, 특구 간 기능 중첩 또는 갈등이 발생할 수 있으며, 천편일률적인 사업이 될 수 있기에 각 도심융합특구의 사업내용이 지역 여건에 따라 차별화되어야 한다. 또한, 특구를 조성하는 도시 내부적으로 인접 지역의 쇠퇴를 초래하지 않도록, 정책 추진과정에서 다각적인 대책 마련이 동반되어야 한다. 매력적인 혁신거점 조성을 위해 혁신창조산업의 활성화 방안을 적극적으로 탐색하여 청년 친화형 도심융합특구를 조성해야 한다.

셋째, 사업 추진과정과 방식에 있어 선택과 집중, 연계와 통합이 중요하다. 사업대상지 인근지역에서도 혁신도시, 역세권개발, 도시재생뉴딜과 같은 다양한 사업이 동시에 추진되고 있다. 사업 간 연계성을 높이고 기능의 중복을 방지할 수 있는 통합적 연계 방안이 요구된다. 도심융합특구 대상지의 인접 지역에서 이미 역세권개발과 도시재생사업, 재개발사업 등이 동시다발적으로 추진 중임을 감안해야 한다. 트램 건설과 연계한 원도심 종합계획을 마련해 사업지 중첩 등의 문제에 탄력적으로 대응할 수 있어야 한다. 대중교통, 청년 주거와 일자리, 문화예술 등 분야 간 사업의 접점 발굴과 상호교류 및 공유가 중요하다. 이를 위해 정보문화산업진흥원, 한국철도공사 등 관련 기관을 비롯한 추진 주체 간의 활발한 협력은 필수적이다.

영주시 공공건축이야기

쇠락하던 영주시가 옛이야기와 이웃을 엮어내 다양한 사람에게 매력을 주는 도시로 다시 태어나고 있다.

영주는 인구 11만 명의 지방 중소도시다. 한때 교통의 중심지로 물산의 집산지였으나, 1973년 영주역이 이전하고 신시가지가 새로이 조성되면서 원 도심지역인 구 영주역은 빛을 잃어갔다. 최근 영주시는 새로운 시도를 하고 있다. 근대문화유산들이 밀집한 지역을 새롭게 조명하여 그 장소적 가치를 다시 세우고 있다. 도시의 활력을 되찾기 위해 도시건축관리단을 개설하여 적극적으로 운영하고, 관련 분야 전문가를 초빙해 행정역량을 극대화하며, 도시재생에 대한 안목과 관점을 넓혀 왔다.

2009년 영주 공공건축 및 마스터플랜 수립 프로젝트, 국토환경디자인시범사업, 도시재생선도사업, 역사문화가로거리 조성사업 등은 근대문화유산을 도시에 접목하여 성공한 대표적 사업이다. 2011년 영주시가 공공건축가 제도 조례제정을 계기로 공공건축디자인시범사업이 시작됐다.

 이제 영주시는 탈바꿈되고 있다. 구 영주 역전의 세 권역인 후생시장, 중앙시장, 구성마을은 각각 나름의 특성을 살린 공간으로 바뀌었다.

 고추시장으로 유명했던 후생시장은 청소년을 위한 공간으로 바뀌었다. 후생시장은 1950년대 지어진 근대 목조건축물이 모여 있는 시장이다. 한때 경북 북부 고추의 집산지로 규모가 큰 시장이었지만 지금은 기능이 쇠퇴한 상태이다. 영주시는 2015년 도시재생사업의 하나로 후생시장의 공간적 가치를 회복하고 근대풍경의 상업가로 복원을 통해 시장의 기능을 활성화하기 위한 후생시장 재생 사업을 전개한다. 시장의 현황이 상세히 조사되고 주민의 의견을 들어 목조형식을 보존하는 방향으로 복원공사가 시행된다. 주민참여 프로그램이 시행되고 옛것과 새것이 어우러진 후생시장으로 거듭나고 있다.

 쇠퇴한 상가가 가득했던 중앙시장은 젊은 창작 공예가들과 기존 상인들이 공생하는 공간이 되었다. 1982년 구 영주역 이전 부지에 현대형 시장건물이 신축되었으나 철도산업이 쇠퇴하면서 점포 대부분이 비어갔다. 영주시는 도시재생 핵심사업 권역으로 중앙시장을 지정하고 시장 일대를 바꾸고 있다. 중앙시장 리모델링의 목표는 청년 예술 산업이 뿌리내리도록 시장을 활성화하는 것이다. 리모델링한 공간을 청년들에게 임대하고 창작활동을 적극적으로 장려하고 있다. 오래된 지하 주차장을 리모델링해 접근성을 높이고 중정을 활용하여 다양한 이벤트를 기획하고 있다.

구성마을에는 할배목공소, 할매묵공장을 세워 일자리를 만들었다. 구성마을은 영주시내 도심 전망대 역할을 하는 구성공원을 중심으로 생겨난 마을이다. 독거노인 74%, 무소득비율 35%에 이르는 초고령화 지역이다. 도시재생사업으로 주거환경개선과 주민의 자생적인 경제활동을 할 수 있도록 기반 시설을 마련하고 있다. 할배목공소는 마을 내 할아버지의 새로운 일터다. 간단하게 조립할 수 있는 가구나 선반을 생산 판매하고 노후화된 집수리도 시행한다. 할머니들이 직접 묵을 쑤어 파는 일터를 통해 할머니 공동체의 생산적 활동을 장려하고 단합과 결속을 보여주고 있다.

이 외에도 순환형 임대주택 살림자리, 주민복지 공간인 소담자리, 구 연초제조창을 복합문화공간으로 재탄생시킨 148아트스퀘어, 교육프로그램을 운영하는 공간인 옛날가게 노하우센터, 도립도서관 담장 허물기 등은 영주시가 공공건축을 통해 보여준 빼어난 작품들이다.

영주시가 지난 10여 년 동안 진행해온 공공사업과 새로운 행정적 시도는 이제 도시재생의 참맛을 인식한 주민들의 적극적인 참여로 그 외연을 착실히 넓혀가고 있다. 어린 학생들과 어르신들이 함께 어울리고 다양한 견해들이 소통과 조정, 설득을 통해 도시를 다시 만들고 있다. 공공의 목적과 사적 이익이 조화되는 도시만들기를 영주에서 찾아볼 수 있다. 오래된 것을 저버리지 않고 가꾸고 보존하여 도시에서 가치를 높이는 작업, 이것이 영주 도시만들기의 핵심이다.

세종시 도시재생대학 졸업 노트

2019년 5월 25일 10주 과정으로 진행된 제11기 세종 도시재생대학 수료식이 있었다. 주민공동체 활성화와 도시재생 관련 이론과 현장실습을 통해 도시재생 계획을 세우고, 주민 주도의 도시재생 사업 추진방안을 마련하자는 것이 도시재생대학 본연의 목적이다. 5개 단과대학 28개 팀 386명이 참여하였고, 285명이 수료한 11기 세종 도시재생대학은 역대 최대 규모이며, 내용상으로도 전국 최고의 모델이 되고 있다.

많은 지역에서 도시재생대학을 통해 주민들이 직접 지역의 재생사업에 참여하여 지역의 자산을 발굴하고 사업을 계획하며 마을재생사업을 만들어가고 있다. 세종시 재생대학은 몇 가지 특징이 있다.

우선 11기나 진행될 만큼 지속해서 운영됐다. 지난 2013년 4월 도시디자인대학이란 이름으로 시작한 이후, 만 6년간 11기의 수료생을 배출하는 등 일회성에 그치지 않고 상시적인 체계로 자리 잡았다. 도시재생 추진 인력을 양성하고 주민 주도의 추진체계를 지원하는데 재생대학이 핵심적 기능을 담당해 왔다는 점도 중요하다. 재생대학의 상설화를 통해 수료 후에도 지속적인 교육지원 체계를 구축하고 있다. 맞춤형 현장 교육의 원칙에 따라 지역과 분야에 맞는 지도교수를 위촉하고 팀별 선진지 견학과 주제별로 사업분야에 맞는 맞춤형 교육을 진행하고 있다. 교육은 현장 중심의 스튜디오 진행을 기본으로 하여 팀 작업 전용공간을 확보하고 지도교수와 조교가 찾아가는 방문 현장 교육을 시행하였다. 무엇보다도 주민이 지역의 문제나 자산을 찾아내고 스스로 해결하는 주민주도의 대학 운영 원칙을 견지하고 있다.

이번 10주에 걸친 교육프로그램은 마을을 다시 살리는 도시재생, 나와 이웃이 마을에서 함께 사는 법을 주제로 한 이론 교육과 사례답사가 진행되었고, 세종의 역사와 문화, 세종시 균형발전과 청춘조치원 프로젝트 등 지역알기 강좌도 호응이 좋았다. 수료의 자리에서는 도시재생마을 펀딩 평가를 통해 시민이 직접 참여하는 우수 팀 평가와 시상이 진행되었고, 주민들이 준비한 음식 나눔을 통해 또 하나의 시민축제가 되었다는 점도 높이 평가된다.

도시재생 입문 팀부터 뉴딜사업 공모를 위한 준비팀, 그리고 도시재생뉴딜사업을 수행하기 위해 협동조합구축을 위한 교육과 실행 등 다양한 깊이의 재생교육과 논의가 진행되었다. 마을 꽃길 조성과 메타세콰이어 길 축제를 통해 주민에 의한 마을 경관 개선방안과 아름다운 정원만들기와 예술버스정류장이 제안되기도 했다. 새뜰마을팀은 마을정관을 만들고 지속적인 마을가꾸기 실행지침을 제안했으며, 문화해설사팀은 마을 장소 자산 발굴과 문화투어 시스템을 개발하였다.

신도시 지역주민들의 참여가 많았다는 점도 고무적이다. 고운동을 중심으로 실개천 산책길과 공동체 장터가 시도되었고, 문화장터를 통한 세종신도시 이주민들 간의 소통과 사회참여, 첫마을 상가 활성화를 위한 협의회 팀도 운영되었다. 시장 활성화와 상인회의 화합 방안, 상상마켓을 통한 상권 활성화 방안과 함께 비영리 협동조합으로 나가는 공익사업형 모델, 협동조합을 마을기업으로의 전환이 시도되었으며, 도시재생에 지역대학 청년들도 지역특화 상품개발과 비즈니스 모델발굴에 참여한 것도 특징의 하나이다.

이제 우리는 지역 자산을 체계화하며, 창조적 안목으로 자산의 잠재력을 바라보는 힘이 갖게 되었다. 활용할 수 있는 장소와 자원을 집약하고, 유휴부지, 유휴시설을 다시 바라보게 되었다. 세종 도시재생에서는 사업 중심이 아닌 사람 중심적 재생으로 나아가고 있다. 도시재생의 주인은 지역에 헌신적이고 지역을 사랑하는 사람이어야 하며, 이들이 도시재생을 이끌도록 조직의 틀을 제공하고 지원해야 한다. 도시재생대학을 통해 역량 있는 주민을 육성하고, 참여하는 시민공동체를 만들어 가고 있다. 주민 주도의 협력과 소통은 도시재생의 과정이자 목적이다.

7 농촌지역 개발사업

역량 있는 곳에 우선 지원하는 농촌사업
농촌 공간정비의 과제
농촌협약, 방향과 과제
농촌중심지의 조성 방향
충청북도 행복마을사업
충북 행복마을 좋은 사례
제5회 충북 행복마을 콘테스트
농어촌인성학교 활성화에 나서자
전의 농촌중심지사업의 방향과 과제
전의 농촌중심지사업을 되돌아본다

역량 있는 곳에 우선 지원하는 농촌사업

2018년 11월 2일 2019년도 일반농산어촌 개발사업 설명회가 있었다. 농촌 지역개발 정책의 방향과 향후 사업추진 지침이 제시되었다.

정책의 핵심적 기조는 지역 자율과 사업역량에 기초한 개발을 지원한다는 것이다. 자체 중간지원조직 육성, 사회적 경제조직 활성화 등 자율적 지역개발을 뒷받침하기 위한 정책 기반을 강화한다. 또 다른 기조는 소외된 낙후취약지역도 배려하여 농촌 공간을 효율적이면서도 입체적으로 개발하여 어디서든 기초생활 서비스를 보장하자는 것이다. 도시와 차별화되는 농촌의 공익적 가치를 복원하고, 농촌의 지속가능성을 높이기 위해 창의적 사업을 적극적으로 발굴하게 된다. 신규 사업으로 제시된 농촌다움 복원사업은 농촌의 공익적 가치를 살리는 창의적 사업, 농업 유산 보전, 산림 하천 생태계 보전, 신재생에너지 활용 사업 등이 중점 추진된다. 또한 농촌형 공공임대주택 조성 시범사업을 통해 주거 취약계층에 주거 복지시설 제공도 도입된다.

사업방식도 개선된다. 사업방식을 간결하게 하면서 사업효과를 높이고자 하는 시도로 보인다. 중심지활성화사업은 현재 일반, 선도, 통합지구라는 3계층 체계를 일원화하되, 총사업비 한도를 기본 150억 원으로 확대하고 배후마을 연계 기능을 강화하는 것이 골자이다. 총사업비의 10% 이상을 배후마을 서비스 전달 프로그램으로 구성하는 것이 의무화된다.

사업비 증액 인센티브 제도도 다방면으로 제시되어 있다. 다른 중심지와 연계사업을 포함하면 30억 원 증액, 농촌 지역개발 전담 부서 운영이나, 중간지원조직 운영의 경우 10억 원 증액, 배후마을과 연계하여 주거정비사업을 추진하는 경우 50억 원 증액이 가능하다.

면 소재지나 지역거점을 대상으로 기초생활 거점육성 사업은 필요한 시설을 집약하여 원스톱 서비스 공급이 가능한 체계를 만든다는 것이다. 배후마을 일상 서비스 공급기능을 수행하는 기초생활 거점지구에 40억 원이 지원되고, 사업추진 후 배후마을 연계사업 희망 시 추가 20억 원을 지원받을 수 있다. 배후마을에 대한 커뮤니티 버스 운영이나 고령가구 택배 서비스 등은 배후마을 연계사업의 좋은 사례이다.

마을사업 간소화 통한 자율적 사업지원도 눈에 띈다. 마을 단위 사업이 문화, 복지, 경제, 환경 등 분야에 제한 없이 사업계획을 수립하도록 개선한 것은 적절한 시도로 평가된다. 예비, 진입, 발전, 자립단계라는 4단계의 역량단계별 지원방식은 유지하되, 5년에서 3년으로 사업 기간 단축을 유도하고 있다. 사업추진 및 사후 관리 과정에서 지역 활동가의 참여계획이 구체적일 때 우선 지원한다는 점도 특징이다. 사유 시설물 정비 차원에서 담장이나 간판 등 경관 공익 관련 시설물 설치할 때 자부담을 기존 20%에서 10%로 완화한다. 다목적 회관, 커뮤니티센터 신축은 제외되나 기존 시설의 리모델링은 가능하다.

취약 마을 기초생활 인프라 지원도 강화된다. 정주 여건이 취약한 마을에 패키지 형태로 각종 인프라 지원이 가능하다. 농촌공간 정보시스템상 취약마을이 관내 50% 이상인 시군이 대상으로 시군 자율로 취약마을을 선정한다.

지역역량강화사업에 대한 지원이 대폭 확대한 것도 큰 특징이다. 리더 양성 컨설팅 등 실질적 지원 효과 큰 사업을 확대한다. 시군별 역량강화사업비 한도를 3억 원까지 증액하고 자체 지원조직 여부에 따라 최대 2억 원 추가 지원한다. 중점 지원 대상으로는 농어촌 인성학교 지정 활성화 프로그램 지원, 현장포럼 5개소 이하 설정, 시군전담 지원조직 육성 운영, 현장활동가 활동비 지원 등이 포함되어 있다.

사업 내실화를 위해 평가 시 중점을 두는 사항이 있다. 역량강화사업은 지역역량강화 기본계획과의 연계성이 확보되어야 하고, 전담 지역 전문가를 배치하여 맞춤형 컨설팅을 시행하며, 전년도 사업실적 증빙자료 제출이 의무화된다. 신규 사업선정은 역량 있는 곳에 우선 지원한다는 원칙이 적용된다. 현장포럼 운영실적, 추진주체의 명확성과 역량 수준이 중요하다. 자체 중간지원조직 운영실적, 관련 조례제정은 인센티브 대상이다. 주민 자치 모임을 사회적 경제조직으로 발전을 유도하고 주민과 함께 사업을 운영하는 현장활동가를 육성하겠다는 것이다. 유휴시설물 활용도를 높이기 위해 귀농귀촌자 임시숙소, 사회적기업, 농촌마을지원센터 등으로의 활용을 적극적으로 유도한다.

농촌 공간정비의 과제

농촌지역에 축사, 개별 공장 등이 난립하고, 공가, 폐가 등이 방치되어 마을 경관과 주민들의 생활환경을 위협하고 있다. 최근 조사에 따르면 우리 국민은 농촌 경관을 훼손하는 시설로 공장, 태양광 시설, 송전탑, 대형 간판, 축사 등을 꼽고 있다.

이렇게 된 것은 국토계획법, 농지법 등 관련법의 지속적인 규제 완화로 농촌지역에 다양한 용도의 시설과 건축물이 손쉽게 들어서게 한 것이 요인이기도 하다. 1992년 버섯재배사, 2007년 축사, 2012년 곤충사육사 등이 농축산물 생산시설로 인정되면서, 농지전용 범위는 지속해서 확대되었다. 2012년 이후 농지전용을 통한 태양광 시설도 급격히 증가하였는데, 180건, 34ha이었던 것이 2017년 6,593건, 1,437ha, 2019년 11,847건, 2,555ha로 급격하게 확대됐다.

또한 농촌에 유해공장이나 폐기물처리시설 등이 입지하면서 마을에 커다란 문제를 불러일으킨 경우가 심심치 않게 발생해 왔다. 마을에 인접한 공장 때문에 주민 상당수의 암 발병자가 발생한 사례나, 태양광 시설의 설치로 산지와 농지 훼손, 토사유출로 농경지가 심하게 침해되는 경우도 나타났다.

이러한 상황에서 주민의 생활환경을 보호하기 위해 난개발 시설을 정비해야 한다는 목소리가 높다. 체계적인 계획을 통해 농촌 공간을 쾌적하게 재정비해야 한다는 것이다. 올해 들어 정부는 농촌협약 시·군을 대상으로 농촌공간 전략계획과 농촌생활권 활성화

계획을 수립하고, 농촌공간 정비계획을 수립하고 있다. 주민들의 삶의 터전인 농촌 공간의 개선을 위해 농촌 공간 정비지구를 지정하여 중점적으로 관리하겠다는 것이다. 주민 생활환경에 영향이 큰 축사, 공장, 태양광 시설에 대해 적정 입지 지구를 정하고 기존 시설 이전을 포함하여 집단화를 유도하자는 것이다.

그간 마을환경 정비가 다양하게 시도됐다. 악취를 발생하던 마을 내 소규모 노후 축사를 철거 이전하고, 해당 부지에 주차장과 주민공동시설을 설치한다. 주민의 민원이 빈번하던 마을 인근 노후 축산단지를 이전하고, 해당 부지에 국비 사업을 유치하여 양식단지를 조성하기도 했다. 악취, 소음, 건강 유해 물질을 발생시키는 공장을 폐쇄하고 처리시설이 완비된 산업단지로 집적화를 유도하기도 했다. 농지에 난립한 소규모 창고와 컨테이너 야적장 등 경관을 저해하는 시설의 계획적인 이전을 통해 경관개선을 추진하였다. 빈집, 노후주택 등 마을 내 주거환경 유해시설을 정비한 이후, 신재생 에너지시설을 설치한 사례도 있다.

그러나 이제까지 농촌의 계획적 개발과 난개발 방지를 위한 종합적인 공간관리 필요성이 지속해서 제기되고 있으나, 제도적 장치가 미흡했다. 농촌 공간이 효율적 정비를 위해 거점시설을 구축하여 주변 배후농촌에 대한 생활 서비스 향상을 모색해 왔으나, 실질적인 처방으로는 부족했던 것이 사실이다. 또한 많은 정책과 계획에서 농촌다움, 자원 훼손 및 농촌의 난개발 방지에 대한 구체적 효과를 얻지는 못한 것이 사실이다.

무분별한 시설 입지와 난개발을 억제하기 위해 농촌 공간 특성에 부합하는 토지이용제도를 마련하자. 농촌 공간에 대한 기본방향을 실질적으로 책정하는 계획체계를 만들어야 한다. 취락지구, 축산지구, 재생에너지지구 등 농촌형 용도지구를 도입하며, 시군별 총량제를 도입하여 환경용량을 고려한 토지이용 제안도 적극적으로 검토해 보자. 마을 단위의 농촌뉴딜 사업체계를 주민주도 방식으로 만들어가야 한다.

여기서 과제는 도시와 농촌의 통합적 시각을 갖고 제도 적용의 일원화와 개별 사업의 종합화를 기해야 한다는 점이다. 시군기본계획과 농촌공간계획 간의 괴리와 혼란을 극복해야 한다. 국토계획법에 근거한 기본계획, 관리계획은 물론 지역개발법에 근거한 지역개발사업을, 이번 도입하고 있는 농촌공간 생활권계획, 정비계획과 여하히 통합적으로 추진할 것인가? 농촌공간 정비계획은 실질적으로 난개발을 정비하는 생활 서비스 충족형 압축 공간 모델이라는 농촌공간계획의 수단이어야 한다.

농촌협약, 방향과 과제

농촌생활권에 대한 농촌협약이 추진되고 있다. 점적인 단일 사업 진행방식을 지양하고 사업 간의 연계를 통해 시너지 효과를 창출하고자 종합적 계획을 바탕으로 농촌정책을 추진하자는 것이다. 농촌정책을 통해 이룩하고자 하는 목표를 달성하기에 기존의 개별 사업 단위의 반복적인 사업수행 방식은 한계가 있었다. 새로운 시대적 요구로 자치분권의 농촌 정주생활권에 대한 정책 거버넌스에 대한 수요를 반영한 것이다. 따라서 농촌협약은 정부와 지자체가 협약을 통해서 협력적 거버넌스를 구축하고 지방분권 시대에 부응하는 사업을 추진하고자 한다.

정부는 2019년 12월 농촌협약 제도 도입계획을 발표하고, 전국 공모를 거쳐 2020년 6월 영동군 등 9개소 시범지역과 괴산군 등 3개소의 예비지역을 선정한 바 있다. 2022년 일반농산어촌개발사업을 추진하는 113개 시군에서는 내년도 농촌협약 대상 지역 선정을 준비 중이다. 주목할 점은 읍면 소재지나 배후마을 등의 빈집정비를 정책과제로 포함하는 경우 우대 조치하며, 균형발전사업임을 고려하여 농촌지역의 균형발전을 적극적으로 모색하도록 하고 있다.

농촌협약을 체결하기 위해서는 마을만들기 사업을 포함한 지방이양 사업과의 연계라는 전제조건이 있다. 지역의 장기계획인 농촌공간 전략계획과 통합적 지역발전계획을 바탕으로 농촌생활권 활성화계획을 수립해야 한다. 또한 협약을 담당하는 전담 조직을 두고 농촌협약위원회와 중간지원조직을 운영해야 한다. 협약 기간은 2026년까지 5개년이며, 협약의 규모는 국비 기준 최대 300억 원으로 중앙과 지방에서 재원을 공동부담하며 필요하면 공공기관이나 민간의 투자유치도 가능하다. 정부와 지방자치단체 간 사업 내용과 투자 부담, 성과 목표에 대한 협약이 추진되면 시군의 생활권에 정부 사업을 패키지 방식으로 지원한다는 것이다.

새로운 시도인 농촌협약의 올바른 정착을 위해 몇 가지 제언하고자 한다.

첫째, 그동안의 성장주의적 관점만을 표방한 단순 사업의 나열은 더 곤란하다. 이제는 인구감소시대 농촌 지역개발의 패러다임을 반영하기 위해 충분히 고민해야 한다. 농촌 공간의 특성을 고려하고, 인구 고령화와 과소화에 대응하는 공간구조가 계획되어야 한다. 실질적인 농촌생활권을 구현하기 위해 압축적, 복합적인 생활권계획이 되어야 하며, 적정규모의 생활권을 설정해야 한다. 최근 정부가 제시하고 있는 365 생활권, 즉 30분 이내에 보건, 보육, 소매 등 기초 생활 서비스에 접근할 수 있고, 60분 이내에 문화, 교육, 의료 등 복합서비스로의 접근을 보장하며, 5분 이내의 응급상황 대응 시스템을 구축하자는 것도 실질적인 생활권의 구현 방향을 보여준다.

둘째, 협약을 통한 농촌 공간전략계획과 농촌생활권 활성화계획의 수립 시에는 시·군 기본계획과의 정합성이 점검되어야 한다. 여타의 많은 공간계획과 연계하되 본 계획만의 차별성을 어디에 둘 것인지에 대한 계획의 성격과 위상을 정립해야 한다. 창의적으로 구상하되, 미래의 여건 변화에 탄력적으로 대응할 수 있도록 구역의 설정, 대상 사업, 사업추진 거버넌스를 지역의 실정과 부합하게 수립해야 한다. 본 계획의 정책목표, 지역 특성, 효과성, 차별성이 강조되어야 한다. 현황진단은 간결하고 실질적으로, 특히 인적 자산 등의 무형자산을 강조하는 방향으로 수행되기를 희망한다. 성과관리를 위해 주민의 삶의 질에 초점을 둔 적정한 지표 도출과 함께 지속적, 상시적인 모니터링 시스템을 마련해야 할 것이다.

마지막으로, 농어촌자원개발원 등에서 현재 운영 중인 농촌체험

휴양마을 사업, 농촌관광협의체 지원사업, 농촌관광 콘텐츠 개발 사업과 같은 연계 가능한 사업의 활용방안을 모색할 필요가 있다. 귀농·귀촌 활성화와 지역 활동가의 육성을 지속해서 견지하되, 광역 단위 등 다양한 운영관리체계도 모색해야 한다. 종합적으로, 다양한 정부 지원사업을 통합적 시각으로 거점에 복합화 시키는 시도도 중요할 것이다.

지역에서 자발적으로 해당 지역의 문제를 해결해 가야 한다. 농촌협약의 방향과 추진방식이 중요하다. 중앙과 지방간 긴밀한 협력체계를 구축해야 하고, 실질적인 농촌 공간계획을 통해 새로운 농촌정책을 추진해야 한다.

농촌중심지의 조성 방향

우리나라 농촌지역은 고령화와 지방소멸이라는 상황에 직면해 있다. 그래서 중심성을 갖춘 거점지구 구축을 통해 농촌지역을 정비하고자 한다. 이 거점구축을 위한 핵심 사업이 농촌중심지 사업이다. 농촌중심지 활성화 사업의 기본방향은 농촌중심지와 배후마을을 연계하고 지원하는 것을 목표로 한다. 농촌 거점에 중심지 기능을 확충하며, 네트워크를 통해 배후마을에 서비스를 제공하는 것이다. 중심지 안의 거점지구에 이들 중심지 기능시설을 집중시키며 복합화하고 연계하여 사업효과를 높여 가야 한다.

일본의 농촌 거점지구 사업은 좋은 본보기가 된다. 일본의 산촌 집락 생활거점정비사업은 2009년 시행되면서, 다기능 시설 정비를 통해 농촌형 압축도시를 추구하는 사업으로, 공가나 폐교 등의 유휴 지역자산을 다기능시설로 개수하거나 다른 기능을 이전하는 사업이다. 2013년, 국토교통성은 작은 거점만들기 가이드북에서 상점, 진료소 등 생활 서비스 시설이나 지역 활동시설을 보행권 내 집합시키고 각 집락 간 커뮤니티 버스로 연계시켜 교류를 증대시켜 가는 거점을 만들고자 한다. 상점, 주유소, 진료소 등을 고령자 기준 300m 이내의 보행권에 집합시키고 원스톱 서비스를 제공하자는 것이다.

2014년 국토교통성은 도시계획 운영지침을 통해 확장형 도시구조로 인한 고령자 배려 부족, 어린이 양육환경 저하, 에너지 다소비의 영향을 감안하여 압축도시로 이행을 지침 화하고 중심 거점에 해당하는 도시기능 유도구역 내에 집적시킬 도시기능을 의료, 사회복지, 교육, 문화, 상업, 행정시설을 구체적으로 제시하고 있다. 중심 거점 내 미이용지를 활용하여 광역시설을 유치하여 도시 거점을 구축하며, 공공시설의 교외 이전을 억제하고, 기존 시설을 활용하여 신규점포를 거점 내로 유도한다.

이러한 일본의 시도 중 특징적인 점은 정부의 여러 부처가 협력하여 정주 환경을 확보하려는 체계이다. 총무성은 과소지역 활성화 지원, 문부과학성은 폐교 정보 제공, 국토교통성은 작은 거점 형성을 담당하며 후생노동성은 고령자시설과 복지시설을 정비하고, 농림수산성은 이를 총괄 계획하고 설치 운영하는 체계이다.

우리나라 농촌중심지활성화 사업에서도 거점지구의 설정이 매우 중요하다. 읍면 소재지 내에 도시계획도를 첨부하여 거점지구의 형성과 정비 상황을 표시해야 한다. 거점지구의 규모는 인구 5천 명까지는 지름 200m 내외, 1만 명까지는 지름 300m 내외로 정형화된 형상의 도로 기준 블록 단위가 권장된다.

중심지 기능시설 분포도를 작성해야 하는데, 행정, 문화, 사회복지, 교육, 보건의료, 상업, 금융, 교통시설 등 8가지 시설이 포함되어야 하고 도시계획과의 연계성, 기존 시설 간의 연계, 복합용도화를 추구해야 한다. 버스노선도와 정류장의 위치도 작성해야 한다. 자연마을 분포도를 작성한 후 버스노선 및 운행회수를 표시하고, 정류장에서 마을회관까지 300m 권내이면서 왕복 15회를 기준으로 하여 대중교통 편리지역, 대중교통 불편 지역, 대중교통 공백 지역을 도출하도록 하고 있다. 아울러 중심지 시설 운영 및 노후도 조사도 필요하여 시설별 위치, 건축 연도, 요일별 운영상황이 조사되어야 한다.

농촌 지역개발 정책 방향으로 농촌협약제도가 도입되고 있다. 지자체는 농촌계획과 연계하여 농촌재생 마스터플랜을 수립하고 농촌협약을 체결하는데, 마스터플랜은 배후마을에 대한 지원계획, 정부 사업 공모계획과 창의적 연계사업 계획을 포함하도록 하고 있다. 농촌생활권 복원사업으로 365 생활권 구축도 적극적으로 추진된다. 농촌 어디서나 30분 이내에 기초생활 서비스, 60분 이내에 고차 복합서비스 접근을 보장하며 5분 이내에 응급상황 대응 환경을 제공하자는 정책목표이다. 지역에서 추진 중인 중심지활성화사업, 기초생활거점사업, 마을사업의 각 내용이 기능적으로 연계될 수 있도록 점적인 투자에서 면적인 투자로의 전환을 의미한다. 이와 함께 일명 다가치시설이라 불리는 생활 SOC 기능의 복합시설을 통해 읍면 사무소와 보건소, 우체국, 농협 등의 주요 거점시설의 복합 이용을 유도하고 타 부처 사업과의 연계 활성화를 위해 돌봄 센터, 로컬푸드센터 등 운영프로그램의 접목이 강조된다.

충청북도 행복마을사업

충청북도에서 시행하고 있는 행복마을사업은 소외와 차별을 넘어 배려와 공존을 지향한다. 경제, 문화, 복지의 기반을 마련하고, 살기 좋은 마을을 만들기 위해 주민들의 참여와 협동으로 지역공동체를 회복하기 위한 마을사업이다.

충청북도의 균형발전사업 중 하나인 저발전지역 7개 시군의 낙후마을 지원사업은 2단계 사업으로 진행된다. 1단계는 각 마을에 3백만 원의 사업비로 환경정비 사업 또는 공동체 사업을 통해 주민화합과 주민참여의 동기를 부여하는 데 중점을 둔다. 2단계에서는 마을별 3천만 원을 지원하며, 주민숙원사업이나 공동체 활성화 사업을 추진한다.

2020년 행복마을사업으로 20개 마을에 1단계, 12개 마을에 2단계 사업을 진행하게 된다. 그간 1단계 사업으로는 꽃길이나 화단 조성, 마을 달력 만들기, 분리수거함 설치, 마을 쉼터 조성, 마을 사진 전시회, 한글 교실 운영 등의 사업이 추진되었다. 2단계 사업으로는 마을회관 환경개선, 마을영화관, 마을역사관, 공예 체험장 등 문화 공간조성과 한글 공부방, 노래 교실 등 교육프로그램 운영, 마을 쉼터, 마을 축제 등 마을공동체 사업이 진행된 바 있다. 행복마을 컨설팅 프로그램은 마을 발전계획 수립, 지도자 교육,

선진지 견학이 포함된다. 아울러 주민방문 교육을 수행하고 사업 추진 지원과 행복마을 사업에 대한 평가와 경연대회를 개최한다.

행복마을사업 추진 시 고려해야 할 몇 가지 사항을 강조하고자 한다.

첫째, 마을공동체 의식의 회복에 주안점을 두어야 한다. 기존의 정부 주도 농촌개발사업은 여러 가지 유형으로 추진되었음에도, 주민들의 만족도와 행복감은 크게 개선되지 않고 있다. 마을구성원의 만족도, 행복감 향상을 마을발전계획의 목표로 두어야 하며, 물리적인 시설 확충보다는 공동체 활성화를 위한 프로그램에 초점을 두어야 한다.

둘째, 각 대상마을의 특성과 주민역량의 수준을 고려한 사업 수행방식이어야 한다. 마을의 규모, 인구구조, 특화 작목, 경관적 요소 등을 적극적으로 고려해야 한다. 체계적인 자립역량 배양과 공동체 기반 조성 수준을 진단하고, 이에 적합한 사업방식이 채택되어야 한다. 모든 마을에 천편일률적 교육을 진행하는 것이 아니라 마을의 특성에 근거한 차별화, 유형화된 교육방식을 채택해야 한다.

셋째, 1단계와 2단계 사업의 관리 방식을 차별화하되, 구체적인 성과지표를 지향케 하는 것도 고려해야 한다. 성과지표는 주로 사업의 결과물 활용과 관련된 것으로, 예를 들면 여러 정부 부처의 공모사업에 대한 참여 실적 등을 성과지표로 설정하는 것이 바람직하다. 과정지표로는 주민참여율, 회의 개최 건수 등을 고려할 수 있다. 아울러 2단계의 지원대상지 선정 시에도 마을주민들이 납득할 수 있는 선정기준으로 평가해야 한다.

넷째, 사업 추진 시 지역의 전문가 등 다양한 인적자산 활용에 역점을 두어야 한다. 지역의 소재 대학, 다양한 마을만들기 지원조직, 공동체 지원조직, 사회적 기업 등과 협력하여 사업이 진행되어야 한다. 더 나아가 낙후 마을 지원사업 추진을 위한 관계망을 형성하는 계기가 되도록 하자.
실천 능력과 추진력을 갖춘 지역의 지도자 육성 또한 주요한 고려사항이다. 마을 지도자의 발굴과 육성에 초점을 두고 마을회의 운영 및 의견수렴 요령, 사업계획서 작성, 효과적인 사업추진 방안, 사후 관리 방안을 아우를 수 있는 행복마을 사업 컨설팅을 시행해야 한다.

충청북도의 행복마을 사업은 2015년부터 지역균형발전특별회계를 재원으로 하는 시행되고 있는 균형발전사업인 동시에 낙후지역 발전의 좋은 사례로 평가받고 있다. 기존의 지원방식에서 소외되었던 낙후 오지마을의 균형발전을 위한 계기이다. 행복마을 사업은 도내 균형발전을 농촌마을의 활성화에 기반을 두고 있다는 점에서 적절한 정책이라고 평가할 수 있다. 주민들의 자발적인 참여와 협력을 바탕으로 추진 중인 행복마을사업은 농촌발전의 디딤돌이자 마중물이 되어 농촌주민들의 행복한 삶을 실현하는 방향으로 나아가야 한다.

충북 행복마을 좋은 사례

2020년 충청북도 행복마을 경연대회가 있었다. 도내 18개 마을이 행복마을로 선정되어 추진해 온 마을사업의 성과를 평가하여 2단계로 12개 마을을 선정하는 자리이다. 행복마을사업은 배려와 공존의 문화 기반을 마련하고 주민의 참여와 협동으로 마을공동체를 회복하자는 사업이다. 마을 경관을 주민 스스로 조성하여 깨끗하고 아름다운 마을을 만들어가자는 것이다. 행복마을의 평가는 마을주민들의 자율적인 마을사업 추진사항을 대상으로 한다. 마을회 조직과 회의 운영, 주민화합과 공동체 활성화, 쓰레기 및 재활용품 처리, 하천관리, 자원봉사나 재능기부 등이 중점적으로 평가되었다. 현장평가와 종합 발표평가를 통해 모범적인 행복마을의 좋은 프로그램이 발굴되었다.

단양군 상1리 마을은 환경 마을이다. 단양중학교, 에코 단양 환경단체와 마을이 협약을 맺고 협력하여 환경 마을사업을 만들어가고 있다. '아름다운 우리 마을 8경'을 정하고, 주민들이 환경규약을 제정하였다. 쓰레기를 줄이고, 분리 배출하며, 자원을 아껴 쓰며 관리한다는 '깨끗한 우리 마을환경 약속 7조'를 만들어 지키고 있다. 시화전을 함께 해준 중학교 학생들을 위해 노인회는 숲속 학교로 학생들과 함께했다. 자유토론을 통해 주민의 목소리에 귀 기울이고, 금수산 소리패의 아라리 가락을 전승하겠다는 포부를 가지고 있다.

옥천군 청산면 삼방리는 벽화마을이다. 천 년 역사의 천년 탑과 동학혁명 본부가 있었다는 자부심 있는 마을이다. 가사목과 장녹골에 벽화를 만들었다. 도끼 부인 고은광순의 달달한 시골살이 이야기를 벽화로 표현하였다. 의좋은 형제, 동학도들이 살아나고, 시구절 등 맞춤 이야기 벽화가 탄생한다. 벽화를 만들 때 어린 학생부터 고령의 할머니들이 함께 참여하였다. 이렇게 완성된 19개의 벽화는 인터넷에 연재되어 세간에 알려지게 되었고 책으로 출간 예정이다. 많은 이들에게 삼방리 마을벽화가 알려지면서 발길이 이어지고 있다.

제천시 금성면 도곡2리 마을은 화합 마을이다. 공동체 활성화를 위해 다양한 활동을 하고 있다. 겨울철 농한기 낙엽 수거를 통한 수매수익, 대보름 행사, 어르신 생일잔치를 통해 마을공동체 의식을 다지고 있다. 꽃차 시음회, 통기타 동아리 등은 귀농 귀촌자의 재능기부로 수행되면서 귀농·귀촌자와 원주민의 화합을 끌어냈다. 마을회관에는 주민 시인 김정숙의 '행복마을 뜨락에서'라는 시가 게시되어 있고, 행복마을 서각현판이 우뚝 서 있다. 도시부녀회와 자매결연, 농촌 체험 팜파티, 소그룹동아리 활동을 의욕적으로 추진하고 있다.

괴산군 청안면 조천1리 마을은 공동체 마을이다. 2018년 충북지역 공동체 마을사업, 건강명품 마을 만들기 사업에 선정된 바 있다. '원주민과 귀촌인이 왕래하며 성장하는 행복마을'을 비전으로 원귀왕성이 슬로건이다. 연자방아간 복원, 풍물놀이, 김장 나누기 등 활동을 전승하고, 걷기동아리, 도자기 교실, 한지공예 등 활동도 활발하다. 마을주민들이 하나가 되어 돌탑을 만들고 쓰레기를 주우며 꽃길을 가꾸었다. 마을공동체 활성화를 강조하며, 1인 1동아리 갖기와 마을공동체 수익사업 개발에 의욕이 크다.

   금년도 행복마을 사업을 통해 우리 지역의 많은 마을이 자조적이며 협동적으로 마을 발전을 추진하고 있고 주민들이 함께 나누는 단합된 모습을 접할 수 있었다. 코로나19와 수해로 사업 진행에 애로가 있었던 점을 고려하면 훌륭한 성과를 보여준 것으로 평가된다. 행복마을사업을 진행하면서 다양한 외부 기관단체나 중간지원조직과의 연계 지원체계가 요구된다는 점, 마을의 정체성을 담는 문화사업 발굴이 필요하고, 공동체 활동이 단계별로 발전된 모습이 나타나야 한다는 점, 2단계 사업선정의 차등화와 사업 진행 모니터링이 필요하다는 점 등은 보완해 가야 할 점이다.

   행복 마을만들기가 우리 지역의 미래를 밝히는 중요 사업으로 자리매김하고 있다. 행복마을의 좋은 사례들이 모든 마을에 공유되기를 바란다. 주민에 의한 행복마을사업이 활발하게 전개되기를 기대한다.

제5회 충북 행복마을 콘테스트

   옥천 한두레권역에서 충청북도 행복마을만들기 콘테스트가 있었다. 2018년 8월말에 있을 제5회 전국 행복마을만들기 대회를 앞두고 충북도 대표 마을을 선정하는 자리이기도 했다. 본 콘테스트는 시·군, 마을주민들의 자율적인 마을 개발 성과를 점검하고 지역개발 사업과 주민교육, 공동체 화합, 지역 활성화 효과를 드높이고자 하는 자리이다. 마을 분야는 소득 체험, 문화 복지, 경관 생태, 아름다운 농촌만들기캠페인 등 4개 분야로 구분되며, 마을만들기 종합적 우수 시군까지 총 5개 분야로 나뉘어 진행되었다. 공동체 활성화를 위한 체험·소득 사업 성과, 문화·복지 프로그램 성과, 마을 경관 조성과 환경보전 실적과 함께 마을만들기 비전, 역량, 참여 실적이 평가된다. 그래서 마을 발전 사업계획은 충실한지, 사업성과는 우수한지, 공동체 활동 조직은 잘 구축되어 있는지, 사업은 창의적이며 공동체 활성화에 이바지하는지 등을 살펴보았다.

2018년도 모범적인 마을의 좋은 프로그램을 살펴보자.
소득체험분야 최우수마을은 영동군 임계마을이 선정되었다. '황금을 따는 마을'이라는 마을 브랜드로 유명한 임계마을은 과거 황금을 채취하던 금광은 폐광되었지만, 지금은 과일과 자연산 버섯 등 귀한 농산물을 생산하고 있다는 데서 붙여진 이름이다. 지난해까지 연간 체험객 9,000명에 매출 1억 원을 달성한 바 있다. 깨끗하고 아름다운 마을만들기에 주민 전체가 참여하여 담장 가꾸기, 옹기 거리 조성, 꽃밭 가꾸기를 하였고, 연극, 마을풍물단 동아리가 운영 중이다. 금년도 메주, 와인, 효소고추장 등 마을기업 상품 판매가 활발하며 음식 개발 및 축제 기획 컨설팅이 활발히 추진 중이다. 오는 10월 자연산 송이 축제에는 방문객 1천 명, 송이 판매소득 3천만 원을 목표로 준비 중이다.

문화 복지 분야 최우수마을은 괴산군 원도원마을이다. 원도원마을에서는 마당극 축제, 풍물패, 정월대보름 윷놀이 및 풍물놀이 등 마을공동체 활동이 활발히 이루어지고 있다. 매년 마을 어르신 경로잔치와 생신 잔칫상 차려드리기를 진행하고 있다. 찾아가는 이동병원 진료를 유치했고, 작년 10월 제4회 문화예술축제를 주민 전체가 참여하여 진행한 바 있다. 마을만들기 전국경진대회 대상 수상, 방문객 300여 명, 농산물 직거래 370만 원의 소득을 올리는 등 마을공동체 활동이 활발하다. 주민과 함께하는 작은 음악회를 정착시켜 소외된 농촌의 문화를 향상해가고 있는 주민 삶의 질 향상과 공동체 함양의 대표 마을이다.

아름다운 마을만들기 캠페인 분야 최우수마을은 제천시 청풍면 도화마을이다. 수몰 이주민 마을로 실의에 빠져있던 주민들이 자발적인 환경정화 활동을 펼쳐 아름다운 마을을 만들어 나가고 있다. 환경정화 및 경관 가꾸기 활동을 한 달에 3회 이상 진행하고 있으며, 매월 마을회와 생신 잔치를 하고 있다. 마을 달력 제작, 난타 동아리 활동이 활발하다. 올해 5월 개복숭아 효소 체험 축제를 개최하여 방문객 1,200명, 매출액 1,500만 원을 올린 바 있다. 마을 공동경작을 확대하여 운영하고 있으며, 농산물 공동판매를 확대하고 있다. 마을주민 역량 강화 및 자발적 참여를 바탕으로 제초제 사용 안 하기 운동, 아름다운 마을만들기, 공동소득 기반 마련에 역점을 두고 있다.

행복마을 콘테스트에 참여하면서 우리 지역의 많은 마을이 자조적이며 협동적으로 마을 발전을 추진하고 있고 주민들께서도 함께 열심히 단합된 모습을 접할 수 있었다. 다만 시군분야에 응모가 없고 전체적으로 참가 신청 마을이 예년에 비해 저조한 점, 중간지원조직이나 전문가의 지원을 통한 마을만들기 지원체계 구축이 요구된다는 점, 주민 역량 강화 프로그램과 공동체 활동이 단계별로 발전된 모습이 나타나야 한다는 점 등은 앞으로 개선되어야 할 과제로 보인다.

이제 행복한 마을만들기는 우리 지역의 미래를 밝히는 방식이다. 우수한 마을만들기의 좋은 사례들이 모든 마을에 공유되고 전개되기를 바란다. 주민들이 주체가 되어 공동체를 활성화하고 주민에 의한 마을 발전의 창의적인 아이디어가 지속해서 나타나길 기대한다.

농어촌인성학교 활성화에 나서자

농어촌마을 권역 중 청소년이 농어촌 현장 체험활동을 통해 인성을 함양하도록 지정된 것이 농어촌인성학교이다. 농식품부와 교육부가 공동으로 지정하여 관리하고 있다. 2013년 최초로 44개소의 인성학교가 선정된 이후 2017년까지 5차에 걸쳐 전국적으로 119개 마을 권역이 지정되어 운영 중이다.

인성학교는 자연과 동화하고 스스로 자연을 통해 생명의 존중하는 올바른 자세를 키우며, 농경 활동과 공동체의 경험을 통해 서로 돕고 협동하는 태도를 기르는 것이 목적이다. 그래서 인성학교 지정 요건은 일정 수준 이상의 교육, 숙박시설을 보유해야 하고 인성교육 프로그램과 함께 인성교육 및 체험 지도인력을 보유해야 하며, 안전과 위생관리, 농어촌 체험 추진실적, 교육과 홍보마케팅 능력 등이 선정기준이다.

2018년 2월, 3주에 걸쳐 인성학교에 대한 종합적 운영평가가 있었다. 2013년과 2014년에 지정된 68개소의 인성학교에 대한 점검과 진단이 시행되었다. 농어촌 인성학교의 운영 현황을 진단해 보고 운영 내실화를 도모하여 인정교육과 체험행사의 적정하게 제공하도록 유도하며, 마을과 권역의 시설 활용도를 높이고자 하는 취지였다. 인성교육 프로그램 보유현황과 운영 매뉴얼 구비 정도, 적합한 교재와 교구 확보 수준이 점검되었으며, 강사진의 운영 능력과 역량 강화 수준, 인성학교 활성화를 위한 활동 실적과 연계협력 및 홍보 활동이 평가되었다.

대체로 많은 권역은 농업농촌, 창의 공예, 생태환경, 먹거리 체험 등 다양한 체험행사를 활발하게 운영하고 있었다. 학교 수업과 연계된 프로그램을 운영하여 학생들의 좋은 호응을 얻은 권역도 있으며, 그 권역 특유의 차별화된 체험행사를 발굴하여 좋은 평가를 받는 사례도 있었다. 지자체가 연계 활성화 프로그램에 적극적으로 나서기도 하고, 권역에서 홍보에 적극적으로 나서고 있는 경우도 적지 않았다.

반면 지자체의 관심과 지원이 미흡한 권역도 있었으며, 인성교육 자체 프로그램은 아주 미흡한 편이었고, 체험행사에 인성교육을 가미하여 통합 운영하는 경우는 찾기 어려웠다. 일부 농어촌인성학교에서는 전문 인력과 운영 주체의 역량 부족과 운영 활성화를 위한 네트워크 부족, 홍보 활동 미흡 등으로 운영이 부진한 사례가 발생하고 있다.

이는 농어촌인성학교로 지정되어도 별도의 재정지원이 없기 때문이라는 현장의 목소리도 높다. 또한 농식품부, 교육부, 행안부 등 농촌 마을사업을 부처별로 별도로 지정하여 관리하는 데 따른 중복의 문제도 있다. 농촌휴양 체험 마을이나 정보화 마을은 우수하게 운영하고 있으나, 인성 프로그램 운영체계는 미흡한 경우가 일반적이다. 일부 권역의 경우 사무장 등 전임자를 구하기 어렵다는 호소도 있어 사업담당자의 다양한 역량 강화 방안이 제공될 필요도 있다.

농식품부는 지속해서 인성교육 프로그램 추가 보급, 교육프로그램 기획·운영 및 홍보·마케팅을 위한 인적 역량 강화를 보다 적극적으로 추진해 가야 한다. 교육부도 적극적으로 인성학교 프로그램과 각급 학교나 교육청과의 연계사업을 마련하고, 소규모 테마형 수학여행과 농어촌 체험형 수련 활동 활성화와 연계될 수 있도록 생각해야 한다. 지자체는 지역역량강화의 하나로 권역 사업 등 사후완료 지구 컨설팅이나 지역역량강화사업으로 인적 역량 강화를 위한 교육과 교재 제작 지원에 함께 나서야 한다. 민간 전문 교육기관과의 공동 운영이나 협업체계도 시도해 봄 직하다.

정부가 올해부터 인성 학교별 운영평가를 통해 성과가 부진한 곳에 대해서는 컨설팅, 운영자 교육 등을 지원하고, 미흡한 인성학교에 대해서는 지정을 취소하는 등 내실화를 기해 나가기로 한 점은 다소 늦었지만 적절한 조치로 생각된다. 향후 지속해서 인성학교에 대한 모니터링을 수행하고, 일부 평가항목의 현실적 수정·보완과 함께 지자체나 교육청과의 연계 활동 촉진책, 민간전문가 활용강화 등 제도 개선도 요구된다.

농어촌인성학교의 다양한 프로그램을 통해 농촌의 가치를 제대로 알고, 공동체 문화를 높여가는 것은 그간의 농촌사업을 통해 조성한 시설과 인력을 한 차원 높게 발전시키는 것이기도 하다.

전의 농촌중심지사업의 방향과 과제

　전국 농촌지역에서 농촌중심지 활성화사업이 활발하게 진행 중이다. 읍면 소재 지역에 공공서비스 기능을 확충하여 생활중심지로서의 위상을 회복하자는 사업이다. 농촌 읍면지역은 인구감소와 상권쇠퇴로 인해 중심지에서 제공하는 생활 서비스 수준이 도시에 비해 현저히 낮고, 이에 따라 거주하는 주민들이 도시로 떠나게 되어 농촌지역은 더욱 쇠퇴하여 온 것이 현실이다.

　그래서 읍면에서 제공할 수 있는 생활 서비스의 수준을 높일 수 있도록 중심지 기능을 강화하자는 것이다. 중심지 활성화 사업을 통해 다양한 프로그램을 도입하여 중심지의 위상을 회복하자는 것이다. 이를 위해서는 농촌지역을 고유의 지속가능하고, 정체성이 확립된 지역으로 만들기 위해 주민 공동체가 활발해야 한다. 농촌중심지의 문화·복지시설 확대로 주변 배후마을에 대한 서비스를 증대시켜 배후지역의 경제·문화·복지·공동체 중심지 역할을 담당하는 것도 중요하다.

　지난 2016년 착수되어 2020년까지 진행될 전의 농촌중심지 활성화사업의 기본방향은 명확하다. 전의의 역사 문화적 자산에 기반을 두면서, 지역 활성화를 위한 아이디어를 발굴하고, 활용 가능한 자원의 사업화를 모색해 가야 한다. 지역의 역사 문화를 바탕으로, 역량을 고양하며, 융합과 공유할 수 있는 새로운 모델을 창출함으로써 지속가능한 자립형 농촌 중심지로 발전해 가야 한다.

　전의는 이를 위해 세종의 역사 문화 1번지, 살고 싶은 행복 전의를 비전으로 교육문화, 경제 활성화, 복지 및 주민교류사업을 추진하고 있다. 주민들과 활발한 교감 속에서 사업을 계획하고 시행하고 있다. 추진위원회 활동도 모범적이며, 프로그램 운영 주체가 될 협동조합도 차분히 준비 중이다. 지역축제를 통해 전의 모든 주민이 하나가 되는 공동체로 나가고 있다.

차제에 몇 마디 덧붙이고자 한다.
다양한 중심지 사업의 진행 상황과 모범사례를 마을신문, 기자단 취재 등을 통해 다양하게 홍보해 가자. 주민제안공모사업은 주민 주체의 사업실행력을 시도해보는 의미가 있다. 컨설팅을 사전에 진행하고 사업종료 이전에 사업발표회를 하는 등 성과를 지역 전체로 공유하도록 하자. 몇 년째 반복적으로 진행되고 있는 주민교육과 리더 교육은 참신한 교육방식을 도입해 참여도를 높여 가자. 강의식 방식을 탈피하여 찾아가는 교육방식을 생각하되 모범 중심지 사업지구와의 교류간담회도 적극적으로 시도해보자.

전의 주변의 산업단지 종사자들은 전의 발전의 보배 같은 존재이다. 기업종사자들과의 교류에 더 적극적으로 나서자. 기업동아리 활성화 프로그램을 통해 지역에서 초청하는 행사, 동아리 회원들이 지역에 봉사하는 행사도 마련하자. 전의 사회적 협동조합은 향후 사업 집행을 담당하는 주민조직으로 성장하도록 실질적인 교육 사업이 시행하도록 해야 한다. 모든 사업은 시설과 운영프로그램이 긴밀히 연계되도록 하고 이를 담당할 주체 양성에 역점을 두어야 한다. 추진위원회와 PM 단의 역할도 중요하다. 추진위원회는 주민들의 의사를 모으고 아우르는 역할을 해야 한다. PM 단은 전문 분야별 자문을 수행하고, 사업공정관리를 위해 사업 전반을 주기적으로 진단하고 모니터링 해가야 한다.

특별히 강조하고자 하는 점이 있다. 중심지 주민에서 배후마을까지 사업이 확산하여야 한다. 전의 산업단지 종사자들과의 교류와 참여를 늘려나가자. 중심지 상인들의 참여도 절실하다. 지역 특화자산인 조경수를 부각해 가야 하는 것도 과제의 하나다. 어린이와 학부모, 주부 등의 다양한 계층이 사업의 주인이 되도록 하자. 열린 사업 진행과 다각적인 홍보를 통해 주민 모두의 공유와 소통을 강화하자.

정부 주도 농촌개발이 사람 중심, 네트워크 활동 중심의 패러다임으로 변화되고 있다. 농촌지역의 어메니티 증진과 계획적 개발을 통한 지역 활성화 모색, 지역 특색을 살린 농촌개발 추진이 농정의 주요 목표가 되고 있다.

전의에서 시행되고 있는 농촌중심지 활성화사업은 지역의 거점 공간인 면 소재지의 사회경제적, 문화적 기능을 확충하고 기초생활 기반 시설을 정비하여 농촌을 새로운 삶의 공간으로 재탄생시키자는 것이다. 농촌다움을 회복하고 아름답고 쾌적한 농촌 정주 환경을 만들어보자는 것이다. 지역의 리더 양성과 인적자원을 발굴하며, 교육과 학습을 통한 공동체의 경쟁력을 높여가자. 마을 경영 능력을 배양하고 지역의 인지도를 높이는 지역 마케팅도 주민 주도로 진행해 가자.

역량 있는 마을, 준비된 주민들에게 지역개발의 기회가 제공되는 시대이다. 스스로 준비된 곳에 발전의 기회가 더 주어지게 된다. 이제 농촌이 국가혁신의 근간이 되는 새로운 성공모델이자 발전전략이 되고 있다. 전의는 농촌중심지사업과 농촌공동체의 성공모델로 나아가고 있다.

전의 농촌중심지사업을 되돌아본다

전의 농촌중심지 활성화사업은 지난 2016년 착수되어 2021년까지 진행되었다. 그간 지역의 역사 문화를 바탕으로, 주민역량을 고양하며, 지역발전과 공동체의 새로운 모델을 창출함으로써 지속가능한 자립형 농촌중심지로의 발전 모델로 자리매김하고 있다.

2016년 마을 자원조사 및 주민대학 개강을 시작으로, 전의 다목적 문화센터 건립 및 전의 종합발전계획이 검토되었고, 2017년 전의사회적협동조합 추진위원회가 결성되었다. 2018년 청소년문화센터 및 홍보관 건축설계가 마련되었고, 건축, 축제, 신문, 역량 강화 분야별 사업이 진행되었다. 2019년 전의 사회적 협동조합이 본격 출범하게 되었다. 2021년 청소년문화센터가 준공되었고 마을 가꾸기, 마을 교사 양성, 생태해설사, 문화동아리 육성사업이 진행되었다.

전의 홍보관이나 청소년문화센터를 건립하면서 주민참여 방식이 적극적으로 시도되었다. 설계과정에서 건축소위원회가 활발하게 작동하여 주민 의견을 수렴하였으며, 시공과정에서는 2인의 주민 감독관들이 수시로 공사 진행 상황을 모니터링 하여 주민과의 소통을 이루는 주민 감독관제의 모범적 사례를 만들어 왔다.

주민주도의 운영위원회 추진체계도 모범적 사례이다. 추진위원회는 전의사회적협동조합의 설립과 성공적 운영성과는 바탕으로 중심지사업 주민협의 주체를 추진위원회에서가 운영위원회 체계로 전환하였다. 협동조합이 전의홍보관의 운영, 다양한 체험행사를 적절하게 수행해 왔던 경험을 살려 운영위원회 체계를 구축하였다. 이 과정에서 기존 추진위원회에서 핵심적으로 활동해온 주민대표를 당연직 운영위원으로 위촉하여 일관성과 지속성을 견지하고, 신규 운영위원을 공개 모집하였으며 운영위원회 운영 규정을 마련하고 체계적으로 운영하고 있다.

전문 자문체계로서 PM단 운영방식 다각화를 시도하기도 했다. PM들의 전문 분야를 중심으로 사회적 협동조합, 축제, 경관협정, 신문 등의 분야별로 소위원회 형식의 자문 및 컨설팅 수행했으며, 주민제안공모사업 추진과정에서 PM을 멘토로 결합하여 모니터링 및 컨설팅 수행하였다.

역량강화사업으로 주민제안 공모사업, 전의 주민대학은 다양하고 실제적인 프로그램이 진행되었다. 전의 골목문화축제, 마을신문 발행, 홍보 물품 제작, 전의 홍보관 운영 컨설팅, 경관협정, 체험행사 시범운영 등 다양한 사업들이 주민들의 적극적인 참여 속에 진행되었다.

전의 마을해설사 양성과정을 통해 마을해설사를 배출하였으며 세종시 도시재생대학에서 우수상 수상한 바 있다. 어린이 건축학교는 홍보관 설계를 담당했던 건축사의 자원봉사에 의해 특별 프로그램으로 진행되어 큰 호응을 보였다. 전의 골목 문화축제는 사회적 협동조합에서 시범사업으로 진행한 마을 축제로 명성이 높다.

사업 모니터링도 지속해서 수행해 왔다. 주민제안공모사업에 사업실행력을 높이기 위해 컨설팅을 사전에 진행하고 사업종료 이전에 사업발표회를 하는 등 성과를 지역 전체로 공유하고 있으며, 개별 주민대학 과정 종료 후 설문조사를 시행하여 프로그램별 문제점, 만족도, 주민 제언 등을 모니터링 하고 있다. 주민교육과 리더 교육은 찾아가는 교육방식을 시도하여 주민호응을 높이고 참여의 폭을 넓히고 있다.

이제 농촌중심지 활성화사업은 마무리된다. 그러나 전의와 전의 주민 공동체는 지속가능하게 발전되어야 한다. 농촌중심지사업과 함께 추진되고 있는 도시재생뉴딜사업의 통합적 추진이 필요하다. 사업이 종합적 시각으로 계획되어야 하고 추진체계가 일원화되어야 한다.

관내 기업, 단체와의 교류 봉사 프로그램을 보다 적극적으로 시도해보자. 기업동아리 활성화 프로그램을 통해 지역 초청 행사, 동아리 회원들이 지역에 봉사하는 행사도 마련하자. 중심지 상인들의 참여를 높이고, 자생적 경제활동 유도를 위한 다양한 일자리가 만들어가는 것, 지역 특화자산인 조경수를 부각해 가야 하는 것도 과제의 하나다. 어린이와 학부모, 주부 등의 다양한 계층이 사업의 주인이 되도록 하자. 열린 사업 진행과 다각적인 홍보를 통해 주민 모두의 공유와 소통을 강화하자.

전의 사회적 협동조합은 향후 사업 집행을 담당하는 주민조직으로 성장하도록 실질적인 교육 사업이 시행하도록 해야 한다. 모든 사업은 시설과 운영프로그램이 긴밀히 연계되도록 하고 이를 담당할 주체 양성에 역점을 두어야 한다.

환경친화적이고 건강한 마을을 지향하며 범죄 및 안전한 생활환경을 만들자. 주민 모두가 안전하고 걷고 싶은 가로환경도 중요하다. 골목길 테마의 문화프로그램을 개발하여 추억의 향수를 제공하는 장소를 만들어가자. 역량 있는 주민을 육성하고, 참여하는 시민공동체를 만들어가야 한다. 커뮤니티 기반의 공유와 나눔 활동도 활성화 되어야 한다. 지속가능한 마을재생 추진을 위해 다양한 계층이 참여하고, 소통하는 커뮤니티 활성화 전략이 진행되어야 한다.

역량 있는 마을, 준비된 주민들에게 지역개발의 기회가 제공되는 시대이다. 스스로 준비된 곳에 발전의 기회가 더 주어지게 된다. 이제 전의는 농촌중심지 사업과 농촌공동체의 성공모델이자 발전전략으로 나아가고 있다.

8 도시 거버넌스와 주민참여

새로운 공공
도시 커먼즈(Commons) 운동
사회적 자본과 대학
협력적 도시 거버넌스
좋은 도시재생 거버넌스를 만들자
마을만들기와 주민참여
도시와 농촌사업, 중간지원조직의 역할
5차 국토계획과 국민참여단
청주 도시계획, 시민참여단이 제안한다

새로운 공공

새로운 공공이라는 말이 있다. 새로운 공공이란 공공이익을 목표를 서비스를 제공하는 활동이나 그러한 활동을 중시하는 가치관을 가리킨다. 또한 그 활동을 담당하는 사람들이나 조직을 가리키기도 한다. 자원봉사활동이나 비영리민간단체 활동, 기업의 사회공헌활동이 활발해지고 있다. 그들은 지역사회에서 사람과 사람의 연결을 재구축한다. 시장경제와 행정을 지원하며, 활동에 참여하는 것이 그들의 활동 방식이다. 시민 스스로 공공을 위해 함께 일하고 노력하는 것, 이것이 새로운 공공의 모습이다.

새로운 공공의 도시시대는 사람을 이어 도시를 살리는 것이다. 지난 2012년 출간된 새로운 공공의 도시시대라는 책에서 한 선언이다. 전후 일본 사회를 진단하고 안정감 있는 사회 구축을 위해 새로운 공공의 육성이 그 해법이라고 주장한다.

새로운 공공의 활동 영역은 몇 가지가 있다.
우선 행정기능을 대체하는 활동이다. 주민들 손으로 공원이나 하천을 유지 관리하는 일, 주민이나 지역의 기업이 스스로 마을만들기 활동을 하는 것 등이다. 최근 일본에서는 은퇴한 토목기술자들이 교량의 노후화를 검사하는 활동을 하고 있기도 하다.
공공영역을 보완하는 활동도 있다. 역사적인 마을의 복원, 로컬푸드의 촉진, 환경과 경관의 보전, 지역축제의 개최 등 다양한 사례가 있다. 기업적인 방법을 통해서 민간영역에서 공공성을 발휘하는 예도 확산하고 있다. 도시에서 행정에 의한 보육시스템이 미비한 점에 주목하여 육아 지원 사업에 뛰어드는 회사들이 나타나고 있기도 하다. 이들을 새로운 민간의 활동이라고 할 수 있는데, 역으로 새로운 공공의 유형이기도 하다.

또한 새로운 공공의 활성화는 공공과 민간을 중개하고 지원하는 중간지원조직을 요구하고 있다. 새로운 공공의 활동에 대해 기법이나 인력을 지원하거나, 네트워크를 담당하는 기능이다. 개인 창업을 통해 상품을 개발하고 판매하는 경우 생산관리나 마케팅, 자금조달, 회계 관리 등을 도와주는 활동이 중요하다. 최근 도시재생지원센터나 마을만들기 지원센터 등이 요구받는 것도 우리 사회에서 새로운 공공의 등장과 맥을 같이 한다. 지역단체가 서로 협력하거나 광역적인 네트워크를 만들 때도 연결고리 역할도 새로운 공공의 역할이다. 관과 민, 다양한 민간주체 사이에서 협력을 구축하는 기능은 새로운 공공의 촉매 기능이기도 하다.

한편 커뮤니티의 고려한 사회 통합적 지원정책으로서 도시정책의 역할이 증대하고 있는 상황은 도시에서 물리적 환경개선 이외에 사회정책 및 교육과 문화사업의 확충을 요구하고 있다. 커뮤니티 재생의 주체로서 시민 참여적인 도시재생 파트너십의 활성화는 새로운 공공의 배경이자 역할이기도 하다. 도시와 지역의 파트너십과의 협력적 거버넌스 체계는 새로운 공공의 토양이 된다.

또한 도시개발을 촉진하기 위해서도 민관 파트너십과 함께 새로운 공공의 필요성이 커지고 있다. 도시공간의 관리, 자연환경의 보전과 수변 재생, 지역의 안전 활동, 공동체 활성화 등 다양한 분야에서 민간 활력의 활용, 지역 내 다양한 시민단체를 중심으로 한 새로운 파트너십의 육성과 지원이 필요하다.

  미국의 파트너십 성공의 핵심 요소로 공공부문의 법제화된 민간 참여 장려 정책이라는 점은 알려져 있다. 중간협력 단체의 네트워크는 기업의 기부를 유도하고 보조금 프로그램의 개발을 돕는다. 비영리단체들이 주택을 공급하고 유지하는데 필요한 기술을 제공하는 역할을 한다. 자선단체들은 중간협력 단계 형성을 위한 촉매제 역할을 하며 정책개선과 간접적 지원을 담당한다.

  일본에서는 새로운 공공의 육성은 저 출산과 고령화가 진행되고 국가 간에도 교류가 활발한 상황에서 유연하면서도 강한 국가를 만드는 핵심적 정책이 되고 있다. 국토계획의 이념으로 교류와 협력을 창출하는 역동성이 강조됐다. 국토정책이 사람들의 교류와 협력이 가치를 창출하는 원천이라는 점에서 새로운 공공이 주목받은 것이다. 결국 새로운 공공의 역할은 지역에 사는 사람들의 상호교류 및 협력, 지역과 지역, 지역과 외국의 교류와 협력으로 새로운 가치를 창출하는 것이다.

도시 커먼즈(Commons) 운동

  커먼즈(commons) 운동이란 말을 들어 보았는가? 노후화되었거나 버려진 자원의 가치를 새롭게 발견하고 되살리고자 하는 움직임이 커먼즈 운동이다. 커먼즈의 개념은 자원뿐만 아니라, 자원과 공동체, 그리고 공동체가 고안한 가치와 규범을 통칭한다. 사람들이 재화를 공유하여 공동으로 생산하고 분배하며, 공동체의 구성원들이 만든 규칙에 따라 운영한다. 커먼즈 운동은 공동의 가치를 사회, 시장, 국가의 차원으로 확장하고 있다.

전통적으로는 공기, 물, 바다와 같은 공동의 자연 자원이 커먼즈였다. 자본주의의 발전에 따라 소비조합, 공제조합 등 사회적 커먼즈의 필요성이 대두되었다. 인터넷의 출현은 물리적으로 떨어져 있는 컴퓨터 간 정보나 파일을 공유하는 P2P의 보편화를 가져왔다. 이에 따라 소프트웨어와 같은 지식자원의 창출에 다수의 사람이 공동으로, 자유롭게 참여하는 형태인 디지털 커먼즈가 나타났다. 커먼즈 이론가이자 활동가인 바우엔스(Michel Bauwens)는 네덜란드에서 2005년 P2P재단을 설립하고, 2015년 커먼즈 전략 그룹 웹사이트가 개설하였다. 새로운 규모와 형태로 커먼즈를 구축하는 것을 가능케 한 디지털 커먼즈의 등장과 함께 본격적인 커먼즈 운동이 촉발되었다.

2001년 설립된 비영리재단인 크리에이티브 커먼즈는 자유로운 지식과 창작물의 공유와 이용을 위해 100여 국에서 자유문화 운동인 크리에이티브 커먼즈를 펼치고 있다. 교육, 과학 분야 등에 이르기까지 예술, 교육, 언론, 기업 등 다양한 활동가들이 유기적인 협력체계를 구축하고 공유를 통해 여러 가지 프로젝트를 진행하고 있다.

지식 커먼즈의 발전과 더불어 도시 커먼즈(urban commons) 운동이 세계 각국에서 일어나고 있다. 도시 커먼즈 운동은 국가 주도의 도시개발방식 또는 자본주의 시장원리에 따라 발생한 투기적 도시화, 사회경제의 불평등과 양극화와 같은 사회문제에 저항하는 움직임으로, 도시 자체가 커먼즈를 실현하고자 한다. 시민들의 목소리와 지향하는 가치에 따라 시민들이 직접 관리하는 공간을 창출하고 있다. 몬트리올, 마드리드, 브리스톨 등 많은 도시에서는 정부의 투명성 높이기, 시민참여 예산책정, 사회적 돌봄 협동조합 창출, 공동체 정원 만들기, 기술 및 도구의 공유 프로그램 등을 실행하고 있다.

벨기에의 겐트시에서는 시민들이 거주, 먹거리, 교육 관련 문제를 해결하기 위해 관련 기획과 참여에 적극적으로 참여하고 있다. 시민공원은 인근의 거주자들이 공원을 공동으로 관리한다. 시민주도 지역공동체는 수도원을 관리하며 문화행사와 같은 다양한 프로그램을 제공한다. 우리나라에서의 대표적 사례로는 2015년부터 시작된 경의선 공유지를 활용해 청년 예술가, 상인, 문화 활동가들이 모여 벼룩시장, 독서토론회, 어린이놀이터와 같은 활동을 통해 공간, 자원, 지식, 가치를 공유하는 커먼즈 운동을 전개해 왔다.

국내에서의 커먼즈 운동의 하나로 지역거점 소통 협력 공간을 조성하고 운영하는 커먼즈필드 활동이 지역 곳곳에서 이루어지고 있다. 이와 같은 활동을 지원하기 위해 2019년 커먼즈필드 춘천과 전주가, 2021년 제주, 2022년 대전 커먼즈필드가 개장하였다. 이들 소통협력센터는 다양한 주체들과 지역 의제를 발굴하며, 여러 분야의 활동가들과 협력하여 해결방안을 적용해보고, 추진과정을 공유하고 사회적 성과를 확산하면서 지역사회를 이롭게 하고 있다.
일상에서 커먼즈 운동을 시작하는 방법의 하나로 공동체 생활에 관한 몇 가지 사례를 소개한다. 가능한 한 걷고, 자전거를 타고, 대중교통을 이용하자. 환경에도 좋을 뿐 아니라 자신에게도 좋다. 커먼즈 공간을 자신의 공간으로 여기자. 항상 그 공간을 살피고, 깨끗하게 유지하며, 공간을 개선해 나가는 움직임을 주도하자. 자연스럽게 사람들이 모이고 싶어 하는 장소를 지역의 광장으로 만들자. 공공도서관을 후원하거나, 공공예술 프로젝트를 기획하는 등의 활동을 공동체와 함께하자. 공동체가 함께 가꾸는 정원을 만들고 에너지의 소비와 쓰레기 배출량을 줄일 수 있는 프로그램을 함께 고안해보자.

시민이 만드는 시민의 도시는, 도시커먼즈 운동을 통해 만들어지고 있다.

사회적 자본과 대학

사회적 자본이란 말이 있다. 정부와 공공단체가 공급자가 되는 설비와 서비스 시설을 총칭하기도 하나, 일반적으로 사람들 사이를 협력할 수 있게 하는 구성원들의 공유된 제도, 규범, 네트워크, 신뢰 등 모든 사회적 자산을 말한다. 개인들 사이의 연계, 사회적 네트워크, 호혜성과 신뢰의 규범을 중시한다. 사회적 자본이 사회에 지니는 의미는 개인 사이의 연결을 통한 교류와 협력, 사회적 신뢰, 서로 돕는 사회 참여적 가치관을 핵심 요소로 본다.

사회적 자본은 열린사회 체계를 바탕으로 한다. 폐쇄적이고 권위주의적 사회 체계 아래에서는 계층과 계층 간 소통이 원활하지 않고 특정 집단의 이익이 다른 집단의 손해를 바탕으로 하고 있다. 친근한 네트워크는 사회를 유지하고 사회적 재생산을 달성할 수 있는 수단인 것처럼 사회적 자본은 열린사회 체계에서 집단 구성원 공동체의 산물이라 할 수 있다. 사회적 자본이 잘 확충된 나라일수록 국민 간의 신뢰가 높고 이를 보장하는 법 제도가 잘 구축돼 있어 경제 사회적 효율성은 높다.

도시와 지역사회 활동은 그것에 관계하는 사람들의 역할이 중요하다. 사람들이 서로 신뢰 관계를 가치고 역할과 활동을 할 때 지역에 사회적 자본이 활발하다고 이야기한다. 사회적 자본은 사람과 사람과의 관계로서 사회를 유지하는데 필요한 비물리적 기반을 가리킨다. 지역사회의 사회적 자본은 새로운 공공의 활동에 직접적 영향을 준다.

자원봉사활동이 활발한 지역에서는 지역 네트워크가 강화되어 이웃에 관한 관심도 커진다. 일반적으로 사회적 자본이 강화되면, 주민의 만족도가 높아지고 범죄가 감소한다고 알려져 있다. 사회적 자본을 강화하기 위해서는 이웃과의 교류 늘리기, 이웃이나 친구 돕기, 지역 활동에 참여 등의 항목이 지수화 되어 활용되고 있다.

최근 새로운 공공이 확산하고 있는데, 이는 우리의 일상생활에서 공공성이 일반화되고 있어서다. 사회를 위한 개인들의 자원봉사활동과 비영리민간단체들의 활동도 다양해지고 있다. 기업의 사회공헌활동이 활발해지고 있으며 사회적 기업도 확산하고 있다.

그런데 이러한 새로운 공공의 활성화는 공공과 민간을 중개하고 지원하는 역할을 요구하게 되고, 여기서 대학의 참여와 직접적 활동이 주목받고 있다. 사회적 자본은 특정 분야의 운영과 경영의 기법, 행정기관과의 중개 등의 기능을 요구받고 있어, 새로운 공공의 각 조직에서 전문가를 필요로 하며, 젊은 인재의 확보는 핵심과제로 대두된다.

최근 대학을 졸업한 젊은이들이 새로운 공공의 활동에 뛰어들고 있다. 보수는 낮아도 사회에 대한 기여와 삶의 보람을 얻는 것이다. 새로운 공공의 주체로서 대학의 역할에 기대가 크다. 대학의 기본 역할 중에 지역사회에 대한 공헌이 중요해지고 있다. 대학교수나 학생들이 주민 봉사활동을 넘어 다양한 시민 활동에 참여하고 있다. 산학협력은 대학과 지역사회 협력 분야의 대표적 사례들이다. 대학은 기업이나 지자체, 각종 정부 관련 기구와 협약을 맺고 다양한 분야에서 지역과 협력 사업에 참여하고 있다.

대학의 지역과의 협력은 단지 대학의 어려움이 지역경제에 미치는 영향 때문은 아니며, 지역사회 살리기에 있어 모든 산업과 문화 육성이 창의성에 입각한 지식 기반형 산업으로 전환되고 있으며, 대학의 연구에 기반을 두는 지식 창출 형 도시 만들기와 지역개발이지 않으면 안 되기 때문이다.

사실 대학은 풍부한 인적자원의 보고이다. 일반적인 시민단체에 비해 기반과 경험이 풍부하다. 그래서 대학이 새로운 공공에의 참여를 높여가는 것은 중요한 일이다. 대학에는 새로운 역할을 부여하는 것이고 공공재로서 대학의 모습을 구현하는 방법이기도 하다.

도시는 익명성이 큰데, 이는 사회적 자본의 약점이다. 반면 사람들이 집적해있고 접촉이 많다는 점은 사회적 자본의 강점이다. 도시는 다양한 사람들이 모여서 교류와 협력이 이루어지는 곳이다. 그래서 도시에는 사람들의 교류와 협력을 지원하는 기반 시설과 시스템이 갖추어져야 한다. 새로운 공공이 추구되기 위한 도시의 기능인 것이다.

협력적 도시 거버넌스

도시를 만드는 과정에서 사업에 참여하고 추진하는 사람들이 중요하다. 그래서 도시 만들기는 협력적 거버넌스를 만드는 것이라고도 이야기한다. 협력적 거버넌스란 지역의 다양한 이해관계자들이 행위 주체가 되어 참여를 기반으로 공동의 목적을 위해 상호 협력하는 의사결정 과정을 말한다. 좋은 도시 거버넌스를 어떻게 만들어 가야 하는가?

우선 지역의 특성에 기반을 둔 시민참여형 협력적 거버넌스이어야 한다. 이를 위해 참여 주체별로 적절한 역할을 부여하고 서로 간의 협력체계를 만들어야 한다. 도시재생사업의 경우 지자체, 현장지원센터, 총괄 코디네이터, 사업 참여기관 등 각종 사업 참여 주체들이 다양한 거버넌스 체계를 구축하고 유기적으로 임무를 수행하도록 짜이는 것이 필요하다.

도시는 지역마다의 특성이 다양하므로 현장성이 중요하다. 행정과 주민 간 중간자 임무를 수행하고 있는 현장지원센터의 기능을 강화하고, 사업 관련 조직 간의 현장 지원을 위한 참여를 확대해 가야 한다. 주민협의체, 문화예술단체, 지역전문가 등을 중심으로 협의 체계를 구축하여 사업추진을 위한 다양한 의견을 포용해 가는 것도 필요하다.

정부의 사업 시행 가이드라인에 따라 운영위원회는 의사결정 기구로서의 위상이 있다. 도시재생 운영위원회는 도시재생 실행계획 수립, 사업 일정, 역량 강화교육 사업계획 및 주민공모사업 등에 관한 협의와 결정 등 각종 계획 및 사업들에 대한 협의를 추진한다.

주민협의체는 통상 주민회의 형태로 구성되어 운영된다. 주민역량 강화, 사회적 경제, 주거지 및 상가 재생, 문화 활성화 등 여러 분야에서 다양한 사업 아이디어 제안 수행하기도 하며, 사업제안서 작성, 소식지 발간, 프리마켓 운영 등 다양한 활동을 전개한다.

사업 실행 주체로서는 사업추진협의체를 운용하기도 한다. 분야별 소위원회, 분과 형태로 조직되어 사업을 제안하고, 향후 관리 기능을 염두에 두고 경험을 쌓아 나간다. 실효성 있는 협업체계의 유지와 실행력 있는 사업추진을 위해서는 추진협의회에 민간부문과 공공부문의 의사결정에 참여하는 실무 담당자가 포함되도록 하여 사업에 대한 실효성을 높이는 것도 중요하다.

도시 거버넌스를 활성화하기 위한 또 다른 방안은 시민역량 강화와의 연계 체계 마련이다. 지역주민, 관련 단체 등 이해관계자들을 중심으로 지역문제의 해결방안과 사업실행 가능성을 검토하는 과정을 시민역량 강화 프로그램과 연계하여 진행하는 방식이다. 역량이 강화된 시민이 리더가 되도록 교육프로그램을 강화하고, 공동체 사업에 지속해서 참여하도록 아이디어를 모아야 한다.

통상 주민참여형 도시재생 역량 강화사업으로는 도시재생대학 프로그램이 운영된다. 재생대학은 주민 스스로 지역 현안을 진단하고, 재생사업을 직접 발굴하며 기획하는 경험을 통해 애향심을 고취하고 공동체 의식을 높이고자 하는 목적을 갖는다. 시민 스스로 공동체 사업을 추진해 나갈 수 있는 자생적 역량을 확보하는 데 의의가 있다.

시민역량강화 프로그램을 지속해서 전개하면서 실효성을 높이기 위해서는 시민참여조직의 활동 범위 확대가 필요하다. 지역공동체 활성화를 목적으로 도시재생대학에 참여하는 지역주민의 이해도 및 역량 수준에 따라, 기본과정, 심화 과정 등으로 프로그램을 세분화하여 시민의 새로운 수요에 부응하는 학습 운영이 되어야 한다.

시민의 도시 시대이다. 전통적 방식의 도시 관리는 한계에 이르렀다. 이제 시민들이 중심이 되는 거버넌스 시대로 변하였다. 시민의 가치관과 눈높이로 도시의 비전과 전략을 세워가야 한다, 도시를 만드는 일, 사업들을 계획하고 실현하는 과정은 새로운 도시 플랫폼으로서 협력적인 거버넌스를 요구한다. 시민을 중심으로 참여 주체 간 지속적인 논의와 합의를 통해 도시를 만들어 가야 한다. 좋은 지역공동체를 만들어 가기 위해 논의와 대안, 합의에 이르는 협력적 거버넌스는 좋은 도시 만들기의 핵심이다.

좋은 도시재생 거버넌스를 만들자

거버넌스라는 말은 정부, 준정부를 비롯하여 비영리, 자원봉사 등의 조직이 수행하는 다양한 공공활동, 다원적 조직체계, 조직의 상호작용을 통칭하여 가리키는 말이다. 거버넌스에서는 다양한 행위자가 통치에 참여하고 협력하는 점을 강조해 협치라고 하기도 하며, 기존의 행정 이외에 민간부문과 시민사회를 포함하는 구성원 사이의 네트워크가 강조되기도 한다.

도시 만들기 과정에서도 참여 주체가 다양해지면서 의견을 효율적으로 조정하고 책임을 공유하는 새로운 계획 모델이 요구되면서 새로운 거버넌스가 등장하게 된다. 우리나라 도시정책에서 중간지원조직을 활용한 사업추진은 2005년 살고 싶은 도시 만들기 사업에서부터 시작되었다. 당시 정부는 살고 싶은 도시 만들기 사업추진을 위해 주민 참여 활성화를 핵심 원칙으로 설정하고 주민, 행정, 전문가, 시민단체가 참여하는 지자체 단위의 도시 만들기 지원센터 설립과 운영을 의무화한다.

최근 도시재생사업이 본격화되면서 도시재생 거버넌스의 구축은 사업추진의 과정이자 목표가 되고 있다. 좋은 도시재생 거버넌스는 행정, 중간지원조직, 주민협의체, 실행조직, 전문가 등이 역할과 연계가 잘 돼야 한다.

행정은 도시재생 전담 조직으로서 도시재생의 종합적 기획과 여러 부처 사업의 통합추진을 담당한다. 도시재생사업의 이해관계자들의 조정자 임무를 수행하기도 하며, 사업성이 약한 쇠퇴지역에서의 공공사업을 담당한다.

중간지원조직으로 지원센터는 지자체와 주민조직 간의 소통을 중재하는 임무를 수행한다. 관련 주체 간 협력체계를 구축하고, 주민과 행정 및 전문가 사이에서 지역 특성에 맞는 사업내용을 발굴하며, 사업 진행을 점검하고 지원하는 역할을 담당한다.

주민협의체는 주민의 적극적인 참여 독려와 이해관계자 간 갈등해소를 위한 임무를 수행한다. 또한 주민공동체, 여성, 청년, 상인 등 다양한 구성을 바탕으로, 사업 실행방안에 대한 의견을 제시하고 사업에 대한 의사결정 주체로서 임무를 수행한다.

사업추진 기구로 신탁업무센터나 협동조합 등의 실행조직도 중요하다. 공실 점포를 신탁 받아 임대차 알선, 창업지원 관련 업무, 마을기업의 창업 및 운영 지원, 주민, 상인공동체 협동조합 설립이 주요 사업이다. 일자리 창출과 지역공동체 활성화를 위한 마을 단위 조합 육성, 협동조합 설립을 위한 교육프로그램 운영 등이 시행되고 있다.

지역 실정에 부합하는 좋은 도시재생 거버넌스를 만들기 위해 강조되어야 할 몇 가지가 있다.

도시재생사업과 함께 전개되고 있는 공동체 활성화 사업, 농촌개발사업 등 다양한 지역개발사업이 제각기 진행되는 비효율과 혼선을 극복하기 위해서는, 이를 총괄적으로 운영하고 관리할 수 있는 통합형 도시재생 수행체계가 마련되어야 한다. 주민역량을 높여가기 위해서는 지역 실정에 맞는 도시재생대학 운영, 주민의 생각을 실천으로 옮길 수 있는 주민제안사업의 주기적이며 지속적인 시행이 필요하다. 지역마다 다양한 방식의 일자리 창출이 시도되어야 하며, 계층별 맞춤형 참여 프로그램이 적극적으로 도입되어야 한다. 사업에 참여하는 전문가는 각 주체의 이해관계를 조정하고 사업추진 과정에서 의사결정 방식을 조절하는 사업 조정자로서의 위상과 역할을 줘야 한다. 지역 내외의 관계 기관과 단체와의 활발한 네트워크 형성을 통해 도시재생사업의 민관협력체계도 구축되어야 한다.

바야흐로 도시 거버넌스의 시대이다. 전국의 도시재생 거버넌스가 서로 교류하고 소통하는 도시재생협치포럼도 운영되고 있다. 도시재생사업은 좋은 거버넌스를 지향하고 있다. 도시재생 거버넌스는 여러 재생 사업의 주체들의 연계망을 만들어 가는 것이다. 좋은 도시재생 거버넌스는 도시에서 재생 사업의 가치를 정립하고, 도시공동체의 공통된 합의를 만들어 가며, 지역과 공동체에 새로운 생명력을 만들고 있다.

마을만들기와 주민참여

주민참여란 지역주민들이 정책 결정이나 집행 과정에 개입해서 영향력을 행사하는 일련의 행위를 말한다. 주민참여를 주민들이 의사결정에 대해 권력을 행사하는 과정으로 파악하고 주민참여를 참여행정의 핵심적 요소로 보기도 한다.

최근 주민참여가 강조되는 이유는, 기본적으로는 주민의 여망을 정책에 반영하기 위해서이며, 주민들이 정치에 관심을 두게 하기 위해서이기도 한다. 실효성 측면에서는 대의민주제도의 불충분한 점을 보완하기 위함이요, 정책을 본래의 취지에 맞게 집행하도록 하기 위함이기도 한다.

　마을만들기에서도 주민참여가 기본이다. 주민들이 사는 마을에 대해 가장 잘 알고 있어서 해결방안도 주민에게서 나오는 것은 자연스러운 일이다. 주민참여 마을만들기란 마을에 거주하고 있는 주민이 중심이 되어 마을의 물리적 환경과 사회, 문화, 경제적 여건을 개선하여 지속해서 살아갈 수 있는 공동체를 활성화하는 것이다. 행정과 전문가의 지원과 연계 하에 주민이 주도하여 마을만들기를 계획하고 추진하는 것이다.

　많은 지자체에서 운영하는 마을공동체 만들기 지원에 관한 조례에서는 주민참여 마을만들기를 주민이 스스로 지역 과제와 삶의 문제를 제시하고 이를 해결하기 위한 공동체를 형성하는 과정이라고 정의한다. 경제, 문화, 복지 등 마을의 제반 문제 해결을 위한 과정에 마을주민 누구든지 마을공동체를 통해 참여하고 행정은 행정적·재정적 지원을 통해 마을공동체 사업을 지원하는 방식이다.
　주민참여 과정은 단순한 사업에의 참여라기보다는 다양한 문제들을 객관적으로 바라보고 문제점을 찾아내며 그 해결방안을 주민 스스로 만든다는 점에서 능동적 주체로 만들어지는 일련의 과정이기도 하다.

　주민참여에서 중요한 점이 있다.
　첫째는 지향점에 관한 것으로 마을만들기는 주민공동체를 활성화한다는 것이어야 한다. 공동체로서의 삶을 함께한다는 것이고, 지역문제를 공유하고 민주적 절차에 따라 공동의 문제를 해결하는 것이다. 공동체 실현 과정에서 나타나는 갈등과 개별적인 성과주의를 극복하기 위해서 다양한 가치를 통합해 가야 한다. 지역문제 해결을 위해 체계화된 주민으로 공동체 활동에 능동적으로 참여하는 주민을 발굴하고 육성하는 것이 무엇보다도 중요하다.

둘째는, 추진체계에 관한 것으로 주민들이 주도하기 때문에 행정이나 전문가는 단순히 도와주는 역할에만 안주하는 것은 아니라는 점이다. 주민참여는 주민들만의 참여가 아닌 다양한 주체의 협력적 참여를 가리킨다. 주민을 중심에 둔 다양한 주체 간의 연결과 소통, 주민들의 의견에 기초하면서도 참여주체 모두의 네트워크가 중요하다. 주민참여형 거버넌스를 잘 만들기 위해서는 주민참여의 진정한 의미를 공유하고 적절한 전문가의 참여와 역할이 필요하다.

그래서 주민참여 마을만들기에서 리더를 육성하고 네트워크 기반의 공동체 육성하는 일, 지자체 및 관련 단체와의 파트너십을 구축하는 것이 핵심이다. 주민들과 함께하는 교육 사업으로 현장포럼, 주민대학 등 주민과 함께하는 교육프로그램을 시행하고, 실행 과정에서 지속해서 모니터링 하는 과정을 거치게 된다.

다양한 파트너십을 통해 협력 사업을 추진하는 것도 중요하다. 이를 위해 기관, 조직 등 지역 내외의 사회적 자본에 대한 폭넓은 교류를 통해 함께하는 가능성을 열어두자. 마을만들기 개별 사업은 마을과 주민의 수준에 맞는 실행전략을 마련하자. 주민역량강화는 다양하게 전개하되, 지역 밀착형 주민대학 운영 등 주민 학습 활동, 지역축제, 주민협의체 등 주민공동체 조직화, 전문가, 활동가와의 파트너십이라는 지역 거버넌스 구축, 마을신문 만들기, 마을기업 활성화를 통한 공유와 소통의 채널 확보 등을 선택하여 진행하자.

주체적인 주민을 육성하기 위해서 다양한 동아리의 운영과 주민과 단체와의 네트워크를 지원하고 지역사업에의 참여를 유도하는 것이 좋다. 주민들과 함께하는 사업방식에 대한 이해를 바탕으로, 성실하고 책임감 있는 공익활동이 마을 리더를 만들게 된다.

도시와 농촌사업, 중간지원조직의 역할

도시재생과 농촌사업이 본격적으로 추진되면서 사업추진 방식에 관한 관심이 높아지고 있다. 도시와 농촌사업에서는 예전에 공공이 주도하는 대규모 개발이나 전면 철거 방식의 재개발사업과는 전혀 다른 사업 추진방식이 요구된다. 공공, 민간, 시민사회 등 다양한 이해관계자들의 협업을 기반으로 하는 주민참여 방식이 기본이다. 그래서 도시재생과 농촌사업과 마을만들기에 있어 실질적인 주민참여를 위한 거점으로 중간지원조직에 관심이 높다. 도시재생지원센터, 마을만들기지원센터, 농촌활성화지원센터가 그것이다.

중간지원조직은 서로 다른 두 조직 사이에서 연계를 강화하거나 원활하게 활동을 수행하는 조직을 가리킨다. 지자체와 지역주민 사이에서 활동하는 조직으로, 지자체, 주민, 전문가 등의 주체들을 연계하며 상호 보완하며 지자체와 주민조직 간의 소통을 중재하는 임무를 수행한다. 중간지원조직은 지역 내 다양한 주민, 기업, 시민단체, 전문가, 행정 등 사업 주체 간 파트너십을 구축하고, 지역 리더 육성과 지역자원의 활용 등을 통해 사업을 지원하거나 추진하는 조직으로 사업 거버넌스에서 가장 핵심적인 조직이다. 이제 도시재생사업과 농촌사업은 주민참여 방식의 사업추진과 협력네트워크로 추진되고 있다.

국토부는 도시재생사업을 추진하면서 도시재생지원센터의 설치를 적극적으로 권장해 왔다. 2010년부터 추진되었던 전주와 창원의 도시재생 테스트베드 사업에서 센터가 매우 중요한 구실을 했기 때문이다. 당시 센터는 주민들과의 지속적인 만남을 통해 주민공동체를 육성하고, 계획수립을 지원했으며, 마을기업을 설립하고, 각종 프로그램을 기획하는 등 실질적으로 도시재생사업을 추진했다는 평가다. 도시재생지원센터 2014년 본격적인 재생사업이 추진된 이후 꾸준히 증가해 2017년 10월 기준 전국에 총 77개가 설립되어 있다.

농림부도 농촌개발사업에서 적극적으로 중간지원조직의 정비와 육성에 나서고 있다. 광역지자체에 운영되고 있는 농촌활성화센터 이외에도 권역 마을만들기지원센터 등 다양한 중간지원조직이 운영되고 있다. 정부는 여러 정책 간 시너지를 확대하고 지원조직의 규모와 기능, 전문성 강화를 위해 각종 지원조직의 통합을 유도하고 있으며 통합 지원조직의 운영과 활동 실적을 평가에 반영한다. 지자체마다 자체 중간지원조직을 적극적으로 운영하도록 하고 신규 사업평가 시 자체 중간지원조직 유무와 운영실적, 관련 조례 제정 여부에 대한 인센티브를 강화하고 있다.

차제에 도시와 농촌사업의 중간지원조직의 과제를 생각해 본다.

중간지원조직은 광역지원센터, 기초지원센터, 현장지원센터가 설립되어 운영 중이나, 각 센터의 기능과 역할은 체계적으로 분담되어 있지 않다. 위계별 중간지원조직의 역할을 차별화하고 역량 강화, 네트워크 구축, 관련 연구 수행 등 위계에 부합하는 사업을 중점 추진하는 등 위상과 역할을 조정해 가야 한다.

다양한 중간지원조직간 통합적 관점도 중요하다. 마을만들기 지원센터, 사회적경제 지원센터 등 다양한 중간지원조직은 제각각 공동체 활성화, 사회적경제 조직 육성, 주거환경개선사업, 문화예술 행사 기획 및 교육프로그램 개발을 수행하고 있다. 지원센터가 관련 업무들을 지원하고 있어 각 관계 기관의 고유 업무와 중복되고 있으며, 서로의 전문성을 활용하여 시너지 효과를 내기 위한 연계 방안도 부족한 실정이다. 주민공동체 활성화, 주민역량 강화, 마을기업 육성, 주민조직 네트워크 구축 등을 담당하고 있는 마을만들기 지원센터와 사회적경제 지원센터, 도시재생지원센터는 유사한 업무가 많아 통합 운영을 시도해야 한다.

안정적인 운영시스템도 중요 과제이다. 센터의 수는 빠르게 증가하였으나, 행정기관의 하부조직으로만 기능을 하면서 본연의 구실을 하지 못하고 있다. 조직 및 예산 규모가 영세하고, 근무자들은 대다수가 기간제 근로자로 고용 안정성이 낮다. 주민조직과 연계하여 지역에서 지속해서 사업 추진 주체로 구실을 할 수 있도록 해야 한다. 재정적 독립을 위해 협동조합, 마을기업 등 사회적경제 조직을 활용해 수익사업을 할 수 있도록 제도를 개선할 필요가 있다. 센터 직원의 전문성 강화를 위해 정부 차원에서 체계적인 교육

프로그램 개발, 정기적인 세미나 및 워크숍 개최, 전문 교육기관 운영 등의 지원도 지속해서 추진해 가야 한다.

5차 국토계획과 국민참여단

제5차 국토종합계획이 국민의 직접적인 참여를 통해 만들어졌다. 국민참여단이 주체가 되어 국토 헌장의 합의를 이루어낸 최초의 사례이기도 하다. 정부는 2040년을 목표연도로 하는 제5차 국토종합계획의 구체화를 위해 계획 제안 온라인 플랫폼과 국민참여단 운영을 통한 소통 참여형 계획 모델을 추진하였다.

국토계획을 만드는 데 소위 공론화 방식을 채택한 것이다. 공론화란 해결해야 할 사회적 쟁점에 대해 다양한 시민들의 적극적인 의견 개진과 토론과정을 통해 진정한 뜻을 찾아가는 과정이다. 공적인 의견을 형성하는 의견수렴 절차이자 정책 참여 과정이기도 하다.

정부는 '국민, 지역과 함께 국토정책의 새로운 미래를 만든다'라는 목표를 설정하고 소통 협력적 국민참여형 계획 모델을 공론화 방식으로 진행하게 된다. 사전 세미나를 통해 지역발전의 궁극적 목표와 국토 공간구상이 새롭게 논의되었으며, 중요한 정책과제가 제안되었다. 인구감소 추세에 대한 대응, 4차 산업혁명 시대에서의 전략, 지역특화발전, 국토와 환경의 연계, 포용 정책 추진, 분권과 참여가 핵심적 이슈이다.

국민참여단은 자발적으로 신청한 국민 중 170명이 선정되어 구성되었다. 이들은 무보수 명예직임에도 불구하고 5개월에 걸친 3

차례의 숙의 과정에서 적극적으로 참여하게 된다. 국토계획 수립에 관한 기본정보가 국민참여단에 제공되었고, 국민참여단은 숙의를 통해 의제를 직접 발굴하고 합의해 가는 공론화 과정을 밟았다.

1차 숙의는 2018년 11월, 국토 미래비전과 가치, 국토발전 추진 전략과 정책과제를 중심으로 진행되었다. 국토의 주요 문제점으로는 격차와 단절, 부조화와 안전이 드러났으며, 국토의 미래비전으로는 균형발전, 삶의 질과 포용, 스마트 인프라, 재난과 안전, 재생과 보전 등이 제기되었다.

2차 숙의는 2019년 2월, 국토균형발전과 지방분권을 주제로 토의가 이루어졌다. 지역 격차의 가장 큰 문제로는 수도권과 비수도권이라는 지역적 문제가 꼽혔으며, 다양한 지역 격차 해소방안이 제시되었다. 지역거점 국립대학으로의 전폭적 지원, 산업시설의 권역별 균형 배치, 지역거점 광역경제권 형성 등은 지역 격차 해소를 위한 대안이다. 또한, 지역 주도의 균형발전 추진 시 장·단점, 지자체의 역할에 대해서도 활발한 논의가 있었다.

3차 숙의는 2019년 4월, 깨끗한 국토 만들기를 주제로 국토 환경 정책에 대한 논의가 진행되었다. 환경문제 해결을 위한 국민의 역할로는 국민이 해야 할 일과 지구환경에 대한 시민의 인식변화가 제안되었고, 정부의 역할로는 국가정책의 최우선과제로 국민의 안전 생활을 생각하기, 중앙정부와 지자체 간 체계적 관리 등이 제시되었다.

또한, 국민참여단은 국토계획 헌장 초안을 채택하였다. 국토계획 헌장은 더 나은 국토를 위한 국민의 바람이다. 국토는 우리 겨레가 영원히 살아야 할 소중한 터전이고, 국토는 국민이 가진 잠재력을 마음껏 실현할 기회의 공간이어야 한다.

이를 바탕으로 다음의 6가지 가치를 설정하였다.
(1)어디에 살더라도 최소한의 삶의 질과 기회가 보장되는, 차별받지 않는 포용의 공간이 되도록 한다.
(2)지역을 개성 있게 발전시켜 자립적 경쟁력을 갖춘 국토의 균형발전을 추구한다.
(3)세계와 번영을 누릴 수 있도록 국토경쟁력을 향상한다.
(4)깨끗하고 아름다운 국토가 되도록 환경을 보전한다.
(5)현재와 미래세대가 공유하는 국토가 되도록 보전하고 관리한다.
(6)국민의 공감과 참여, 지역과의 협력을 토대로 정책을 집행한다.

최초로 국민의 참여와 숙의를 거쳤으며 국토계획 헌장이라는 결과물을 함께 도출했다는데 제5차 국토계획은 큰 의의가 있다. 자발적인 신청을 통해 국민참여단을 구성하고, 3차례의 연속적 숙의 과정을 가졌으며, 숙의 결과를 홈페이지, 유튜브에 공개하여 투명성을 높인 것도 특징이다. 국토는 모든 국민이 함께 누릴 수 있는 행복한 공간이 되어야 하고, 안전한 국토, 깨끗한 국토, 균형 잡힌 국토를 만들어 후손들에게 물려주어야 한다는 원칙은 국민의 목소리로 확인되었다.

청주 도시계획, 시민참여단이 제안한다

2040 청주 도시기본계획이 시민참여 방식으로 만들어지고 있다. 2020년 2월, 시민참여단 241명이 구성되었고, 5월 말부터 7월에 걸쳐 5개 그룹으로 나뉘어 부문별 워크숍과 생활권 워크숍이 진행되었다.

2040 청주 도시기본계획에 담겨야 할 정책과 사업을 시민들이 직접 제안한다는 취지로 구성된 시민참여단은 퍼실리테이션 진행 방식을 통하여 도시기본계획 수립 시 고려할 주요 제안을 토의로 발굴하였다. 부문별 워크숍은 도시기반·생활환경, 사회·문화·안전, 경제 활성화, 도시재생, 농업·농촌 등 5개 부문으로 나뉘어 진행되었다.

경제 활성화 분과와 도시기반·생활환경 분과에서 제시된 주요 제안을 소개한다.

먼저 도시 전체적으로 4개 구의 균형발전과 구도심 경제 활성화가 강조되었다. 4개 구별 특화사업으로 청원 구는 오창산업단지 활성화와 방사광가속기 관련 산업 육성, 흥덕구는 오송 의료·뷰티 산업 집중 육성, 상당구는 스마트팜, 농업 관련 6차 산업 육성 및 상당산성, 명암저수지, 청남대 등 관광 특화사업, 서원 구는 스마트 빌리지 조성 및 도시재생사업 활성화, 도시공원을 활용한 문화 공간 조성 등이 제안되었다.

청주와 오창, 옥산을 관통하는 미호천을 청주시의 중심축으로 개발하되, 미호천 오염 방지 시설 확충한다. 도시 간선 도로망 확충은 청주 전역 대중교통 30분 생활권 화를 목표로 추진하되 대중교통 활성화와 권역별 교통 거점을 구축하자. 청주공항 활성화를 위해 대전-청주공항 간 고속도로 건설이 필요하며, 항공노선의 다변화와 마케팅을 강화한다.

스마트시티 추진을 위해 드론 산업 육성, 사물 인터넷, AI 등 실생활과 밀접한 분야 중심의 스마트도시를 추진하되, 미세먼지 예보 등 시민들의 실생활과 안전에 도움이 되는 도시를 만든다. 청주페이 활성화를 위해 빅데이터 활용하고 블록체인 기술을 적용한 교통카드 서비스와 주차장 이용 및 자전거 대여 등 향후 공유경제 서비스 연계될 수 있도록 준비한다.

첨단산업 유치를 위해 오송 의료복합단지 내 질병 관리 관련 기업을 유치하며, 오창 방사광가속기 유치 효과를 높이기 위해 관련 산업을 적극적으로 육성한다. 세대별로 다양한 일자리 창출도 제안되었는데, 노인 일자리를 위해 지역 상생 일자리 사업을 추진하며, 지역 주도 일자리 창출을 위해 기관단체와 협력체계 구축한다.

청주의 대표적 관광지인 초정 약수, 세종대왕 행궁, 좌구산 전망대 주변 관광지를 연계해 관광벨트를 조성하자. 시민 힐링 환경 조성을 위해 명암타워 부근 쉼의 공간과 녹지공간 정비, 도심에서 즐기는 무심천을 만들고, 도심 내 생명 숲 및 마을마다 역사문화공원을 조성하자. 흥덕사지 주변을 문화의 거리나 공원으로 조성하여 직지의 고장 청주의 위상을 높일 수 있도록 환경개선 사업이 시급하다. 시민이 함께 디자인하여 둘레길을 조성하고 우암산 둘레길 조성, 친수공간 연계, 쾌적한 도시 건설, 생활 쓰레기 처리 시스템 개선사업과 소각장 쓰레기 배출량을 줄여서 깨끗한 환경 도시 청주를 만들자. 미세먼지 감소를 위해 폐기물 처리장 유치 중단 및 공기정화 나무 식재, 소음방지 터널 조성이 필요하다.

소통과 힐링을 위한 공간시설, 소규모 문화공간 구축, 노인 건강 휴양 위락시설을 조성하자. 공동주택 생활환경 개선으로 공동주택 담장 허물기, 중앙로 도로 확장 및 주변 건축물 다양화, 육거리시장의 세계화를 위해 주차시설 확충, 재래시장과 대형할인점과의 연계 등이 제안되었다. 청주를 상징하는 명소로 시청이나 도청은 200년 이상 내다보는 명소 건물로 하자는 제안되었고, 국제적 생명과학도시로 발전하기 위한 도시 기반으로서 인도 폭 확장, 도시 미관 심의 강화, 스카이라인 재설계 등이 강조되었다.

이러한 제안 중에서 중요하며 시급한 과제로는 조용하고 깨끗한 청정도시 조성, 공항-철도-버스 광역교통망 구축사업이 우선 사업으로 제시되었고, 스마트도시 구축, 청주를 상징하는 랜드 마크 확충, 시민 힐링 환경 기반 조성, 청주 전역 대중교통 30분 생활권 등이 주요 과제로 강조되었다.

사회·문화·안전, 도시재생, 농업·농촌 분과에서 제안된 주요 정책을 소개한다.
사회·문화·안전 분과에서는 천천히 발전하고 자연과 환경을 생각하는 청주를 목표로 세대가 소통하는 자연 중심의 힐링 청주를 비전으로 제시한다. 시민 의견을 수렴하는 행정, 청년 일자리 다양화와 고령 인구의 일자리 창출, 도심 녹색 공간의 자연 친화적인 개발, 즐거움을 더하는 관광도시, 세대 간의 인권 존중과 공동체 육성, 느림의 미학을 구현하는 슬로시티, 문화제조창 등 유·무형 자원 활용 및 보전, 과학 중심 4차 산업 도시, 깨끗한 공기를 마실 권리 등 정책지향점을 제안하였다.

세부 정책도 다양하게 제안되었다. 신도시와 농촌의 교육격차 해소를 위해 찾아가는 교육 서비스 시행, 다양한 연령층 수요를 바탕으로 주민프로그램의 혁신이 필요하다. 역사 바로 세우기를 위해 동학, 독립운동사 등의 기록화 사업이 필요하며, 문화제조창과 직지를 중심으로 문화도시로의 발전이 요구된다. 기존 도심 속 방치된 녹색 공간 재창조, 보행자 중심의 거리 만들기와 보행 안전, 우암산 순환 로를 활용한 친환경 여가 및 관광 상품 만들기, 편리한 교통수단으로 트램 설치 등이 필요하다. 일자리 문제는 직업을 넘어선 복지 문제로 인식을 확대하고 청년과 고령층 일자리 확대, 원도심 유휴 공간을 활용한 1인 창업 지원방안도 강조되었다. 행정 분야에서는 열린 통장실과 같은 행정의 문턱 낮추기, 시민 의견 수렴 활성화, 시민 청원제 도입 등도 제안되었다.

도시재생 분과에서는 도시 및 농촌재생을 주제로 도시·주거환경정비사업 개선과 정비구역 해제지역 관리가 중점적으로 논의되었다.

도출된 중요사업으로 청주 읍성 복원사업이 최우선사업으로 제안되었다. 다음 중요사업으로는 무심천 변에 체육공원과 카페거리 조성을 통하여 젊은이들이 모이고 이용할 수 있도록 하자는 제안과 원도심 규제 완화를 통한 주거환경 개선사업의 원활한 시행이 제안되었다. 아울러 수변공원, 도심 공원 확대 제안과 강변도로의 이용 활성화, 도심의 빈집, 빈터에 공원과 주차장 조성, 상주인구 늘리기 위한 공동주택 조성 등도 주요하게 제안되었다.

기타 제안으로 도심의 차 없는 거리 조성, 우암산~대청댐~청남대를 연계한 둘레길 조성, 거점별 복합공간 시설 구축, 흥덕구청 자리에 의료서비스 첨단 보건소 설치, 청주 신청사를 명품 화하고 명소화하자는 의견도 있었다. 시급한 사업으로는 구도심 하수관로 정비사업, 상주인구 늘리기 위한 공동주택 조성, 원도심 규제 완화로 주거환경 개선, 도시공원 활성화, 대중교통 활성화, 대전~청주~공항을 잇는 연계 교통체계 구축사업이 제시되었다.

농업·농촌 분과에서는 친환경 생태농업, 농업경쟁력, 유통개선, 어메니티 자원 개발 및 농촌관광 활성화 등을 주제로 논의되었다. 스마트팜 활성화를 위해 보급형 스마트팜 지원 사업, 교육 지원 사업, 청년 농업인 지원 사업 등이 있다. 친환경 농업확산을 위해 친환경 직불금 확대, 친환경 농산물 홍보, 유통 지원 사업, 친환경 인증 강화, 농업 환경교육사업이 제시되었다. 농민 소득 증대를 위해서 농민수당 지원 사업, 여성 농업인 바우처 지원 사업, 농업인 자치 센터 설립, 농업 관련 기관 청년 농업인 특채, 농업유통 전문화를 위해 행복택시 확대 등이 제안되었다. 중요사업으로는 친환경 인증 강화사업이 최우선사업으로 제안되었고 다음으로 스마트팜 활용 교육 지원 사업, 친환경 유통 지원과 청년 농업인을 위한 스마트팜 지원이 제시되었다.

 청주는 도시계획 시민참여단을 통해 다양한 정책 제안을 시민의 목소리로 듣고 있다. 창조적 안목으로 지역 자산과 자원을 집약하고, 도시의 미래를 다시 바라보게 되었다. 이제 도시계획은 사업 중심이 아닌 사람 중심으로 나아가고 있다. 청주는 역량 있는 시민을 육성하고, 참여하는 시민공동체를 만들어 가고 있다. 시민에 의한 도시계획은 2040 청주 도시기본계획의 과정이자 목적이다.

9 환경생태 도시

생태도시의 과제
경관 생태 도시관리
생태학과 공동체
12%의 해결책
그린 뉴딜은 도시의 녹색 전환이다
그린 뉴딜은 도시의 미래다
독일 환경 수도 프라이부르크
지속가능 발전목표의 지역화
물을 활용하는 도시

생태도시의 과제

생태도시는 환경과 사람이 공생하는 도시이다. 생태도시는 도시에서의 인간과 환경을 하나의 유기체로 바라본다. 도시의 다양한 활동이나 구조를 자연생태계가 가지고 있는 다양하고 순환적인 계획에 따라 만드는 도시가 생태도시이다. 자연, 환경, 사람이 친화된 쾌적한 공간으로서의 도시, 물, 자원, 에너지가 효율적으로 이용되고 재활용되는 오염 없는 도시, 환경 보전 기능을 갖춘 도시 시스템과 생활양식을 지닌 도시로도 정의된다.

도시 환경문제에 대한 생태학적 연구는 1970년대 도시를 하나의 생태적 단위로 인식하고 물질과 에너지의 순환 측면에서 분석하려는 시각에서 시작되었다. 도시생태계는 필연적으로 자원과 에너지의 대량 공급이 필요한 외부 종속적인 체계로 파악된다. 그래서 도시의 생태적 안전성, 독립성, 다양성을 향상할 수 있는 각종 프로그램이 요구된다.

일본에서는 생태도시로 전개되고 있는 개념은 에코시티이다. 도시의 구조와 기능이 환경에 대한 배려가 잘 되어 있으며, 시민 개개인의 환경 배려가 잘 되어 있는 도시이다. 초기 에코시티는 고베 시나 시가 현의 도시계획을 통해 알려져 왔다.

고베 시는 1972년 인간환경도시선언을 통해 환경과 공생하는 도시만들기를 천명하고 자연과 공생하는 생태공간을 창조하며, 도시 내 물질순환이 적절하게 이루어지도록 하며, 여유 있고 쾌적한 도시공간을 창조하고, 환경과 어울리는 생활과 생산 활동을 전개한다는 4가지 목표를 주창한다. 도시골격 만드는 실행방안으로는 보전지구 등 제도 활용, 도시기능의 분산적 집중과 직주근접이 있다. 순환형 도시 시스템을 만들기 위해 빗물 이용, 중수도 시스템 도입, 에너지 효율적 이용, 도시 녹화와 수변 정비, 녹색의 연출이 주요 방안이다. 추진체계로는 환경교육과 주민참여, 시민농원, 지역녹화 운동 등 지역주민의 활동, 가정과 산업현장에서의 노력이 제시되었다.

시가 현은 환경보전 시범 도시계획을 통해 환경에 순응된 생활, 생물과의 공생, 적당한 물질순환을 목표로 두고, 다음과 같은 마을 만들기 방침을 제시한다. 자연과 공생하는 생태적 공간을 창조하기 위해 숲을 육성하고 숲에서 놀 수 있고 계절을 느낄 수 있는 마을만들기, 적정한 물질순환 확보를 위해 산림과 물이 체감될 수 있으며 에너지 흐름이 산림 속에서 나타나고 자원 활용으로 폐기물을 만들어 내지 않는 마을만들기, 쾌적한 미래 도시공간 창조를 위해 도시 오아시스 네트워크를 형성하고 옛 풍경을 소생시키며 새로운 풍경을 창출하는 마을만들기, 인간과 환경이 어울리며, 인간적 관계에서 사는 보람과 기쁨을 발견하며 환경에 대해 배우고 움직이는 사람을 키우는 마을만들기가 그것이다.

결국 에코시티는 산림생태계로부터 배워서 도시생태계에도 자립성과 순환성을 가지도록 하는 것이 요체이다. 이를 위해서는 환경보전 적이며 순환형 도시 시스템이 필요하다. 도시에 입력되는 물질과 에너지의 순환사용을 계속할 수 있도록 해야 한다. 도시 속에 자연을 재생하고 육성하며, 자연과 농지, 하천과 수변, 용수 등의 보전과 생물 보호, 도시녹화, 생물서식 환경 창출이 지속되어야 한다. 시민이 도시 환경을 바꿀 수 있는 주체적인 존재로서 역할을 하도록, 시민 주체의 에코시티 제도 확립도 중요하다.

생태도시는 자원을 절약하고 재생 가능한 자원을 이용하며, 지역에서 생산된 먹거리를 주로 소비하는 지역의 생태적이며 문화적인 다양성과 경쟁력을 향상하기 위해 노력하고 있다. 환경 배려의 새로운 교류를 위해 지역의 개성과 역사성을 살린 사례의 필요성과 공동의 대인관계, 공동체 형성 역시 생태도시를 구현하기 위해 강조된다.

많은 생태도시 계획은 도시환경관리에 대한 뚜렷한 목표를 가지고 있지만 각 목표를 위한 정책들의 긴밀한 연결과 도시 전반적인 변화를 위해 필요한 사회경제적인 관점에서의 시도는 미흡하다. 에너지와 자원 이용의 효율성을 추구하면서 의존하는 최신 기술이 원인이 되어 발생하는 환경악화 문제에는 대안을 제시하지 못하고 있다. 개별 시설이나 분야에 대한 시도에 비해 도시계획 전반이나 대기나 수질 등 종합적 환경의 질과 관련된 방안에는 대처가 부족하다. 환경과 공생하는 도시 상을 제시하고 있으나 바람직한 도시의 모습을 총체적으로 제시하고 있지는 못하고 있다.

경관 생태 도시관리

자연 생태계는 그 구성요소 간 서로 조화를 이루며, 각 생태계는 항상성을 유지하고자 한다. 그러나 급속한 도시화에 따라 형성된 도시생태계는 주변의 자연생태계가 항상성을 유지할 수 있는 수준을 넘어서, 이를 파괴하는 수준으로까지 진행되고 있다.

도시에서는 인구밀도와 토지이용도가 높아짐에 따라 생태계는 질적으로 저하되고 자연의 다양성은 사라지고 있다. 또한 서로 다른 기능을 갖는 생태 단위 간 상호작용으로부터 여러 문제가 발생하였다. 이를 해결하고자 경관 생태라는 개념이 주목받았다.

경관 생태적 접근은 자연 및 문화경관에서 특정 생태계의 공간적 표현물인 동질적·지리적 단위인 에코톱을 찾고 그 에코톱의 생성 과정을 규명하는데 초점을 두어왔다. 경관 생태는 생태적 한계에 기초한 최적의 토지이용 제안에 관한 내용을 포함한다. 또한 주요 실행 과제로 자연보전, 천연자원 보호, 경관 보호를 위한 대응책이나 도시개발과 생태 경관을 함께 고려하는 대안을 모색해왔다. 경관 생태는 인위적으로 생태계를 창조하거나 복원, 관리하는 응용생태, 토지의 이용과 개발, 생태계 보전과 같은 환경계획 분야와 접목되어 발전하고 있다.

경관 생태 도시관리의 사례를 살펴보자.

독일의 환경정책은 경관 생태에 따라 수립되고 있다. 독일은 인구밀도가 높고 토지이용이 집약적이기 때문에 환경영향과 토지이용 간의 갈등이 빈번하게 발생해 왔다. 1970년대 초 최초의 환경정책 수립 시, 기술·경제적 측면만 고려한 결과, 많은 부작용을 초래했으며, 이에 따라 사회적으로 생태계에 관한 관심이 증대되었다. 1970년대 말에는 생태적 접근 차원에서 기술적 진전과 함께 생태계획이 이루어졌다. 환경정책은 생태계의 민감성, 환경영향의 진단, 경관의 다양성 관리, 민감한 생태계 보호 등을 목적으로 추진되었다.

위와 같은 목적에 따라서 환경관리의 원칙이 다음과 같이 정립되었다. 어느 지역이든 지배적 토지이용 유형이 유일한 토지이용 유형이 되어서는 안 된다. 최소한 10~15%는 다른 토지이용 유형에 할당되어야 한다. 예를 들면 도시에 있어 최소한의 자연성을 갖추기 위해서 최소 10%의 토지이용은 자연생태에 할당되어야 한다는 것이다. 이 10% 요구법칙은, 국립공원의 경우 반대로 인공시설물 면적이 10% 이하가 되어야 한다는 규칙으로 활용되고 있기도 하다. 경관 생태의 기본적인 방향은 토지이용의 다양성 추구이다. 어떤 용도가 지배적일 경우라도 그 안에서 다양한 토지이용이 이루어져야 하며, 이 다양성을 통해 집약적인 토지이용이 이루어지는 곳에서 환경영향을 최소화하도록 해야 한다는 점이다.

미국의 대도시권계획은 경관생태도시 관리 원칙을 포함하고 있다. 1964년 이안 맥하그는 펜실베이니아와 뉴저지 주 대도시권 내 자연경관의 경계를 설정하는 프로젝트를 시행한 바 있다. 물, 공기, 토지 등 생태자원의 가치를 종합적으로 평가하고, 이에 따라 토지이용 정책을 결정하였다. 맥하그는 자연현상의 발생과정을 고려하여, 자연경관을 생태계의 특성에 따라 구릉지, 해안평야, 산록 등 8가지로 나누고, 대도시권의 성장을 좌우할 수 있는 자연경관 관리체계를 제시하였다.

더 나아가 생태적 보전을 위해 각각의 자연경관 내에서 허용 가능한 토지이용과 허용 불가한 토지이용을 제시하였다.

구릉지와 해안평야는 되도록 자연 상태 원형 그대로 보존해야 한다. 지표수는 절대적으로 보호되어야 하며, 범람이 잦은 지역에는 개발정책을 배제해야 한다. 습지에서는 도시화 정책을 배제함은 물론, 수자원의 저장과 폐기물의 자연 정화조 역할이라는 생태적인 중요 역할을 기대할 수 있다. 농업지역은 농업경작과 생산의 근원지로서 농업의 기능을 충실히 이행할 수 있어야 한다. 숲과 급경사 지역은 토양침식 여부를 좌우하는 중요한 지역이기 때문에 무분별하게 개발해서는 안 된다.

이제 우리는 경관 생태를 통해 직면한 환경문제를 해결해 가면서 도시생태계가 항상성과 안정성을 갖도록 토지이용의 운영원칙을 세우고 관리의 방향을 만들어 가야 한다.

생태학과 공동체

최근 공동체의 중요성이 주목받고 있다. 지역개발사업이나 도시관리에서도 공동체를 활성화하는 것이 핵심적 목표이자 수단이다.

공동체란 사람들이 모여 하나의 유기체적 조직을 이루고 목표나 삶을 공유하면서 공존하는 조직을 말한다. 사회적 상호작용을 통해 유대감과 소속감을 느끼는 사회집단을 말한다. 강하고 깊은 관계를 형성하는 조직으로서 공동체는 상호 의무감, 정서적 유대, 공동의 이해관계를 바탕으로 하며, 개인과 공동체 사이의 갈등 조정이 중요한 관건이 된다.

공동체는 그것을 구성하고 있는 사람과 시설물의 지리학적 배분으로 이루어진 사회 또는 사회집단으로 지역성을 갖는다. 사회와 구별되는 공동체의 가치는 지역적인 속성과 연계된다. 또한, 공동체가 인간 및 서비스의 경제적 배분이며 각 단위의 공간적 위치는 다른 모든 단위와의 관계를 통해 결정된다. 그래서 공동체는 본질적으로 지역적인 기초를 가진다.

흥미로운 점은 위와 같은 공동체의 개념과 의미는 생태학적 측면에서 발전되어 온 공동체의 개념과 일맥상통한다는 것이다. 헤켈은 생태학을 생물의 생활 상태, 생물과 환경과의 관계를 연구하는 학문으로 한정된 공간 내에 있는 유기체와 그들의 환경에 대한 적응유형과의 관계를 연구하는 것이라고 정의한 바 있다. 생태학은 개체 생물과 환경의 상호작용을 연구하는 개체생태학에서 출발하여 일정한 단위의 환경을 공유하는 여러 생물 간의 관계를 연구하는 군집생태학으로 발전했다.

모든 생명체는 상호의존적이며 상호관계를 맺는다는 관점에서 출발한 19세기 생물학자들은 생물계 내에서 다양한 종 간의 상호관계와 공동작용에 관심을 두게 된다. 생존경쟁의 한 모습으로서 다양한 종 간에는 생활의 거대한 체계인 생활의 망이 형성된다는 것이다. 생존경쟁은 생태계를 비롯한 자연의 질서와 균형을 유지케 하는 원리이다.

다윈은 생존경쟁의 개념으로부터 경쟁적 협동이라는 사회적 원리를 추출하고 이를 유기체에 적용한 바 있다. 개체군이 많아지면 압력이 심화하고 개체군과 자연 자원 간의 불균형이 발생하여 기존 종 간의 상호관계는 전체적으로 약화 된다. 반면, 경쟁적 종들은 상호 적응을 통해 상호관계의 증가, 경쟁의 감소와 함께 경쟁적 협동과정에 얽히게 된다.

생태학자들은 동·식물뿐만 아니라 인간의 경쟁적 협동과정이 발생하는 서식지와 서식지의 관계 또한 공동체로 정의한다. 또한, 인간사회에 있어 공동체는 지역적으로 분배된 개인들의 집합으로, 사회는 공동생활을 위한 사회인의 조직체를 뜻한다. 즉, 공동체는 경쟁의 자연적 결과인 동시에 인간생태학의 주요 관심사이다. 인간 공동체에서 경쟁의 심화, 급속한 변화, 일정 기간의 안정 단계를 갖는 새로운 분화 과정에서 경쟁은 다시 협동으로 대체된다.

생물학적 수준에서는 경쟁, 사회적 수준에서는 갈등으로 해석할 수 있는 경쟁상황에서 모든 개체와 종들은 특별한 장소를 찾으려는 경향이 있다. 개체의 번성을 위해 특정 서식지는 여러 이웃에 대한 의존성과 함께 활동할 수 있는 최대한의 확장성을 가져야 한다. 이렇게 형성된 공동의 서식지 내에서는 또 다른 경쟁으로 인한 영역적 조직과 생물적 분화가 전개된다.

생태학적으로 형성된 공동체성은 이제 지역성, 자족성, 정체성을 포괄하고 있다. 다른 지역과 차별되는 특성, 지역 이미지의 설정과 인접 지역과의 관계 유지를 말하는 지역성과 함께 고용 기반, 생산 활동시설, 복지서비스 시설 등을 바탕으로 하는 자족성, 그리고 주민 상호 간의 연대감 증진과 교류를 나타내는 정체성은 공동체의 핵심 요소이다.

결국 좋은 공동체가 되기 위해서는 자기가 사는 지역 공간으로부터의 친밀감 형성, 내가 사는 지역이라는 자부심과 정체성의 형성, 사회적 가치나 공동체에 관한 관심을 높여가야 할 것이다.

12%의 해결책

지구온난화와 기후변화는 인류의 절박한 과제이다. 경제적으로도, 환경적으로도 위협이자 도전이다. 우리가 섭씨 2도를 낮추려 한다면, 2050년까지 1990년 당시 탄소 배출량의 80%를 줄여야 한다. 이를 달성하기 위해서 미국의 경우 인구 증가를 감안할 때 개인당 온실가스 배출은 현재 수준의 12%만을 방출해야만 가능하다. 이를 피터 칼소프는 12%의 해결책이라 부른다. 12%의 해결책을 달성할 수 있다면 우리는 화석연료 사용량에 대한 의존도를 줄이고 성공적인 지속가능 모델을 제시하게 될 것이라 한다.

온실가스 배출원을 볼 때 미국 기준으로 47%는 산업과 상품, 물류 부문에 따른 총배출량이다. 나머지 53%는 건축물과 개인 교통 시스템에 속한다. 그래서 더 효율적인 건물과 자동차, 대중교통의 통합적 운행이라는 어바니즘에 의해 우리는 온실가스 발생량을 줄일 수 있다.

지난 50년간 미국은 지속가능하지 않은 에너지 수요 증가와 1인당 평균 탄소 배출량의 5배에 달하는 과도한 에너지 사용을 보여왔다. 지난 50년간 북미는 자동차를 이용한 교외화가 급격하게 진행되었고 50% 이상의 인구가 교외에 거주하고 있다. 이러한 급격한 변화는 도시와 압축형 마을을 교외 주거지, 복합업무단지. 쇼핑몰로 바꾸었다. 도시는 외연적으로 확산하면서 시가화 면적은 늘어갔고, 자동차 중심도시로 변화하면서 편익과 함께 큰 비용도 발생하였다. 교통수단과 건축물 에너지 사용량은 3배 이상 증가하였다. 에너지 소비패턴에 맞춰 탄소 배출량도 빠르게 증가했다. 도시의 외연적 확산과 원도시의 쇠퇴 현상이 나타나고 자연 자원은 고갈되어 가고 도시의 역사성은 상실되어 갔다. 교외화에 따라 공공시설, 커뮤니티, 어바니즘이라는 공공부문에의 투자는 대폭 감소하고 있다.

1인 가구의 급격한 증가와 가구당 가구원 수의 감소는 과거처럼 독립된 교외 지역의 단독주택 생활이 더 이상 최적의 생활환경이 아님을 의미한다. 저렴한 주택을 갖기 위한 먼 거리에 있는 주택이 늘어난 것은 자동차의 급증과 관련이 크다. 자동차 의존도가 높아지면서 에너지 비용 못지않게 건강의 문제도 심각하게 나타난다. 미국 질병 통제 및 예방센터는 대중교통수단에 대한 접근성 개선, 복합용도 개발, 비만을 예방하는 데 도움이 되도록 보행이나 자전거 시설에 대한 투자를 증가시키도록 제안한 바 있다.

도시발전에 있어 더욱더 효율적이고 압축적인 건축물은 에너지 사용량과 온실가스 발생량을 줄이고 운영비용도 절감한다. 커뮤니티 단위에서 어바니즘을 구현하는 가장 중요한 대중교통시스템을 가능하게 하기 위한 가장 중요한 핵심 요소는 보행의 편리성과 용도 간 복합화이다. 보행에서 대중교통수단, 교통수단 간 갈아타는 데 원활함이 자동차 통행을 대체하고 이것이 어바니즘을 제공하는 최고의 녹색기술이 된다. 고밀 복합용도 개발은 오픈 스페이스, 커뮤니티 공원, 생태학적 수도와 쓰레기 재활용시스템에 필요한 하천부지를 확보할 수 있게 한다.

우리는 보다 간소한 형태의 번영을 추구해야 한다. 이제 새로운 주택수요를 요구할 것이며, 경제는 비용 절감형 미래개발을 강요받게 될 것이다. 모든 지속가능하지 않은 현재의 조치에 대해 우리의 환경적 효과는 새로운 기술을 요구할 것이다. 이제 교외개발이라는 확산적 방식은 더 이상 인구변화, 경제적 필요, 환경적 도전에 맞지 않는 도시개발 방식이다. 시장은 저렴한 주택과 보행 가능한 생활양식을 찾는 주택수요자를 창출해 가고 있다. 미래의 주택시장은 자연스럽게 고밀도의 커뮤니티, 작은 규모의 집, 보행 가능하며 환승이 편리한 환경으로 변해갈 것이다.

성공적인 대도시가 되기 위해서는 세수의 적절한 배분, 저렴한 주택, 교통수단에 대한 적절한 투자, 양질의 학교, 접근성이 쉬운 오픈 스페이스 시스템이 있는 지역경제 시스템이 갖추어져야 한다. 양질의 노동력과 활기찬 도시 환경을 조성하고 교통 혼잡을 해소하고 일자리와 주거의 균형을 유지하고자 하는 지역 형태는 건강한 지역경제의 핵심이다.

그린 뉴딜은 도시의 녹색 전환이다

한국판 그린 뉴딜이 회자하고 있다. 그린 뉴딜은 산업과 경제의 방향뿐만 아니라 도시와 지역의 미래이기도 하다. 그린 뉴딜은 인류가 직면한 위기를 극복하기 위해 환경과 사람이 중심이 되어 지속가능한 발전, 신재생 친환경에너지로 전환하는 녹색 전환 정책이자, 자연 회복 운동이다.

2020년 7월 정부는 산업구조 저탄소화, 신산업육성 등에 선도적 대응 전략을 담은 한국판 뉴딜 종합계획을 발표했다. 12월에는 탄소 중립, 경제성장, 삶의 질 향상을 동시에 달성한다는 2050 대한민국 탄소 중립 비전을 발표한다. 그린 뉴딜은 한국판 뉴딜의 핵심이며 도시의 녹색 전환은 그린 뉴딜의 중요 축이다. 한국판 그린 뉴딜의 큰 틀은 저탄소 녹색 산단 구축, 재생에너지 및 수소 확산 기반 마련, 에너지 디지털화로 구성된다.

지역 차원의 그린 뉴딜 정책목표는 명확하다. 도시와 농촌, 해양의 녹색 생태계를 회복하고, 그린 에너지 기반 친환경 공간을 조성하며 깨끗하고 안전한 물 관리를 통해 녹색 공간으로 전환하자는 것이다. 신재생에너지 확산 기반을 구축하고 그린 모빌리티 보급 확대를 통해 저탄소 분산형 에너지를 확산이 목표이고, 녹색 선도 유망기업을 육성하고, 저탄소 녹색 산업단지를 조성하는 등 녹색 산업 혁신 생태계를 구축하는 것도 정책목표의 하나이다.

유엔 환경계획은 이미 2008년에 그린 뉴딜정책을 새로운 성장 동력으로 제시하고 환경 분야에 대한 획기적 투자를 주장한 바 있다. 2019년 유럽연합은 그린딜 정책을 통해 지속가능하고 포용적 성장이라는 새로운 변화를 기치로, 신재생에너지에 대한 획기적 투자와 친환경에너지로의 전환을 천명한다. 2020년 미국에서도 신재생에너지 투자를 확대하는 그린 뉴딜정책을 받아들여 지역 차원에서 녹색 전환을 추진하고 있다.

뉴욕시는 2019년 'OneNYC 2050'이라는 장기계획을 수립하고 그린 뉴딜을 본격적으로 추진 중이다. 2050년까지 뉴욕시를 보다 강하고 공정한 도시로 만들기 위해 지속가능성, 회복탄력성, 성장성, 공정성, 다양성, 포용성이라는 가치를 제시한다. 주요 실천 전략 중 도시정책에 해당하는 것으로는, 안전하고 거주 부담이 적은 주택 보장, 공공용지와 문화자원의 접근성 보장, 장소 기반 공동체 계획, 청정 전기 사용 100% 달성과 탄소 중립성 실행, 대중 교통망 현대화 등이 포함되어 있다.

로스앤젤레스시도 2019년 '지속가능 도시계획 2019'를 발표했다. 포용 녹색경제를 비전으로 온실가스 감축, 기후변화 완화와 회복탄력성, 불평등해소와 일자리 창출을 추구한다. 탄소 중립, 녹색 일자리 40만 개 창출, 불평등 해소를 목표로, 실천 전략으로는 재생가능 에너지, 지역 수자원, 주택 및 개발, 이동성과 대중교통이 주요하게 제시하고 있다.

우리나라 각 지역에서도 그린 뉴딜에 발 벗고 나서고 있다. 경기도는 도민과 함께하는 경기도형 그린 뉴딜 정책 추진을 위해 18개 사업에 4,204억 원을 투입하여 탄소 중립을 실천한다. 친환경 저탄소 교통수단을 구축하는 그린 모빌리티 사업은 승용차, 버스, 화물차 등을 전기 및 수소차로 확대 보급하는 사업이다. 15년이 지난 노후 공공건축물을 대상으로 고성능 단열·창호·설비 등을 지원해 에너지 효율을 개선하며, 친환경 환기 시스템을 통해 실내 공기질을 개선한다. 이밖에 도시 숲 조성 확대, 스마트 상수도 관리체계 구축, 스마트 산업단지 조성, 수소 교통 복합기지 설치 등을 시행한다.

도시와 지역의 녹색 전환을 선언하는 그린 뉴딜은 거스를 수 없는 흐름이다. 성공적인 한국판 그린 뉴딜이 되어야 한다. 이를 위해 그린 뉴딜이 지향하는 녹색 사회에 대한 보다 명확한 목표와 전략이 제시되어야 하고, 그린 뉴딜에 대한 시민들의 이해와 공감을 확대해야 한다. 또한, 지역 중소도시 활력 강화와 국가균형발전이 구현되는 다양한 실행전략이 시도되어야 한다. 특히 농촌 지역에 있어 안정적 식량 공급 기반 확보, 자원과 환경의 보전과 관리의 중요성을 기반으로 지역형 그린 뉴딜 정책의 시도도 중요하다.

그린 뉴딜은 도시의 미래다

지구온난화와 기후변화에 대한 대책은 전 인류가 직면한 절박한 과제이다. 지구온난화의 주범인 이산화탄소는 18세기 산업혁명 전 약 280ppm에서, 2019년에 411ppm으로 48% 증가했다. 지난 100년간 지구 평균 온도는 0.74℃ 상승했으며, 2020년 동아시아에서는 집중호우와 이상기후가 빈번하게 발생하고 있다. 기후변화로 인한 경제적 손실은 매년 세계 GDP의 20%까지 달한다.

21세기 들어 세계 각국은 기후변화 문제에 대한 대응으로 탄소중립 도시를 실현하기 위한 노력을 꾸준히 전개해 왔다. 1997년, 지구온난화 규제 및 방지를 위한 국제협약인 교토의정서가 채택된 이래 개발도상국을 포함한 모든 나라가 온실가스 감축에 동참하고 있다. 2002년 지속가능 발전 세계 정상회의를 거쳐, 2008년 G8 정상회담에서는 2050년까지 온실가스 배출량을 50% 수준으로 감축하는 범지구적 장기 목표에 합의하였다.

전 세계는 최근 보다 적극적인 그린 뉴딜정책을 내세우고 있다. 2008년 유엔 환경계획에서는 그린 뉴딜정책을 새로운 성장 동력으로 제시하고 환경 분야에 대한 획기적 투자를 주창하였다. 2019년 유럽연합은 그린딜(Green Deal) 정책으로 '지속가능하고 포용적 성장'이라는 비전하에 신재생에너지에 대한 획기적 투자와 친환경 에너지로의 전환을 천명하였다. 2020년 미국에서는 신재생에너지 투자를 확대하는 그린 뉴딜정책을 받아들여 국가의 녹색 전환을 추진하고 있다.

  도시 차원에서도 그린 뉴딜을 위한 적극적인 시도가 이루어지고 있다. 뉴욕시는 2019년 장기계획으로 'One NYC 2050'을 수립하고 그린 뉴딜을 본격적으로 추진하고 있다. 2050년까지 뉴욕시를 보다 강하고 공정한 도시로 만들기 위한 가치로 성장성, 포용성과 함께 지속가능성, 회복탄력성을 제시하고 청정 전기 사용 100% 달성과 탄소 중립 실행, 대중교통망 현대화 등을 추진한다. 또한, LA시는 2019년 '지속가능 도시계획'에서 포용 녹색경제를 비전으로 제시했다. 탄소 중립, 녹색 일자리 40만 개 창출, 불평등을 해소하고자 재생가능 에너지, 지역 수자원, 주택개발, 이동성과 대중교통을 실천하고 있다.

  선진 녹색도시들은 탄소 중립을 적극적으로 실현하고 있다. 세계 환경 수도로 불리는 독일의 프라이부르크는 에너지 자립을 위해 1986년에 에너지 절약, 재생 가능한 에너지 사용, 효과적인 에너지 생산이라는 3가지 내용의 법안을 통과시켰다. 2007년에는 2030년까지 에너지 배출량 40% 감량 목표를 선언하고, 에너지 절감 및 다원화, 자원순환, 녹색 교통을 추진하고 있다. 녹색도시들은 생태적 녹지 축과 대중교통체계의 연속성 유지, 바람길을 확보해 자연스러운 대기의 순환을 유도하고 있다. 에너지 절감 건축의 의무화, 자발적 태양열 이용 건축이 구현되고, 물 순환에 의한 토양 기능 회복계획으로는 우수의 지표 침투를 확대하고 있다.

우리나라의 경우, 정부는 지난 2008년 국가 비전으로 '저탄소 녹색성장'을 발표하였다. 저탄소 녹색성장은 온실가스와 환경오염을 줄이는 지속가능한 성장이며, 녹색기술과 청정에너지로 신성장 동력과 일자리를 창출하는 신 국가발전 패러다임임을 선언한 것이다. 2020년 정부는 한국판 뉴딜 종합계획을 통해 산업구조의 저탄소화, 신산업육성 등 선도적 대응 전략을 담았다. '2050 대한민국 탄소 중립 비전' 선언에서는 탄소 중립, 경제성장, 삶의 질 향상을 동시에 달성하고자 함을 밝혔다.

한국판 뉴딜의 핵심은 그린뉴딜이며, 그린뉴딜의 중요 축은 도시의 녹색 전환이다. 한국판 그린 뉴딜의 주요 지향점은 저탄소 녹색 산업단지 구축, 재생 및 수소에너지 확산 기반 마련, 에너지 디지털화이다. 녹색산업 혁신 생태계는 녹색 선도 유망기업의 육성, 저탄소 녹색 산업단지 조성 등을 통해 조성하고자 한다. 신재생에너지의 활용을 확대하기 위한 기반을 구축하고 그린모빌리티의 보급을 확대해 저탄소 분산형 에너지를 확산하고자 한다. 한국판 그린뉴딜을 통해 도시와 농촌, 해양의 녹색 생태계를 회복하고, 그린에너지 기반 친환경 공간을 조성하며, 깨끗하고 안전한 물 관리를 통해 녹색 공간으로의 전환을 실현하자는 것이다.

지역적 차원에서도 그린 뉴딜 실현을 위한 노력은 다각화되고 있다. 여러 지역은 공통으로 그린 뉴딜 정책의 추진 하에 탄소 중립을 실천하고 있다. 친환경 저탄소 교통수단을 구축하는 그린 모빌리티 사업을 통해 전기차와 수소차를 확대 보급하고 있다. 노후 공공건축물을 대상으로 고성능 설비를 지원해 에너지 효율을 개선하며, 친환경 환기 시스템을 통해 실내 공기의 질을 개선한다. 여러 도시에서 발표한 대표적인 그린 정책으로는 도시 숲 확대, 스마트 상수도 관리체계 구축, 스마트 산업단지 조성, 수소 교통 복합기지 설치 등이 있다.

기후변화와 에너지 위기에 대한 대응은 지속가능한 녹색도시를 추구하는 그린 어바니즘으로 구체화 되어야 한다. 그린 어바니즘은 저탄소 미래의 근간으로, 기반시설에 대한 현재의 투자방식, 재정, 용도지역제, 공공정책을 자연스럽게 그린 친화적인 방향으로 개선하게 한다. 토지의 활용 효율화를 높여 농경지와 녹색공간을 확보해 나가야 한다. 효율적이고 압축적인 건축물은 건물의 자체적 에너지 사용량, 온실가스 발생량 감축뿐만 아니라 운영비용 절감에도 효과적이다. 그린 뉴딜은 지속가능성에 대한 새로운 시각과 기술을, 그린 경제는 비용 절감형 미래개발을 요구하고 있다. 우리는 끊임없이 그린뉴딜 발전모델을 모색하고 더 간소한 형태의 번영을 추구해야 한다.

그린 뉴딜은 산업과 경제의 지향점이자 도시와 지역의 미래이기도 하다. 그린 뉴딜은 인류가 직면한 위기를 극복하기 위해 환경과 사람이 중심이 되어 지속가능한 발전, 신재생 친환경에너지로 대체해가는 녹색 전환 정책이자, 자연 회복 운동이다. 도시와 에너지의 녹색 전환 시대에 서 있는 지금, 우리는 시민들의 참여와 협력을 바탕으로 녹색 사회 구현을 위한 구체적인 목표와 전략을 실천해야 한다.

독일 환경 수도 프라이부르크

프라이부르크는 독일 남서부에 있는 강과 숲과 자연이 풍요로운 인구 23만의 도시이다. 세계적인 환경 수도, 태양의 도시라고 불리는 이 도시는, 1980년대에는 독일 최초로 시에 환경국을 설립했고, 90년대에는 환경 부시장도 두었다. 생태도시 프라이부르크는 녹색당이 인구 10만 명 이상의 도시에서 시장을 역임한 첫 도시이기도 하다.

에너지 전환을 위한 프라이부르크의 노력은 1980년대부터 지속해서 추진됐다. 1986년, 여름 체르노빌 사건 후에 시의회는 에너지 절약, 재생 가능한 에너지의 사용, 효과적인 에너지 생산의 3가지 내용의 법안을 통과시킨다. 1996년, 시의회는 2010년까지 에너지 배출량을 25% 줄이기 위한 법안을 통과시킨다. 2004년, 전체 전기 에너지 소비의 10%를 재생에너지로 늘리는 결정을 하였다. 2007년, G7 회의에 기후변화에 대한 새로운 목표로, 2030년까지 에너지 배출량을 40%로 줄인다는 목표를 내놓았다.

프라이부르크 에너지 자립 정책의 주된 핵심으로 에너지 절감 및 다변화, 자원순환, 녹색 교통이 꼽힌다. 기후변화에 대처하기 위해 프라이부르크는 법률과 지원프로그램, 건축 및 교통정책, 에너지 관련 기업, 각종 기관단체 등과 협력을 강화하고 더 많은 재정적 투자와 국제적인 지원을 찾아왔다. 프라이부르크는 기후변화 관련 예산을 상향하였고, 재생에너지 사용을 촉진했다. "태양의 도시 프라이부르크"라는 민간단체가 조직되어 활동하고 있으며, 재생에너지 생산시설 건설, 전문 인력 양성을 위해 프라이부르크 대학에 솔라 대학을 설립하여 운영하고 있다.

태양열 에너지와 같은 대체에너지 개발 및 활용에 주안을 두는 한편, 전체 배출량의 2/4가 주택이나 건물의 단열 문제와 교통 문제로 인해 발생한다는 점에 주목하여 주택과 교통에 있어 에너지 사용을 감소시키는 데 역점을 두어 왔다. 1992년부터는 시의 공공건물이나 시유지에 건축되는 모든 건물에 대해 저에너지 건축물만을 허가하는 조례를 시행했다. 현재는 일반 신축건물에도 낮은 에너지 표준 규격이 적용되어 재생에너지를 사용할 수밖에 없도록 유도하고 있다. 2011년부터는 패시브 공법을 사용하는 건물에만 신축 허가를 내주고 있다

교통 문제 해결을 위해서는 자전거도로망 확보와 적정한 대중교통 요금 책정, 현대식 차량 운행 등을 실시하였으며 그 결과 최근 20년간 대중교통 이용자 수가 3배 늘어나게 되었다. 프라이부르크는 친환경적인 이동 수단을 장려하는 정책을 실행했다. 자동차는 시내 외곽에 주차하고 전차나 자전거를 이용하여 도심에 진입하도록 계획했다. 프라이부르크 전체에 500km에 달하는 자전거 도로를 만들고, 노면전차 노선과 주거지역을 가깝게 연결했다. 시 주민의 65%가 전차 역에서 가까운 거리에 살고 있다.

현재 프라이부르크의 자원 재활용률은 70~80%에 오가고 재활용되지 않는 쓰레기들은 모두 소각되어 매립되는 것은 없다. 바이오가스 생산에 활용되거나 소각 쓰레기조차 에너지를 생산하는 데 쓰인다.

이러한 친환경 정책은 좋은 경제적 결과로 이어진다. 프라이부르크시의 전체 직업의 3%가 환경 관련 직업을 가지고 있으며 태양에너지 관련 직업과 사업체가 독일의 다른 도시들에 비해 4배나 높다. 태양에너지 산업과 연구에 대한 장려 정책을 통해 태양에너지 기술을 중심으로 한 기업과 연구소 등이 프라이부르크에 자리를 잡았다. 1,000개가 넘는 일자리가 창출되어 지역 경제에도 긍정적인 역할을 한다. 이러한 환경기술력은 프라이부르크의 대표 산업이며 도시개발의 핵심 주제가 되고 있다.

지속가능한 도시개발과 기후변화에 능동적으로 대응하는 프라이부르크의 목표와 노력은 세계적인 환경 도시로 우뚝 서게 하고 있다. 프라이부르크 시민들은 환경과 함께 살아가는 기쁨과 건강한 삶을 얻었고, 환경기업은 더욱 큰 기업으로 성장하고 있다.

지속가능 발전목표의 지역화

2019 녹색도시 전국대회가 청주에서 개최되었다. 6회째를 맞이한 이번 대회는 지속가능 발전목표의 지역화를 주제로 녹색도시 포럼과 시민 실천 콘테스트로 진행되었다. 지속가능발전이란 미래 세대가 그들의 필요를 충족시킬 수 있는 기반을 훼손하지 않는 범위 내에서 현세대의 필요를 충족시키는 것이다. 지속가능 녹색도

시란 사회, 경제, 환경 등 모든 분야에서 지속가능한 발전을 지향하는 도시를 말한다.

유엔은 2015년 지속가능발전목표(SDGs)를 채택하고 경제발전과 환경보호를 미래지향적 발전전략으로 천명한 바 있다. 우리나라도 2030년까지의 이정표인 국가 지속가능발전목표(K-SDGs)를 수립하여 지속가능한 사회로의 전환을 선언한 바 있다. 지금은 지속가능발전 추진에 있어 지역의 시대이다. 지속가능발전목표의 지역화를 위해 지역 차원의 협력과 지방정부의 역할이 어느 때보다 중요해지고 있다.

충남 당진 시는 2017년 지속가능발전 기본계획을 수립하였다. 2018년 행정부서와 협의를 통해 지속가능발전 이행계획을 수립하고 올해 이행계획 보완작업을 하고 있다. 109개 부서별 중점과제를 정리하면서 핵심적으로 소외 없는, 시민 중심, 역량 강화라는 3가지 키워드를 도출한다. 당진시는 지속가능발전 이행계획이 모든 정책의 나침반 역할을 할 것으로 기대한다. 모든 정책의 지속가능성을 반영하고 거버넌스를 통해 함께 구현하고 있다.

전주시는 2007년 지속가능 지표개발 사업을 추진한다. 지난 12년간 민간협력 상설기구 6개를 운영하였으며, 시내버스, 도시공원 등 지역 현안에 대한 문제조정 민간협의회를 운영해 왔다. 시민이 만드는 지속가능한 생태도시종합계획을 수립했고, 지방선거 시민정책 제안 시민정책숲 추진, 생태도시 시민디자인단 운영을 통해 시민참여를 전개해 왔다. NGO, 시민조사단과 함께 시와 시의회가 반드시 참여하는 시민참여형 사업방식을 정착시켜 왔다. 이제 생태교통, 친환경 급식 등 새로운 분야의 NGO를 설립하여 운영하고 있다.

수원시는 2016년부터 2030 지속가능발전목표를 작성해 왔다. 민관 공동의 이행 목표, 시민의 주권의식을 반영한 목표, 누구도 배제하지 않는 시민 모두의 목표라는 작성 원칙을 설정한다. 워크숍, 시민 설문조사, 공감 콘서트, 500인 원탁토론회 등을 거쳐 인간과 환경이 공존하는 지속가능도시 수원을 선언하였다. 시민사회와 이행 포럼은 거버넌스의 일원으로 행정 이행을 점검하고 있다.

청주시는 1996년 푸른 청주21 실천협의회를 창립한다. 2002년 지속가능한 도시발전 지표를 개발하였고 2003년 청주시 지속가능 발전협의회를 창립한다. 2012년 민관산학 436개 단체가 참여하는 녹색청주협의회와 녹색청주 네트워크를 발족한다. 협의회는 지방정부, 시민사회와 함께 청주시 지속가능 발전목표를 수립하고 이행 평가활동을 하고 있다. 그간 공동체와 시민참여 활동을 기반으로 녹색도시 전국대회의 개최, 지속가능 발전대상 수상 등의 다양한 성과를 보여 왔다.

위와 같은 성과에도 불구하고 지속가능 발전의 지역화를 이루기 위한 지역마다의 고민은 여전히 있다. 지속가능 발전계획이 실제로 잘 작동하고 있는지, 다양한 분야별 사업에 지역공동체가 어떻게 참여하고 협력 파트너를 어떻게 구성할 것인지, 다양한 민간 주체 간의 정보공유와 역할 분담을 어떻게 할 것인지, 지속적이면서도 활발한 시민참여를 어떻게 이루어 갈 것인지가 그것이다.

지속가능 발전의 지역화를 어떻게 만들어 낼 것인가? 민간시민단체와 행정 간의 참여와 연대가 기본이다. 시민들이 체감할 수 있는 지표를, 시민들이 참여하는 절차를 통해 마련하고 점검해 가야 한다. 지표의 관리는 지역의 실정을 감안하여 초기에는 중요한 몇 개로 출발하여 단계적으로 확산하는 방식도 고려할 만하다. 정책을 제도화하기 위해 의회에서 조례제정으로 구체화해야 하고, 성과관리 총괄기관의 구축과 언론의 역할도 강조되어야 한다. 모든 주체들의 지속가능 발전에 대한 인식을 높여가기 위해서는 활발한 정보교류와 학습활동은 필수적이다.

물을 활용하는 도시

물은 생활의 기본요소이며, 삶의 질을 결정짓는 중요한 요소이다. 도시에서도 물은 핵심적이며 기본적 요소이다. 물 공급과 물안보, 공공위생과 재해 예방 차원에서 근대화 초기에 제기되었던 물 공급도시, 물 정화도시라는 개념은 물의 사회적 활용과 자원 보존 차원의 물 순환 도시로 발전된다. 최근에 등장한 물 민감도시는 물 중심의 지속 가능한 성장과 기후변화 대응이라는 새로운 단계에서의 다차원적 패러다임을 반영한 도시이념이다.

물 민감도시는 홍수, 폐수 관리와 같은 도시 내 물 순환 체계를 도시계획에서 통합적으로 다루어 도시의 환경적 매력을 증진케 함을 뜻한다. 물 민감도시는 도시 내 하천과 습지 보호, 빗물 및 중수의 재사용을 통해 용수 균형을 회복하고 물 자원 절약을 추구한다. 또한, 호수나 저수지에서 재사용 수 또는 빗물을 활용하여 도시의 생태적 가치를 향상한다.

물 민감도시의 실현을 통해 수질오염 감소, 홍수 예방, 안정된 물 공급 시스템 확보, 열섬현상 저감 등의 다양한 사회경제적 효과를 기대할 수 있으며, 다음의 세 가지 측면을 주목해 볼 수 있다.

첫째, 맑고 깨끗한 수돗물 공급관리체계를 갖춤으로써 시민이 안심하고 이용하는 공공 식수 시스템을 마련할 수 있다. 유동 인구가 많은 공원, 광장 등 공공공간, 주요 관광지 및 보행로 간 연결 거점에 시민들이 안심하고 마실 수 있는 청정한 공공 식수대를 설치하자. 시민들에게 스마트폰 앱을 통해 실시간으로 깨끗한 수돗물 정보를 제공함은 수돗물에 대한 인식 개선과 음용률 향상에 크게 이바지할 수 있다. 공공 식수대 설치 시에는 도로에 이미 구축된 소방용 상수도나 공원의 일반 상수도를 활용할 수 있다. 도시 곳곳에서 공공 식수를 이용할 수 있다면 환경적 차원에서는 일회용품의 사용을 줄일 수 있으며, 도시경쟁력 차원에서는 시민이나 관광객들에게 도시에 대한 또 하나의 정체성을 확립하게 할 수 있다.

둘째, 물길의 다양한 활용을 시도하자. 물은 도시의 미기후 균형 조절과 식생의 기능을 하며, 마음의 치유 공간이 되기도 한다. 물을 활용한 공간의 이점들은 도시 활성화의 주요한 계획 요소로 활용되고 있다. 물길을 활용한 대표적 사례로는 홍수 방재를 위한 방재 공간, 물 순환을 통한 물 정화 및 재이용 등의 수자원 관리 공간, 물길과 연계된 스포츠 레저의 공간, 그리고 관광 및 상업 활성화 공간 등이 있다. 더 나아가 도시 내 물을 특화한 공간을 마련한다면, 제방 공간의 복합 이용을 통한 커뮤니티시설, 문화공간, 관광형 상가 조성, 수변공간 연결성 향상을 위한 보행로, 자전거 도로, 녹지 축 조성, 장소성을 고려한 이정표적 수변 경관 디자인 적용, 여가·문화 활동을 위한 수로 및 수변공원시설의 연계 체계 구축이 가능하다.

셋째, 물 순환 통합관리 플랫폼을 구축하자. 물 순환 통합관리 플랫폼을 통해 도시의 모든 수자원이 연계 및 활용할 수 있으며, 재해, 환경, 친수공간 등에서의 수자원의 복합적 이용이 가능한 도시를 조성할 수 있다. 스마트 물 관리 플랫폼을 통해 한정된 수자원을 이용해 가장 경제적인 수처리를 구현하고, 활용목적에 맞는 수자원을 확보와 실시간 물 관리를 할 수 있다. 또한, 개별적으로 관리하던 수량·수질·생태·환경 등을 통합적이고 지능적으로 관리하게 된다.

마지막으로, 물의 100% 재이용을 위한 관리체계를 구축하자. 버려지는 빗물, 하수 처리수, 가정, 상가, 공장 등에서 사용한 물을 고도화된 처리공정을 거쳐 수로 유지용수, 조경용수, 청소용수, 생활용수 등으로 재이용하자. 물의 지속적인 순환을 통한 환경적 측면에서의 긍정적 효과를 기대할 수 있다. 경제적 측면에서는 아파트 단지 등에서 배출되는 생활하수를 다시 정화해 인근 공장, 청소 또는 조경용수로 재활용하면 수억 원을 절감하는 효과가 있다. 산업적 측면에서는 다양한 산업이 수자원 활용 시스템의 공유를 통하여 연계될 수 있다.

실제 한국수자원공사와 화성 시는 한국판 뉴딜정책 및 그린뉴딜 실현을 위한 도시 물 순환체계 구축 업무협약을 체결한 바 있다.

도시개발과 연계한 신사업모델 발굴 및 건전한 도시 물 순환을 구축을 추진하고 있다. 대표적 사례로는 도시 물 순환 플랫폼, 하수처리시설 상부에 조성한 물 재이용 중심의 도시 물 순환 실증센터, 하수 처리수 수질 개선 기법을 적용한 스마트 운영관리시스템 도입 등이 있다. 화성시뿐만 아니라 더욱 많은 도시에서 물을 활용한 그린 뉴딜사업의 다양한 시도가 있길 희망한다.

10 정보화와 스마트 도시

언택트 정보화와 도시의 운명
디지털화와 도시의 운명
4차 산업혁명에 대한 외국의 대응
세계의 스마트도시
산업클러스터와 혁신환경
복합적 토지이용을 장려하라
사람 중심의 보행환경이 필요하다

언택트 정보화와 도시의 운명

혁신적 환경은 현대 자본주의 경제의 원동력이다. 세계적 정보화의 발전은 공간구조의 변화를 가져온다. 혁신적 정보산업의 고도화로 인해 도시 공간은 뚜렷한 공간적 분업 양상을 보인다. 제조업과 사무업은 기존의 도시지역에서 국지적으로 분산되지만, 국제금융 및 거래 서비스 관련 업종은 일부 국가와 도시로 더욱 집중되고 있다. 이는 공장, 사무실, 상업시설 등의 지리적 분산과 주요도시로의 금융서비스 산업의 집중을 낳았다. 세계적 주요 대도시에는 선도적 기업의 본사, 은행이 위치하며, 혁신적 서비스 생산을 위한 핵심 입지로 주목받는다. 2000년대부터 세계 경제활동의 중심 지역은 제조업에서 금융 및 전문서비스 거점 지역으로 변화했다. 새로운 유형의 분업이 세계적 규모로 발생하면서 뉴욕, 런던, 도쿄, 서울 등이 혁신산업을 선도하는 주요 도시로 부상하여 초국가적 시장기능을 수행한다.

경제활동을 위한 산업의 입지는 분산될 수 있는 한 저비용의 입지로 분산될 것이다. 제조업과 같이 서비스 산업 또한 교외와 지방으로 그 입지를 옮겨나가고 있다. 지속해서 도시 중심지에 남아 성장할 수 있는 산업은 고도의 전문적 활동, 금융서비스, 대면접촉에 의존하는 전문적 사업서비스 등이다.

세계화는 재화, 서비스 이동의 장벽을 낮추거나 제거해 나가는 과정이다. 고도의 정보 통신서비스가 발달함에 따라 정보의 세계적 교류가 가능해졌으며, 비용은 절감되고 거리의 장벽은 무너졌다. 인터넷과 SNS의 전파는 금세기에 걸친 기술개발 과정의 귀결이었다. 이에 따라 특정 정보가 교환되고, 공유되는 선두 도시에 대한 매력은 더욱 증대되었다.

우리의 관심은 정보화가 도시에 미칠 영향에 관한 것이다. 정보의 흐름이 거리의 종말을 이끌게 되고 결국 도시는 더 이상 필요하지 않을 것인가? 적정수준의 인터넷 접속이 가능한 환경이라면 누구나 어디에서든 지역적 제한 없이 원하는 모든 활동을 할 수 있다. 재택학습이 기존 대학의 역할을, 인터넷 거래가 증권거래소를 대신하게 될 것이고, 원격의료 활동이 이루어질 것이다.

그러나 현실은 다소 다른 모습도 보여준다. 뉴욕, 런던, 샌프란시스코 등에서 전통적 산업의 입지 지역에서 신산업분야가 성장하고 있는 양상이 나타나고 있다. 신산업은 산업간 상호작용이나 네트워킹, 사람의 밀집에 의존하여 성장하였다. 오래전부터 이 지역에 자리 잡아 온 전통적 예술, 문화산업을 기반으로 하여 세계화를 대변하는 새로운 도시 관광산업을 만든다. 혁신산업의 성장은 기존의 의사소통 구조를 인터넷 기반의 비대면으로 대체할 것이란 예측과 달리 오히려 기존 산업과 구조에 의존하고 있었으며, 필요성을 높이는 결과를 낳았다. 다수의 멀티미디어 산업의 신설기업은 임대료가 낮은 공간이 필요했고 도심 상업지역의 고층 건물에서 적합한 공간을 찾을 수 있었다. 즉, 다양한 실증적 사례는 만남과 상호작용의 공간으로서 도시는 사라지지 않았음을 보여주었다.

코로나 감염병의 세계적 창궐은 교류와 접촉으로 발전해 온 도시의 나아갈 길에 대해 근원적 질문을 던지고 있다. 국제적 정보인프라의 발전과 사이버공간으로의 전이는 현대도시들의 몰락을 가져올 것인가? 대부분 대도시가 산업화와 정보화라는 강력한 흐름 속에서 생존하기 위해 습득한 탄력성과 융통성은 도시가 앞으로 다가올 또 다른 흐름에 적응케 하는 원동력이 될 것이다.

디지털화와 도시의 운명

정보통신 기술의 발달과 진보는 4차 산업혁명, 인더스트리 4.0, 스마트공장, 디지털 트윈 등 시대를 대변하는 다양한 담론을 점차 명확한 현실로 만들어가고 있다. 디지털화는 오늘날 우리가 살고 일하고 즐기는 삶의 모든 방면에서 절대적인 영향을 주고 있다. 급속한 발전이 거듭되어가는 디지털화 속에서 전 세계 기업들은 또 다른 경쟁우위를 확보하기 위해 끊임없이 새로운 사업모델을 개발하고 있다. 소비자는 일상을 모바일 채널에 의존하며 온라인상에서 재화와 서비스를 체험하며 더 나아가 사람들과 소통하고 교감한다.

모두가 디지털 세상의 일원이 되어 살아가고 있는 시대에 도시경제를 회복시킬 원동력은 무엇인가? 기존의 원동력인 제조업과 금융 산업의 자리를 창조산업이라 일컬어지는 예술, 문화, 오락, 교육과 보건 서비스 대체할 것이다. 창조적 분야와 첨단기술이 융합하여 새로운 산업을 탄생시킬 것이다. 이미 과거에는 나누어져 있던 기술과 영역이 통합되면서 다양한 정보들이 연계되어 새로운 정보를 창출하고 있다. 빅데이터가 허공을 가로질러 우리 삶의 공간을 무한정 흘러 다니는 세상이 된 것이다.

디지털 세상 속에서 계획가들의 중대한 관심사는 도시의 운명에 관한 것이다. 일반적 견해 중 하나는 도시의 존재 이유가 사라질 것이라는 의견이다. 정보의 흐름은 거리의 종말을 일으킬 것이고 결국 도시의 필요성은 소멸할 것이란 이야기이다. 실제 산업화 시대를 겪으며 도시가 직면해온 수많은 난제에 대한 해답을 디지털적 접근방식에서 찾고 있다.

인터넷과 데이터, 컴퓨팅 기반의 인공지능이 혁신적인 대처법을 제시하고 있다. 적절한 디지털 접속이 가능한 환경에서는 누구나 장소의 지리적 한계를 뛰어넘어 원하는 활동을 충분히 수행할 수 있다. 재택교육이 오늘날의 대학을 소멸시키고, 화상 거래가 증권 거래소를 대체할 것이며 환자의 이동 없이 원격 의료서비스도 현실화하고 있다.

그러나 디지털화에 따른 도시의 운명에 대해 다소 다른 현상을 확인할 수 있다. 디지털 기반의 기술과 방식이 실제 집적화된 도시에서 번창한 것이다. 로스앤젤레스의 할리우드 스튜디오, 샌프란시스코의 실리콘밸리, 뉴욕의 소호지구 등 전통적인 산업 지역에서 디지털 신산업이 성장했다. 대도시 지역의 집적화 된 경쟁력은 산업간 상호작용과 네트워킹, 사람 간 접촉과 교류를 촉진했다. 더 나아가 이 새로운 산업들은 대도시 지역에서 오래전부터 자리 잡아 온 전통적인 예술 및 문화산업과 연계되어 도시 관광산업의 세계화로 발전했다.

전통산업과 신규산업의 융화과정에서 온라인에서의 비대면 접촉이 기존의 소통방식을 대체할 것으로 여겨졌으나 역설적으로 대면 접촉을 통한 의사소통의 필요성이 더욱 강화되었다. 전자기술을 활용한 오락물의 시청, 전자 교육, 전자 상담 등 디지털 산업은 원격 소통으로서 충족되는 부분이 있는 한편 동시에 대면접촉의 수요를 불러일으켰다. 또한, 멀티미디어 산업의 신설기업들에 낮은 임대료의 물리적 공간은 필수적이었고 그들은 도심 상업지역의 고층 건물군 사이의 틈새에 자리 잡게 되었다. 결국, 사람들의 만남과 상호작용의 공간으로서 도시는 절대로 사라지지 않음을 보여주었다.

전 세계를 통합하는 정보인프라의 발전과 사이버공간에서의 사회적, 경제적 활동으로의 변화가 도시의 소멸이나 몰락을 가져올 것인가? 이제 도시의 운명은 디지털화와 정보산업이 도시와 경제, 사회를 해체할 것인지, 아니면 통합을 일으키는 새로운 힘으로 작용할 것인지에 달려 있다.

역사적으로 지난 200년간 도시는 산업화, 자동차의 보급 등 다양한 도전을 수용하고 적응하며 발전해 왔다. 앞으로 펼쳐질 디지털 세계에서도 도시는 탄력성과 융통성을 발휘할 것이다. 디지털화가 초래할 도시의 운명은 현대도시가 직면한 핵심 문제이자 향후 도시계획이 고민해야 할 핵심과제가 될 것이다.

4차 산업혁명에 대한 외국의 대응

전 세계는 빅데이터, 사물인터넷, 인공지능으로 초 연결 화되고 있는 4차 산업혁명에 발 빠르게 대처하고 있다. 어떤 대응을 하고 있는지 살펴보자.

독일은 2012년 미래 프로젝트 인더스트리 4.0을 선언한다. 인더스트리 4.0은 제조업의 완전한 자동 생산체계 구축, 생산과정의 최적화를 중심으로 사이버 물리 시스템의 혁명을 추진한다. 이를 통해 지능화된 스마트 공간으로 디지털 도시를 구현하겠다는 것이다.

2014년 독일의 새로운 첨단기술 혁신전략을 채택하고 10대 선도 과제를 제시한 바 있는데, 그 주요 내용은 다음과 같다.

온실가스 배출감소와 재생에너지의 사용을 촉진하여 건축, 교통, 생산설비와 도시 녹화에 응용하여 저탄소 도시를 구현한다. 석유를 대체할 수 있는 재생에너지 확보에 주력하며, 2020년까지 독일 총수요의 30% 이상을 재생에너지로 운영한다. 지능 전기 망과 방대한 전기 에너지 저장능력을 구축하고, 지능제어와 신형 정밀 저장 기술을 채용하여 에너지 공급을 효율화한다. 맞춤형 진료를 통해 건강한 다이어트와 예방을 통한 질병 치료, 식품의 새로운 품종을 개발하고 자립형 장수를 위해 노년의 생활 질을 높인다. 지속가능한 교통체계 구축을 위해 기후와 환경친화적인 자동차 제조 시스템 구축의 글로벌 선두 시장이 된다. 인더스트리 4.0을 통해 생산 공정에서의 디지털 기술 접합, 공정 자동화, 다품종 대량생산 체계를 구축하며, 통신보안의 확보를 통한 개인 프라이버시 보호, 네트워크 기반 비즈니스를 위한 견고한 기반을 확보한다.

일본은 2017년 소사이어티 5.0의 비전을 발표한다. 2016년 수립된 일본 정부의 과학기술 정책의 기본방향으로 사이버공간과 현실

사회의 물리적 공간이 고도로 융합한 슈퍼 스마트 사회를 미래의 모습으로 설정하고 그 실현을 위한 일련의 활동을 소사이어티 5.0으로 규정한다. 산업사회에서 정보사회를 거쳐 이제 슈퍼 스마트 사회로 진화하고 있다는 인식에 따라 4차 산업혁명 모델 구축을 위해 대응하고 있다.

슈퍼 스마트 사회는 사람과 로봇 인공지능과의 공생, 맞춤형 서비스의 클라우드화, 서비스 격차 해소, 기회균등 및 확대를 기본 가치로 제시한다. 소사이어티 5.0의 서비스 플랫폼으로 에너지밸류 체인, 새로운 공장 시스템, 통합된 커뮤니티 케어, 재해로부터 회복력, 스마트 생산체계, 지능형 교통체계 등을 제시하고 있다. 실현 방안으로 3차원 지리 데이터, 인간 행동 데이터, 교통 데이터, 환경 관측 데이터. 공산품과 농작물 등 생산데이터와 배분 데이터 등의 빅데이터를 활용한다. 이를 통해 필요한 서비스를 필요한 사람에게, 필요한 때에 필요한 만큼 제공하고 사회의 다양한 요구에 효율적이고 대응하며, 모든 사람이 나이, 성별, 지역, 언어와 관계없이 편안하게 살 수 있는 사회를 지향하고 있다.

중국은 2016년 혁신 드라이브 정책을 추진함으로써 세계에서 가장 빠른 슈퍼컴 톈허-2 출시, 달 탐사 위성 창어 3호 발사 등 주요 성과를 거뒀다. 2015년 '중국제조 2025'에서 제조 대국에서 제조 강국으로, 자원집약형 전통산업에서 기술 집약형 스마트 제조 강국으로 성장하기 위한 10년간의 전략을 표방한다. 2015년 주창한 인터넷 플러스 행동계획은 인터넷과 기존 산업을 융합시켜 새로운 경제발전 생태계를 창조하는 전략이다. 또한, 민간과 시장을 창업의 주체로 강조하는 대중창업(大衆創業) 만중창신(萬衆創新)을 선언하였다.

혁신 드라이브 정책은 2050년까지 세계 과학기술 혁신 강국 건설로 세계 주요 과학 중심과 혁신국가로 성장을 실현한다는 전략이다. 이를 위해 중국에서는 혁신 창업을 추진하고 전 사회의 창조 활력을 활성화하고 있다. 모바일 네트워크, 빅데이터, 클라우딩 컴퓨터 등 현대 정보통신 기술을 바탕으로 신형 창업 서비스 모델을 발전시키고 있다. 혁신과 창업에 참여하는 비용과 문턱을 낮추고 작은 혁신과 소규모 창업과 발명을 장려하고 있다. 아울러 인큐베이터 화를 통한 신형 강소기업을 육성하고 있는데 소형화와 스마트화, 전문화의 산업조직 특성에 적응하는 네트워크화 혁신을 추진하고 있다.

세계의 스마트도시

전 세계적으로 스마트도시가 크게 주목받고 있다. 이제 지능형 도시는 인텔리전트 시티를 넘어 스마트도시로 진화되고 있다. 정보화된 도시시설과 축적된 빅데이터 정보를 이용해 도시를 스마트하게 관리한다. 미국은 2013년 ICT 기술과 제조업을 융합한 스마트 신산업을 육성하고 있으며, 유럽 여러 나라도 기후변화 등 다양한 도시문제를 스마트도시를 통해 대처하고 있다.

스마트도시의 선두 주자인 미국은, 2016년 2월 '스마트도시 챌린지'를 발표하고, 교통, 에너지, 환경 등의 도시문제를 해결하기 위한 78개 제안서를 평가하여, 2016년 6월 콜럼버스시를 최종 대상 도시로 선정한다. 콜럼버스 시는 주거, 상업, 도심, 물류 지구 등 4개 권역에 안전성, 이동성, 경제활동, 기후변화 대응에 스마트 기술을 적용하였다. 구도심과 신도심의 균형발전, 이동 약자를 위한 모빌리티 서비스 제공 등 모빌리티 혁신을 통한 도시문제 해결 방안을 추진하였다.

뉴욕은 더 안전한 도시를 만들기 위해, 2018년 12월 오픈데이터법을 제정하고 뉴욕의 모든 공공데이터를 하나의 포털에서 자유롭게 활용할 수 있도록 했다. IoT와 빅데이터와 같은 신기술을 활용한 오픈데이터 포털 웹사이트를 통해 도시문제를 해결하는 서비스를 운영하고 있다. 시카고는 AoT(Array of Things)를 통해 개방된 데이터를 지도 위에서 시각화하고, 수집된 데이터는 오픈 API 형식으로 시민들에게 전달한다. 시카고는 스마트 데이터 프로젝트를 통해 도시 통합플랫폼을 구축하고 예측 분석이 가능한 도시 운영의 시대를 열어 가고 있다.

EU의 스마트 성장프로젝트는 지속 가능한 환경 친화적인 도시 개발을 목표로 바르셀로나, 스웨덴, 스톡홀름, 쾰른이 공동으로 스마트성장을 추진하고 있다. 교통관리, 통신 및 인프라 등의 데이터 패턴 수집 및 분석을 위한 개방형 데이터 플랫폼을 구축하고, 교통, 에너지, 주차, 기후 데이터 등을 저장, 관리, 분석하여 도시환경을 개선하고 있다.

영국은 2013년부터 미래도시 프로젝트를 시도하여 스마트도시를 추진하고 있다. 런던, 글래스고, 브리스톨 등 30여 개 도시가 스마트시티 구현에 적극적이다. 미래형 신도시인 밀턴킨즈는 2017년 스마트시티 데이터 허브를 구축하고, 유동 인구, 버스, 기차 실시간 정보를 바탕으로 스마트 교통 안내 서비스하고 있다. 원격대학이 주축이 되어 13개 기관으로 구성된 컨소시엄을 통해 데이터 허브를 구축하고, 교통, 헬스, 안전, 수도 등에 대한 실시간 분석 서비스를 제공한다. 현재 150여 개 기관이 협업하는 스마트시티 비즈니스 생태계가 형성되었다.

　독일 베를린은 도시 브랜드로 '신재생 에너지'를 선정하고, 디지털 기술로 에너지를 효율적으로 관리하는 스마트 그리드 프로젝트를 추진 중이다. 태양열을 이용하여 전기차 충전 생산체계를 구축하고, 도시 내 오픈 데이터를 활용하여 데이터 분석을 할 수 있는 빅데이터 센터를 운영하고 있다. 핀란드 헬싱키는 2025년까지 자동차 없는 도시를 목표로 수요 기반형 모빌리티 지향, 차량공유 활성화 및 다양한 교통수단의 최적 경로 추적시스템을 통합플랫폼이 제공한다. 스마트 그리드, 스마트 빌딩 등에 AI 기술을 접목하여 에너지 사용률을 감소시키고, 지하통로를 통한 쓰레기 배출 서비스를 통해 쓰레기양을 조절하고 있다.
　중국 항저우 스마트도시는 시티브레인을 적용하여 교통 상황 파악, 신호처리를 통해 원활한 교통흐름을 만드는 것은 물론, 장기적인 교통정책 수립에 활용하고 있다. 인공지능, 디지털 트윈, 빅데이터 등 첨단기술을 통해 도시 인프라의 효율적인 관리 및 도시문제 해결을 목표로 한다.

　버추얼 싱가포르 플랫폼은 가상 실험을 통한 재난 발생, 피해 예측, 대피경로 시뮬레이션을 수행한다. 2014년 선포된 '스마트네이션'은 싱가포르 내 모든 건축물과 지형정보를 3D 가상 환경인 디지털 트윈을 통해 다양한 도시계획 사전 시뮬레이션을 진행하여 싱가포르 전역의 공간 데이터 표준화를 진행하였고, 2016년 8월 세계 최초로 자율주행 택시를 도입하였다.

바야흐로 스마트도시의 시대이다. 교통, 행정, 주택 분야에서 도시 빅데이터가 수집되어야 한다. 방대한 데이터와 정보를 활용하여 도시교통, 에너지, 기후 문제에 대처하는 스마트도시는 도시의 미래이다.

산업클러스터와 혁신환경

사물들의 밀접한 집단을 가리키는 클러스터란 말이 산업적 측면에서 산업클러스터로 사용된 것은 영국의 경제학자 마샬에 의해서이다. 그는 1890년 영국에서 일정 지역으로 특정 산업이 집적되어 지역의 발전을 선도하고 있는 모습에 주목하였다. 산업의 집적에 따라 전문기술을 가진 노동시장, 지원산업과 다양한 서비스, 기업 간의 기술 파급으로 발생하는 외부효과가 지역산업의 발전을 가져온다고 보았다.

이후 미국에서는 실리콘밸리와 보스턴 첨단산업지구에서 지역에 뿌리내린 조직문화와 제도, 기업지원체계 등의 역할이 강조되면서 산업클러스터를 주목하게 된다. 그 후 산업클러스터는 경쟁과 협력 관계의 기업, 서비스 공급자, 연관 산업, 관련 기관 등이 공간적으로 집적된 곳으로 개념이 확장된다. 결국 산업클러스터는 기업, 연구소, 대학, 기업지원기관, 금융기관 등과 같은 다양한 주체가 일정한 지역 내에 자리 잡아 협력 시스템이 형성되는 혁신환경을 지칭한다.

산업화 시대의 기업 집단입주지인 공업단지는 입주기업 간 연관성이 낮고, 입주업체 간 교류를 통한 시너지 효과가 적고. 지식산업의 창출과 새로운 부가가치 창출에도 한계가 있다. 이를 극복하기 위해 관련 기업과 기관들이 원활한 네트워크를 구축하고, 정보 교류와 상호작용을 통해 경쟁력을 높이기 위해 조성된 것이 산업클러스터이다. 미국의 실리콘밸리는 클러스터의 대표적인 사례이다. 미국은 이미 40개의 산업클러스터 실천 로드맵을 작성하는 클러스터 매핑 프로젝트를 진행하고 있으며, 과학 분야와 기술 분야 간 교류 촉진과 뛰어난 생활 여건을 조성하는 등 산학협력 성공 모델을 많이 보여주고 있다.

최근 일반적인 집적 경제를 넘어 기업 간의 인접성과 상호작용에 의한 지역화 경제효과가 강조된다. 기업 간 구매 및 판매 연계로 인한 시장 지배력의 향상, 전문화된 수리시설의 활용 가능성 증대, 인프라의 공동 활용, 기업 활동의 불확실성의 감소, 정보입수의 용이성 등이 강조된다.

근대 산업사회의 대량생산과 수직적 통합모델은 지식정보 산업의 출현으로 새로운 환경에 직면한다. 시장의 수요예측이 어려워졌고, 시장이 전 세계적으로 다양화되었으며, 기술변화가 단일 목적의 생산설비를 쓸모없는 것으로 만들고 있다. 대량생산 체계는 새로운 환경변화의 특성에 대응하기에 지나치게 경직되고 큰 비용이 요구된다. 이러한 경직성을 극복하기 위한 대안이 유연적 생산체계이다. 유연적 생산체계에서는 적기 공급, 지속적인 거래 등 소규모 연계가 증가하여 기업은 공간적 집적이라는 입지 전략을 통해 외부거래에서 공간 의존 비용을 줄일 수 있다. 여기서는 창의적인 기업가 활동, 지역 노동시장 형성, 사회적 재생산과 동태적인 커뮤니티 형성 등 사회적 협력 시스템이 강조된다.

정보사회의 도래로 급격히 변화하는 혁신환경은 산업경쟁력에 있어 매우 중요한 요소로 드러났다. 지식기반 경제 시대에서는 산업발전에서 지식이 가장 중요한 생산요소가 되면서, 인적자본과 더불어 제도적 자본, 사회적 자본을 창출하는 능력이 중요해지고 있다.

현대의 지식기반 산업은 변화 속도가 빨라서 고정비용을 최소화하기 위해 생산과정의 일부를 외부 화하는 경향이 높다. 이에 따라 관련 활동이 집적된 공간을 선호하므로 집적이 중요하다. 단기적 고급인력을 상시적으로 활용할 수 있는 유연한 노동시장이 중요하며, 수명주기가 짧아진 제품변화에 신속히 대응할 수 있도록 부품기업과 네트워크가 구축된다. 지속적인 기술 습득을 위한 신기술의 학습과 유통이 필요하며, 이에 따라 대학 및 연구기관들의 연구개발 역량과 결합을 추구한다.

혁신환경을 구축하기 위해서는 학습과 혁신과 같은 사회학적이며 문화적인 요소가 중요하다. 지역의 경쟁우위는 주어지는 것이 아니라 개발되고 창조될 수 있다. 지역의 경쟁우위 확보과정에서 산업클러스터의 구축을 기반으로 특정 업종, 제품의 생산과 관련된 기업, 협회, 정부 기관을 포함하는 지역화 경제를 만들어가야 한다. 여기에는 생산과 거래비용의 절약만이 아니라, 정보, 기술, 지식의 교류와 협력적 학습이 요구된다.

복합적 토지이용을 장려하라

토지이용을 복합화하면 활기 넘치며 다양성이 존재하는 커뮤니티를 만들 수 있다. 거주와 노동, 여가를 위한 장소를 조성하는데, 복합적 토지이용은 좋은 수단이다. 주택들이 식료품점이나 고용센터에 걸어서 갈 수 있는 거리 내에 있을 때 도보와 자전거의 이용이 가능하며 보다 편리한 생활양식을 가져올 수 있다.

저밀도 단일용도의 전통적인 개발방식은 용도 간 분리를 초래했으며, 장거리 통행에 따른 사회적 비용과 추가적인 환경 관련 문제를 발생시켜 왔다. 토지이용의 복합화는 거리와 공공 공간, 소매점들이 주민들의 교류와 만남의 장소가 되도록 해주며 커뮤니티 생활을 활성화하는데 이바지한다. 복합적 토지이용은 주거지역에 근접하여 위치한 상업지역을 통해 높은 부동산 가치와 세수 증가에도 이바지한다.

미국에서 시행되고 있는 복합적 토지이용을 장려하기 위한 몇 가지 정책을 살펴보자.

주민들이 직장 근처에서 거주하도록 장려하기 위해 정부기금을 통한 인센티브를 제공하고 있다. 미국에서 많은 사람은 직장 근처에 거주할 만한 경제적 여유를 갖고 있지 못하며, 점점 더 먼 통근 거리로 내몰리고 있다. 주택과 일자리의 균형을 맞추기 위해 용적률과 건폐율 보너스를 통한 지원의 활용, 대중교통시설 주변의 공동개발과 주거지역의 확대, 저렴한 주택세 공제 혜택 등을 운용하고 있다. 일자리와 주택 간의 균형을 촉진하기 위해 정부와 기업들이 인센티브를 제공하고 있다. 메릴랜드 주의 주택지역사회 개발부서는 직장 근처에서 주택의 구매를 촉진하는 직주근접 파일럿 프로그램을 실행하고 있다.

또한 기존의 전통적인 개발법규에 상응하는 스마트 성장법규를 적용하고 있다. 스마트 성장형 개발을 승인하고 장려하는 정책 프레임을 제공함으로써 지방정부는 개발자들이 오랜 절차를 거치지 않고 복합용도개발이 가능하게 하고 있다. 플로리다 주의 포트 마이어스 비치는 기존의 전통적인 법규와 함께 스마트 성장법규를 선택적으로 채택하였다. 보도에 그늘이 질 수 있도록 차양 설치와 함께 건축선 후퇴 없이 건물들이 건설되는 것을 허용하고 오픈 스페이스 필요조건의 일부를 삭제하였다. 이 접근방식은 이전의 선택적인 법규들과 신속하게 비교될 수 있도록 만들어졌으며 상당한 성과를 거두었다고 한다.

커뮤니티와 건물의 복합 이용을 촉진하기 위해 혁신적인 용도지역제 기법을 활용하는 것도 필요하다. 용도지역제의 전통적인 접근법이 용도의 분리를 지속해서 요구하고 있음에도 불구하고 새롭고 다양한 기법을 통해 복합용도 개발을 촉진하는 데 사용되고 있다. 토지이용과 건물디자인 기준의 특별한 적용을 허용하는 오버레이 존과 계획단위개발은 스마트한 커뮤니티 조성에 사용되고 있는 수단이다. 샌디에이고는 복합용도를 장려하는 도시마을 오버레이 존을 구축하여 상점, 사무실, 식당, 주택을 결합한 지역에서 보행자 중심의 복합용도 개발을 진행하는 데 기여하고 있다. 계획가가 전체 사업대상지를 기준으로 용도와 건물의 특성과 입지를 평가하도록 하는 계획단위개발은 용도지역제의 유연성을 부여한다.

시장수요에 대한 대응 방식으로 개발자들이 용지를 쉽게 공급하도록 탄력적인 용도지역제의 운용도 좋은 사례의 하나이다. 커뮤니티는 가변적인 공간이며 시간이 지나면서 변화된다. 기존 주택들을 상점이나 식당으로 개조하는 등 활기 넘치는 보행 친화적인 공간으로 바뀌게 된다. 상업가로와 주택가 사이에 용도 전환이 발생하는 지역에서의 유연한 용도지역제 정책은 시장의 요구에 따라 다양한 용도의 확장과 축소에 맞춰 가는 데 도움을 줄 수 있다. 건물 코드가 새로운 용도에 부합한다면 번거로운 절차 없이 개발자나 건물소유주들이 건물의 용도를 바꾸는 것이 허용된다. 건물 종류, 규모에 따른 용도지역제와 결합한 유연적 용도지역제는 지역 내에서 소매점을 역동적으로 변화시키고 소기업이 발전할 기회를 제공하기도 하며 건물의 외관을 관리함으로써 지역의 분위기를 형성하는 데도 영향을 미친다. 또한 유연한 용도지역제는 개발자와 건물소유주들이 시장변화에 적응하게 함으로써 자산 가치를 높이는 역할도 한다.

사람 중심의 보행환경이 필요하다

가로공간은 다양한 이들이 함께 사용하는 일상의 공공 공간이다. 보행자에게 매력적인 가로환경을 제공하고 가로의 활성화를 도모하기 위해서는 보행자 중심의 정책 전환이 전제되어야 한다.

보행 활성화를 위한 몇 가지 사업을 소개하고자 한다.

첫째, 도로 다이어트 사업은 도로의 전체 폭은 유지한 채, 차로 수나 차로 폭을 줄임으로써 차량 위주의 공간을 감소케 하는 도로 설계 기법이다. 도로에서 차량 위주로 사용되었던 일부 공간을 보행자를 위한 공간으로 재활용함으로써 가로공간의 효율적으로 가로공간을 이용하고자 한다. 도로 다이어트를 통해 확보하게 되는 여유 공간은 확장된 보도, 보행자를 위한 휴게공간, 자전거 등 다른 이동 수단을 위한 공간으로 활용된다. 도로 다이어트는 교통량이 적으면 쉽게 적용할 수 있는 설계기법이지만, 특별히 보행자 위주의 가로를 조성하고자 할 때 적극적으로 활용된다.

둘째, 안전속도 5030정책은 도시의 도로에서 차량 속도를 50km/h 이하로 제한하고, 보호구역 등으로 지정된 이면 도로에서는 차량 속도를 30km/h 이하로 낮추는 정책이다. 도로교통법 개정으로 인해 올해 4월부터 전국의 모든 도시에서 안전속도 5030정책을 시행하고 있다. 이 정책의 효과를 높이기 위해서는 교통량과 차량 속도의 감소를 유도하는 교통정온화 시설을 도입하고, 차로 폭 제한, 보행섬, 고원식 교차로 등을 적절히 활용하여 자연스럽게 차량의 감속을 유도하고 보행자에게 안전한 가로환경을 제공해야 한다. 해외 사례로는 프랑스 파리시의 약 60% 구역에서의 제한속도는 30km/h로 지정되어 있으며, 해당 지침은 프랑스의 도시 전역으로 확장하여 적용할 계획이다. 스페인 바르셀로나 시에서는 제한속도 30km/h 도로를 시 전체의 약 75%까지 확대한다는 계획을 발표한 바 있다.

셋째, 카프리 존(Car-Free Zones)은 도로의 일정 구역으로의 자동차 진·출입을 전면 통제하는 정책으로, 개념적으로 보행자 전용도로와 유사하다. 카프리 존의 실질적 도입 시에는 주민들의 반대도 많아 일반적으로 시차제 운용이나 특정요일 운행 등과 같이 유연한 적용방식을 취한다. 해외 사례의 경우, 콜롬비아의 수도 보고타에서는 1982년부터 세계 최대 규모의 카프리 정책인 시클로비아(Ciclovia) 행사를 운영하고 있다. 시클로비아는 120km에 달하는 주요 간선도로에서 7시간 동안 진행하는 차 없는 거리 행사이다. 매주 일요일과 공휴일에 개최되며 오전 7시부터 오후 2시까지 가로 내 레크리에이션 구역 지정, 무료 건강검진소 운영 등 다양한 이벤트를 진행하며 가로공간에서는 자전거, 인라인스케이트 등을 타는 사람들의 다양한 활동이 펼쳐진다.

다음으로, 보행자를 위한 환경조성을 위한 다양한 시도가 있다. 보행자가 가로공간을 보행에 쾌적한 공간으로 인식할 수 있도록 보행 친화적 포장 기법이 시도되고 있다. 최근에는 차량이 이용하는 도로일지라도 보행량이 많은 경우, 보행에 친화적인 블록 포장을 통해 도로 전반에 대한 인식변화를 유도한다.

사람들은 가로공간에서 휴식, 만남, 대화, 체험을 경험할 수 있어야 한다. 앉을 수 있는 공간, 식음료가 가능한 공간, 크고 작은 이벤트를 개최할 수 있는 보행광장과 같은 다양한 쉼터를 조성하여 보행 공간에 활력을 부여해야 한다. 뉴욕시의 경우 시티벤치 프로젝트를 통해 거리 내 시민들이 필요한 위치에 벤치의 설치를 요청하고 있다.

마지막으로, 가로의 수목은 쾌적한 보행환경을 조성하는 데 다양한 기능을 수행한다. 그늘을 제공하고 미기후를 조절하며 소음을 완화하는 역할을 한다. 가로의 녹지가 제공하는 적절한 그늘은 연속적인 보행에도 중요한 요인이다. 보행자의 이동과 머무름이 있는 건널목이나 버스정류장과 같은 대기 공간에도 수목 등을 통한 그늘을 마련할 수 있도록 적극적으로 고려해야 한다.

세계의 많은 도시에서는 사람 중심의 보행환경을 조성하고자 다양한 시도를 하고 있다. 소규모의 예산을 활용하여 도시 내 가로의 활용방식을 바꾸고 가로공간의 분위기를 혁신하고 있다. 한정된 도시공간을 더 쾌적하고 효율적으로 이용하기 위해서는 도시공간 내 보행자를 위한 공간 마련은 반드시 우선되어야 한다.

11 건강도시

전염병과 도시 정비
일제강점기 청주의 위생시설 정비
코로나와 도시공간 이용의 변화
코로나19 대응 공간정책과제와 그린 뉴딜
포스트 코로나 도시계획
건강도시 만들기
건강도시를 위하여
건강도시란 어떤 도시인가?

전염병과 도시 정비

산업혁명과 급격한 도시화에 따른 주택가 내 무분별한 공장의 설립은 공해, 슬럼화와 함께 질병을 일으켰다. 상·하수도에 대한 환경위생, 공해에 대한 대책, 전염병과 질병의 예방은 도시계획을 통해 사회개혁 운동으로 발전하게 된다.

산업혁명 시기에 도시로 몰려든 수많은 노동자는 열악한 노동, 생활환경에 노출되어 있었으며, 이로 인한 콜레라, 결핵의 확산으로 영국은 높은 사망률, 평균수명의 단축이라는 문제에 직면하게 되었다. 장시간의 노동과 저임금, 화장실조차 변변치 않은 노동환경 속에서 노동자들은 전염병의 발생을 두려워하며 살아갔다. 당시 참혹했던 노동자들의 주거환경은 전염병의 창궐을 일으켰으며 노동 계층의 열악한 주거환경 개선에 대한 필요성을 대두시켰다. 슬럼에서 발생한 전염병은 노동자의 주거지구에서 그치지 않고, 부유층의 주거지구까지 퍼져 사회 전반을 공포로 물어넣었다. 노동력 저하로 인한 채산성의 악화와 전염병으로부터의 생명 보호는 도시환경 개선을 목적으로 하는 사회개혁 차원의 도시계획 추진에 결정적인 계기가 되었다.

도시 환경개선에 앞장선 이들은 의사들이었다. 맨체스터에서는 1784년 발진티푸스의 유행으로 많은 사람이 사망에 이르렀다. 의사들은 과감하고 적극적으로 의료 활동을 전개해 나갔으며 동시에 노동자 지구의 개선 운동을 펴나갔다. 1796년 대규모로 발발한 발진티푸스가 도시 전체를 휩쓴 후 맨체스터 위생국이 설립되었다. 이를 시발점으로 하여 건강의 사회문제화와 위생개혁 운동이 전개되었고, 마침내 1848년 세계 최초로 공중위생법과 보건국이 창설되었다.

1854년 런던 전역으로 콜레라가 빠르게 퍼져나간다. 도시의 빈민계층 밀집 지역에서는 협소하고 누추한 화장실을 다수가 공용으로 사용하였고 오물과 하수는 템스 강으로 흘러 들어갔다. 의사 존 스노는 콜레라의 원인이 오염된 하수임을 확인하고 콜레라 확산을 막게 된다. 이후에 런던 시는 스노의 의견에 따라 상하수도 시설을 갖추게 된다.

19세기 파리는 급속한 도시화와 함께 인구의 팽창을 경험하게 되는데, 1801년 약 55만 명에서 1851년 약 100만 명으로 50년 동안 인구는 약 2배 증가하였다. 19세기의 가장 큰 전염병이던 콜레라는 1832년 파리에서 1만 8천 명의 목숨을 앗아갔으며, 콜레라를 비롯한 각종 전염성 질병은 열악했던 저소득 계층의 밀집 지역에서 급속도로 퍼져나갔다. 지저분한 파리의 도시환경은 무서운 전염병이 번지기에 최적의 조건을 갖추고 있었다.

전염병에 대한 대처는 도시환경의 대개조로 이어졌다. 1853년 나폴레옹 3세는 오스만을 센 지사로 임명했고, 그는 파리의 도시 개조를 주도했다. 그의 이름을 딴 오스만 화는 이후 세계 곳곳에서 근대적 도시 정비 모델로 일컬어졌다. 오스만화로 인한 도시 구조의 변화는 도로, 상하수도, 공원녹지의 정비로 나타났다. 도시 소통망의 확충을 위해 대로를 신설해 도시의 구도심과 새로운 외곽지역을, 센 강의 동서 지역을, 도시의 남북과 동서를 체계적으로 연결했다. 또한, 상하수도 망과 녹지 공간을 확대했다. 상수도는 약 750km에서 오스만화 이후 약 1,550km로 증설되었고, 1854년 약 160km이던 하수도는 1870년 약 540km로 확대되었다. 쾌적한 자연환경으로 불로뉴 숲과 뱅센 숲이 정비되었고, 도심 곳곳에 다수의 공원이 조성되었다. 여러 공공건물인 기차역, 병원, 극장, 경찰서, 학교, 교회, 센 강의 다리, 시장 등이 건설되고 정비되었다. 파리의 대대적인 도시 정비는 당시 공포의 대상이었던 전염병과 도시 폭동을 예방하기 위한 것으로, 대로 건설과 교통망 정비 그리고 위생 설비 확충을 최우선순위에 두었다.

북쪽의 베네치아라고 불리는 함부르크는 물의 도시로 강에 인접해 있는 집들의 화장실에서 나온 오물은 강으로 바로 유입되었다. 19세기 말 함부르크는 콜레라의 아성이 되었고 결국 1890년 끔찍하게 발생한 콜레라 사망자는 2백 명에 이르렀다. 사람들은 공포에 사로잡혔고, 두려움 때문에 도시를 떠난 사람들을 통해 콜레라는 30개 도시로 퍼져나갔다. 1859년에 여과 장치가 있는 수도를 설치하면서 비로소 콜레라에서 벗어날 수 있었다. 1898년 함부르크 시는 지주들의 격렬한 반대를 무릅쓰고 가정위생법을 통과시켰다. 다른 지역도 함부르크의 사례를 보고 위생시설을 설치하기 시작했다. 상하수도 시설 등 새로운 위생시설 덕분에 콜레라는 19세기 말 마침내 자취를 감추었다.

상하수도 시설, 위생시설의 정비가 전염병의 확산에 실질적인 예방책을 제공하였음을 역사는 보여주고 있다. 개인과 사회의 건강하고 안전한 삶에 있어 도시는 직접적 터전이다.

일제강점기 청주의 위생시설 정비

개항 이후 우리나라 도시는 골목 안의 쓰레기, 방치된 분뇨, 악취 등 열악한 위생 문제와 이로 인한 전염병이란 과제에 직면했다. 1879년 일본에서 유행한 콜레라가 부산으로 들어와 국내로 퍼졌고, 1895년에는 30만 명이 콜레라로 사망했다. 이러한 상황에서 도시위생환경을 개선하기 위한 최초의 제도가 정비되었다. 1894년 갑오개혁과 함께 위생국이 설치되었고 경무청에서 위생 관련 업무를 담당하게 되었다.

도시위생시설의 정비에 있어 주요한 사항은 상·하수도의 설치로 볼 수 있다. 상수도 시설이 구축되기 전 우리나라 도시의 생활용수는 대부분 강물에 의존해왔다. 1910년 9월 「수도상수보호규칙」의 공포와 함께 상수도의 설치에 대한 움직임이 활발해졌으며 근대 도시의 정비가 시작되었다.

청주의 경우 1910년 10월 청주면 내 시구개정(市區改正)안이 기안되었고, 1911년 읍성이 철거되고 1915년에 이르러 대부분 공사가 준공되었다. 성벽 해체 후 얻게 된 석재를 활용하여 하수구를 설치하였으며 석교로부터 북문에 이르는 일직선의 중심도로를 개수하였다.

청주는 예로부터 무심천의 흙탕물이 범람하며 도시 곳곳으로 오수가 흘러나갔다. 오물은 무분별하게 버려졌으며 지표로 침투되었다. 이 때문에 우물물 대부분은 식료로서 적합지 않았다. 필연적으로 지역 내 전염병은 끊이지 않았고 대중에게는 건강하지 않은 땅으로 인식되었다.

1911년 시구개정사업의 목적으로 설치한 하수구는 오수의 유입 관리에 상당한 효과를 보였으나, 수질의 향상에서는 그 효과가 미미했다. 1912년 시가의 남단 무심천의 제방을 허물고 정수 우물을 만들어, 이곳으로 하수의 길을 향하게 했다. 이후 1919년 간이수도 부설계획이 입안되었으며, 1921년부터 상수도의 부설에 착수하여 1922년 6월 수도 통수식 거행되었으니 이는 전국 도시 중 17번째이다.

1920년대 말에 이르러서는 급수인구 대비 사용 수량이 증가하여 제한 급수에 대한 고려가 필요해졌다. 이에 따라 1929년 6월 수도 급수규칙의 개정에 따라 모든 사람을 대상으로 계량제를 적용하게 된다. 특이한 점은 조선인들의 수도공급은 극히 부족한 실정이었다. 1931년 동아일보에 게재된 기사에 의하면, 1931년 2월 말 기준 수도 급수자는 일본인 600호에 조선인은 10호에 불과하며, 수도시설을 사용치 않는 호수가 조선인 2,400호, 일본인 90호이며, 음료수로 적당한 우물이 불과 130개소에 불과하여 청주시민들이 전염병 유행에 매우 불안해하고 있다는 것이다. 이러한 수도시설의 정비는 주로 일본인들을 위한 것이었고 조선인에게는 요금이 과하여 당시 언론에서는 요금 인하를 주장하기도 하는 등 당시 도시 위생시설의 정비에 있어 식민지적 성격이 드러난다.

하수시설은 1922년부터 4년간의 하수도 시설정비사업이 시행되었다. 이후, 1932년 11월 청주읍 석교정 하수공사 입찰에 관한 신문 기사가 보도된 것으로 미루어보아 하수 정비가 이루어진 것으로 보인다.

서구 근대 도시계획이 산업혁명 이후 열악한 주거환경과 공중위생을 개선하고자 하는 움직임으로부터 출발하였던 것처럼 우리의 도시계획의 역사도 도시의 위생 문제 극복을 지향점으로 전개됐다. 일본 강점기에 청주 도시계획은 전통 도시로서의 유구한 역사성을 지켜온 청주를 도시공간 차원에서 근대화시킨 측면도 있으나 보다 근원적 측면에서 공간구조의 단절과 왜곡을 가져온 시기이기도 하다. 식민 통치를 시작하면서 일제는 근대도시계획 수립이라는 미명하에 읍성을 철거하고 식민 통치체제에 걸맞은 형태로 도시 구조를 개편시켰다.

그 당시 도시계획 및 시설 정비사업은 일본인들에 의한 판단 하에 사업의 순위가 조정되었고 사업의 방식이 정해졌다. 그 결과 천여 년의 역사 속에서 변화해 온 것을 훨씬 뛰어넘는 엄청난 변화가 일제강점기에 자행되었다. 일제강점기에 근대 도시로의 성장은 시작되었다. 읍성의 철거와 도시 구조의 개편과 함께 도시위생 문제에 대한 처방으로 상·하수도의 정비가 이루어졌다. 도시의 위생 문제에 대해 자각과 개선을 위한 노력이 수반된 시기였으나, 이 같은 정비는 식민 통치의 효율성과 정당성의 구현에 일차적 목적이 있었다.

코로나와 도시공간 이용의 변화

코로나 발생 이후 도시민들의 생활에서 실내 공간에서의 활동은 매우 감소했지만, 생활권 내 공공 공간에서의 활동은 상당히 증가하였다. 체육시설, 공연시설, 박물관 등 특정 시간대에 많은 사람이 운집하는 대규모 집합시설은 기피됐으며, 그간 주목받아왔던 공유오피스, 공유주거와 같은 공유공간에 대한 수요는 상당히 감소하였다.

구글의 코로나 발생 이후 주요 시설 이용률의 조사 결과에 따르면, 소매·여가시설 -9%, 대중교통 -4%, 직장 -15%로 이용률이 감소했지만, 주거시설 2%, 식료품·약국 10%의 이용률이 증가하였고, 특히 공원의 이용률은 60% 증가한 것으로 나타났다. 이는 도시민들의 건강, 휴식, 여가에 관한 수요를 반영하고 있다.

이용자들의 밀집도는 높지 않으면서 실외에서의 개방감을 느낄 수 있는 도시 외부공간에 대한 도시민들의 욕구가 증가하면서, 공원, 녹지공간, 광장, 아파트 단지 내 공용공간과 생활권 내의 공공공간에 대한 중요성이 증가한 것이다. 생활권 내 공공 공간은 감염의 위험성이 비교적 낮은 공간인 동시에 시민들의 사회적 스트레스를 해소할 수 있는 장소로서 그 활용 가치가 매우 높다.

2020년 5월, 덴마크 4개 도시의 공공 공간 이용행태에 대한 조사가 있었다. 해당 조사의 목적은 가로와 공공 공간, 공원, 놀이터와 운동장 이용에 있어 코로나 발생 이후 어떠한 변화가 있었는지를 파악하는 것이다. 코로나 시대에 어떠한 생활양식이 적합할까? 어떠한 공공 공간이 삶의 질 향상에 가장 큰 영향을 미칠 것인가? 미래에는 어떤 유형의 새로운 모임 장소가 필요할 것인가? 와 같은 질문들을 바탕으로 이루어진 조사 결과는 다음과 같다.

상업지역 내 가로에서의 활동량은 눈에 띄게 줄었다. 공공 공간 이용률은 일정 수준으로 유지되었으나, 지역 간 이동은 큰 폭으로 감소하였다. 도시공간 중 레크리에이션, 여가, 스포츠의 목적에 부합한 공간에 대한 이용량이 증가하였다. 놀이터와 같이 단지 내 활동공간은 전보다 더 인기가 있다. 야외공간에서의 활동과 햇빛, 계절을 즐기고자 하는 사람들의 욕구는 과거보다 더 큰 가치를 가지게 되었다. 많은 도시민은 깨끗한 공기와 물이 있는 자연환경에서의 생활을 즐기는 새로운 생활양식을 추구하고 있다. 이전보다 더 많은 어린이와 노인이 도시 내 공공 공간을 사용하고 있다. 지역 간 전체 이동량을 줄어들었지만, 도심 외곽 지역에서의 보행 이동은 증가하였다.

공공 공간의 이용행태도 변화하고 있다. 먼 거리에 있는 공원보다 가까운 공간을 재활용하여 야외 휴식 공간으로 활용하며, 운동장과 같은 기존의 폐쇄 공간을 공공 공간으로 활용하기도 한다. 공공 공간의 출입구의 명확한 분리 또는 증설을 통해 특정 구역의 혼잡도를 낮추고, 사회활동에 대한 욕구가 큰 노인층을 위한 전용 공간을 마련하기도 한다.

코로나로 인한 사회문화 및 도시공간의 변화에 대해 전문가들은 재택근무의 확산에 따른 주거 공간의 확대와 테라스의 중요성이 향상하였다고 진단한다. 공간의 제약을 받지 않는 업무공간에 대한 선호도 증가와 물류 유통 및 배달의 수요가 증가하였으며, 동시에 공원과 같은 도시 내 외부 공공 공간에 대한 중요성이 증대되었다는 점이 두드러진다. 공원의 이용률이 증가하였을 뿐만 아니라, 그 이용양상에서도 개인 텐트를 설치하고 놀이, 악기연주, 공연 등 다양한 활동이 나타나고 있다. 공원녹지의 이용에 있어 출입

동선을 분리한 일 방향 출입구의 설치와 접근로 폭의 확대 등이 강조되고 있다.

생활권 내 공공 공간은 산책, 휴식, 운동, 교류라는 본연의 기능과 함께, 코로나와 같은 재난 발생 시 방재를 위한 거점으로도 활용할 수 있다는 유연성과 잠재력을 보유하고 있다. 이제 포스트 코로나 시대에 대응한 생활권 내 공공 공간의 활용대책을 체계적으로 마련해야 한다.

코로나19 대응 공간정책과제와 그린 뉴딜

지금 코로나19는 도시에 대해 근원적 질문을 던지고 있다. 도시는 해체 또는 억제되어야 하는가? 도시는 혁신과 발전의 원천인가? 도시발전의 제약을 어떻게 극복할 것인가? 우리는 도시의 진로에 대한 새로운 인식의 전환이 필요하다.

코로나 이후 시대의 도시는 어떠한 모습으로 구현되어야 하는가? 도시위생과 의료 서비스의 효율성을 도시 곳곳에 분산적, 압축적, 유기적으로 연계하는 새로운 도시 형태로의 전환이 필요하다. 코로나와 같은 전염병으로부터 유연하게 대응할 수 있는 회복력 강한 도시인 건강 도시가 필요하다. 미래의 건강도시는 자족적이고, 에너지 자립적인 지속 가능 도시이어야 한다. 다양한 기능에 대한 접근성 강화, 주거와 상업 기능의 도심 배치 기준의 적정성, 녹지공간 공급기준의 상향 검토가 필요하다. 안전한 대중교통 환경과 동시에 다양한 개인교통수단에 대한 선호가 높아질 수 있다. 수소차, 자율주행차량, 개인맞춤형 모빌리티 등 새로운 교통 인프라가 상용화될 것이다. 도보권 내 공간의 이용 빈도 또한 대폭 증가할 것이며 도시 곳곳에서 자연성을 체험할 수 있는 공원과 같은 야외 공공 공간은 더욱 활기를 보일 것이다.

정부는 코로나19 이후의 새로운 시대에 대한 조치로 한국판 뉴딜정책을 선언하고, 핵심 정책목표와 정책과제를 제시한 바 있다. 이중 도시 공간·생활 인프라에서는 녹색 전환을 선언하고, 공공시설 제로 에너지화, 국토·해양·도시의 녹색 생태계 회복, 깨끗하고 안전한 물관리 체계 구축을 핵심과제로 제시하였다. 또한, 저탄소·분산형 에너지 확산을 위해 지능형 스마트그리드 구축, 신재생에너지 확산 기반 구축, 전기차·수소차 등 그린 모빌리티 보급 확대를 강조하고 있다.

국토·도시 분야의 그린 뉴딜 추진 사업과 맥락을 같이하는 기후변화 대응형 도시통합 운영 플랫폼 구축, 도시 에너지관리 시스템, 녹색 교통체계 인프라 관리에 관한 연구와 다양한 시도가 잇따라야 한다. 도시 내 녹색 가로, 하천 네트워크 확충, 공원·녹지·외부공간의 생태적 연결성을 강화함으로써 그린 인프라를 마련해야 한다. 재해 대응강화 차원에서는 방재공원, 침수 프리존을 도입하고 관리해 가야 한다. 그린 뉴딜이 지향하는 녹색 도시의 분야별 목표가 구체화 되어야 하며 녹색 도시와 녹색 사회에 대한 사회적 합의가 이루어져야 한다.

에너지 패러다임 전환에 대한 대응도 중요한 과제이다. 수소경제를 선도하기 위한 연료전지 발전소, 수소 전기자동차는 세계적인 화두가 되고 있다. 수소 경제는 도시 공간을 어떻게 바꿀 수 있는가? 저비용 에너지의 등장은 에너지 절약을 위해 기존 도시가 추구해 온 공간구성의 방식을 근원적으로 변화시킬 것이다. 근린 단위로 연료전지 발전소가 설치되면 매우 효율적인 발전량 조절과 송전이 가능해질 것이다. 에너지의 저장과 보관이 저렴하고 쉬운 방식으로 이루어지며, 미세먼지 또는 이산화탄소로부터 해방될 수 있다. 전기차와 자율 차의 대대적인 보급은 대중교통의 이용으로부터 자유로워진 완전한 개인 단위의 자동차 시대를 가져올 수도 있다. 수소경제를 실용화하기 위한 전격적인 미래 구상과 지속적인 시도가 필요하다.

간과해서는 안 되는 점은 코로나가 가져오는 불균형과 불평등의 문제다. 코로나 상황에서 지역별 불균형과 계층별 불평등의 심화를 완화해 주는 도시정책이 시급하다. 의료복지 서비스의 공급 격차는 감염병 대유행 시 지방 도시의 의료 붕괴로 이어질 가능성이 크다. 디지털 격차 발생으로 인한 대도시와 지방 도시 간 삶의 질, 안전성 확보 문제가 논란이 되고 있다. 이에 다양한 균형발전 정책과 연계한 체계적인 서비스 공급방안이 마련되어야 할 것이다.

코로나 이후 도시에 대한 논의에 있어 코로나19 대응형 공간정책 과제의 타당성, 한국판 그린 뉴딜, 디지털 뉴딜정책의 공간적 함의는 큰 의의가 있다. 지난 세기 풍미했던 규범적 도시계획의 원칙이 진정 타당한지 점검되어야 한다. 뉴노멀 시대에서 새로운 질서를 모색하고 있는 지금, 우리의 도시는 어디로 가야 하는가?

포스트 코로나 도시계획

근대 이후 도시 감염병과 같은 공중보건의 문제는 도시계획의 시작이었다. 1854년 런던에서 발발한 콜레라에 대처하면서 존 스노우는 감염병 질병 지도와 도시계획을 통해 감염병이 통제될 수 있음을 입증하였다. 이를 계기로 상수도, 하수도시스템과 같은 도시계획 시설 정비가 이루어지게 된다. 1848년 영국 도시의 처참한 도시환경을 개선하기 위하여 제정된 공중위생법은 세계 최초의 도시계획법으로 불리기도 한다. 오염 환경과 주거지의 분리, 상하수도의 설치, 일조와 채광기준 등이 마련되면서, 공중보건 문제에 대처하기 위하여 근대 도시계획이 전개되게 된다.

지금 코로나19는 도시에 커다란 충격을 주고 있다. 비대면 온라인 방식의 새로운 생활 방식이 퍼지고, 언택트 산업과 온라인 경제가 빠르게 퍼지고 있다. 포스트 코로나는 코로나19로 인해 일어난 사람들 간 대면접촉을 피하는 언택트 문화의 확산, 원격교육 및 재택근무 급증 등 사회 전반의 큰 변화들이 향후 우리 사회를 주도한다는 것이다.

정부는 지난 2020년 4월 코로나19 이후 다가올 새로운 시대에 4대 환경변화로 비대면·원격사회로의 전환, 바이오 시장의 새로운 도전과 기회, 글로벌 공급망 재편과 산업 스마트화 가속, 위험 대응 일상화 및 회복력 중시 사회를 꼽은 바 있다. 이에 따라 큰 변화가 예상되는 헬스케어, 교육, 교통, 물류, 제조, 환경, 문화, 정보보안 등의 8개 영역, 25개 유망기술을 선정한 바 있다. 이 유망기술은 향후 5년 이내에 가시화될 것으로 보고 있다.

도시 감염병은 도시의 인구밀도, 대중교통 인프라와 직접 관계된다. 코로나 이후의 세계적 변화에 대응하여 도시정책과 도시계획의 방향이 논의되어야 한다. 감염병에 대응하는 건강 도시계획 방향이 확립되어야 한다. 빅데이터를 활용한 감염병 확산의 메커니즘 분석과 새로운 질병 지도, 기후변화 대응형 도시 재난지도의 활용이 적극적으로 모색되어야 한다.

포스트 코로나 시대의 분산형 네트워크 도시의 요구는, 도시위생과 의료 서비스의 효율성을 고려한 새로운 도시 형태로의 전환이기도 하다. 미래 건강도시는 자족적이고, 에너지 자립적인 지속 가능 도시이어야 하며, 다양한 기능의 접근성 강화를 이해 혼합적 토지이용과 분산형 지역 중심의 도시 구조가 강조되어야 할 것이다.

교통수단은 사람들이 밀집하고 밀접하게 되는 대중교통보다 개인교통수단이 선호될 수 있다. 드론 택시나 자율주행차량, 개인맞춤형 모빌리티 등 새로운 교통 인프라가 출현한다. 빅데이터를 기반으로 자동차, 지하철, 버스, 택시 등 다양한 교통수단을 통합하여 최적화된 고객 맞춤형 솔루션을 제공하는 통합교통서비스도 상용화될 것이다. 배송용 자율주행 로봇, 유통물류센터 스마트화 기술은 물류시스템을 변화시킬 것이다. 도보권의 공간 이용에 대한 요구도 대폭 증대되어, 공원, 공공 공간 등은 도시 곳곳에 자연성을 확충하게 될 것이다.

비대면 활동, 재택근무 등 주거 중심의 활동이 강화되는 생활과 활동의 변화도 나타나고 있다. 인터넷 쇼핑과 SNS 접근을 통해 생활문화의 주류가 바뀌고 있다. 실감형 교육을 위한 가상·혼합현실 기술, AI·빅데이터 기반 맞춤형 학습 기술, 온라인수업 등 교육 분야와 실감 중계 서비스, 드론 기반의 GIS 구축 및 3D 영상화 기술 등 문화 분야의 변화도 가시화되고 있다.

포스트 코로나 도시에 대한 논의가 활발하다. 20세기 말 풍미했던 뉴어바니즘, 압축도시론, 대중교통 중심 개발 등의 이론과 규범적인 계획원칙들은 진정 타당한지 점검되어야 한다. 코로나19는 우리의 삶과 생각하는 방식 모두의 전환을 요구하고 있다. 새 기준, 새 일상을 의미하는 새로운 뉴노멀 시대에 접어들고 있다고 할 수 있다. 새 기준과 새 일상은 새로운 질서를 모색하는 시점에서 시대 변화에 따라 새롭게 부상하는 표준을 의미한다. 건강 안전도시는 새로운 뉴노멀 시대의 도시의 지향점이다. 건강한 도시를 만들기 위해 도시계획을 융합적이고, 혁신적인 시각에서 바라보아야 한다. 건강한 삶과 건강한 우리를 소망한다.

건강도시 만들기

건강이란 정신적으로나 육체적으로 아무 탈이 없고 튼튼함 또는 그런 상태를 말한다. 도시가 추구하는 목표의 하나가 건강도시다. 일찍이 도올 김용옥은 건강이란 모든 유기체의 기본원리로서 다양한 요소들의 조화 원리이며, 끊임없는 창발의 원리라 했다. 21세기 추구해야 할 가치가 건강이며, 건강한 사회가 인류의 이상이 되어야 한다고 주장한 바도 있다.

양호한 건강은 사회적, 경제적 및 개인적 발전과 삶의 질을 가져오는 데 중요한 핵심 자원이다. 건강도시란 도시의 물리적, 사회적 환경을 개선하고 시민의 건강과 삶의 질을 향상하기 위해 지속해서 노력해 가는 도시이다. 건강도시는 도시계획, 교통, 환경, 문화, 교육, 복지, 의료 등 도시의 모든 분야에서 건강한 삶의 질 향상을 위해 노력하는 도시이다. 건강도시를 만드는 가장 핵심적인 가치는 모든 분야의 정책에서 건강을 우선하여 구현하는 것이다.

1986년 11월, 세계보건기구(WHO)는 오타와 선언을 통해 건강한 삶을 건강도시 정책으로 천명하면서 건강도시를 시작한다. 건강한 도시만들기 운동은 처음 유럽지역 11개 도시에서 시작되었으나, 현재 전 세계 약 2,000여 개 도시가 건강한 도시를 주창하고 있다.

건강도시 운동은 단계적으로 발전해 왔다. 1987년부터 시작된 초창기에는 건강도시 개념과 정책을 전파하기 시작한다. 1990년대에 들어 참여 도시가 확대하면서 종합적인 도시 건강계획을 마련하고, 건강개발을 위한 형평성, 지속가능한 개발, 사회적 발전에 초점을 두게 된다. 2000년대 와서는 도시의 모든 정책에서 건강을 우선시하고, 돌보고 지원하는 도시환경, 건강한 생활, 건강한 도시 디자인에 중점을 둔다. 2014년에 와서 유럽 30개 국가, 90개 도시가 건강도시 운동을 전개하면서, 모든 사람의 건강 증진과 건강 격차 해소, 건강 증진을 위한 거버넌스 조성이 활발하게 전개되고 있다.

우리나라에서는 1998년 과천시를 시작으로, 창원시에서 건강도시 세미나가 개최되었다. 2003년 서태평양지역 건강도시연맹이 결성되었고, 2006년 9월 대한민국 건강도시협의회가 창립된다. 현재 93개 도시와 여러 관계 기관이 건강도시 운동에 참여하고 있다. 2009년 보건복지부는 건강 친화형 공모사업을 도입했고, 그 후 건강도시 인증제에 대한 논의가 본격적으로 시작된다. 보건 측면에서만 바라보던 건강도시 정책에 도시정책과의 연계와 협업의 중요성을 인식했고, 통합적 정책 수립과 활발하게 사업이 추진되고 있다.

많은 도시가 건강도시를 선언하고 있다. 통영시는 건강도시 통영 선언문에서는 행복한 삶을 누릴 수 있는 건강도시를 만들기 위해 시정의 모든 부문에서 시민의 건강과 삶의 질을 우선 고려하고 반영하며, 시민 누구나 최상의 건강을 누리는 건강 형평성을 실현하겠다고 천명하고 있다.

미국 리치먼드 시는 건강 정책을 도시정책으로 대표적인 도시다. 리치먼드시가 건강한 도시를 위해 설정한 정책 방향은, 여가 및 오픈스페이스 접근성, 대중교통 접근성, 양질의 주거 접근성, 근린생활 시설 완성도, 안전한 공공장소, 지속 가능한 개발 등이 포함된다. 리치먼드 시는 건강도시에 대한 정밀한 실태 분석을 바탕으로 실행 목표를 도출했다. 시민 건강을 고려한 개발사업 가이드라인을 작성했고, 마을 단위의 실행계획을 작성해 실천하는 점이 특징적이다.

현대는 바야흐로 건강한 도시만들기 시대이다. 건강도시는 보행 환경과 신체활동을 촉진하는 공간 조성, 건강 친화적 공간 설계,

녹색 교통시설 확대, 보건의료 시설의 확충, 취약 계층의 건강 증진을 위한 도시계획의 지향으로 나아가야 한다. 앞으로 시민의 건강을 높이기 위해서는 도시정책과 지역개발 정책에 건강도시 개념을 의무적으로 적용해야 한다. 건강한 사회, 건강도시를 보다 활발히 만들어 가기 위해서는 제도 정비와 함께 건강 시범도시 사업을 과감하게 시도할 필요가 있다.

건강도시를 위하여

건강이란 신체적이며 정신적으로, 그리고 사회적으로 완전히 안녕한 상태를 뜻한다. 헌법에서는 기본권적 개념으로 건강을 모든 국민이 마땅히 누려야 할 기본적 권리로 규정한다. 건강은 모든 유기체의 기본원리이며 모든 사회조직의 적용원리이다. 건강도시란 도시의 물리적, 사회적 환경을 지속해서 개선하고, 시민의 삶에 영향을 미치는 모든 정책을 통해 건강을 구현하는 것이다. 실제 건강한 도시 운동은 도시의 건강과 환경을 개선하여 도시민의 건강 수준을 향상하고 건강한 삶을 실현하기 위해 시작되었다.

1986년 세계보건기구는 오타와 선언에서 건강도시 정책을 통해 건강한 삶에 대한 이정표를 만들었다. 이 선언은 "양호한 건강은 사회적, 경제적 및 개인적 발전과 삶의 질을 구현하는데 중요한 핵심 자원이다. 사회경제적 모든 요인은 건강 개선과 관련되어 있으며, 건강 증진 행동은 좋은 건강 상태를 위한 조건 유지에 목표를 두어야 한다."라고 하였다.

유럽 건강도시 네트워크는 도시의 건강 관련 논점을 파악하고 지역사회의 건강 증진 위해 다차원적인 환경의 변화를 도모하고자 하는 맥락 아래에, 2006년도부터 전면적으로 건강을 고려하는 정책을 시행하기 시작했다.

우리나라의 경우 과천시가 1998년에 최초로 건강 도시사업을 착수한 이래 2006년에 건강도시 협의회를 창립하였고, 2018년 기준 93개 도시가 회원으로서 건강도시 운동을 활발히 진행 중이다. 그런데도 국내 도시 내 건강 및 휴양을 누릴 수 있는 공간은 아직 부족하며 이를 누릴 수 있는 생활 수준 또한 낮은 실정이다.

건강한 삶에 대해 과거에는 예방의학과 보건학에 의존해 왔으나, 1980년대부터는 도시환경요인의 영향력에 주목하고 있다. 자전거도로, 패스트푸드 점포 수, 공원 등 물리적 도시환경은 건강한 삶과 직결된다. 여러 가지 질병의 발병률을 낮추고, 건강한 삶을 영위하기 위해서는 일상에서 손쉽게 신체적 활동을 할 수 있는 도시환경이 조성되어야 한다. 약물복용 또는 치료에 앞서 건강한 식습관과 운동의 생활화가 가능한 도시환경이 강조된다.

이제 건강정책은 도시환경에 건강과 보건의 개념을 접목하고 있다. 세계보건기구에서 권고하는 건강도시의 지향점은 다음과 같다. 깨끗하고 안전하며, 질 높은 도시의 물리적 환경, 지속가능한 생태계를 보전하는 도시, 계층 간 상호 협력이 잘 이루어지는 지역사회, 건강 및 안녕에 영향을 미치는 문제에 대해 적극적인 시민의 참여, 혁신적인 도시 경제, 시민 모두를 위한 적절한 공중보건 및 치료 서비스의 최적화, 지역주민의 높은 건강 수준과 낮은 질병 발생이 그것이다.

미국 도시계획협회에 따르면 지역사회의 계획방식은 그 지역주민들의 건강 상태와 밀접한 관련성을 갖는다. 따라서 주민들이 압축적이고 복합적 지역으로 도보나 자전거를 통해 접근할 수 있으며, 학교나 직장으로의 이동을 원활하게 하는 등 도시의 정책과 계획상에서 건강의 가치를 구현할 것을 강조하고 있다.

유럽의 건강도시 프로그램은 노인 돌봄을 위한 성숙한 환경 조성을 위해, 노인 친화적 도시, 사회통합, 건강 및 사회서비스를 과제로 제시하고 있다. 또한, 실행 과제로는 지역의 건강 시스템, 금연 도시, 건강한 식품과 식이요법, 건강한 교통, 기후변화와 공공보건 응급시스템, 안전과 보안을 제시하며 적극적으로 건강도시 정책을 펼치고 있다.

세계보건기구는 2010년 '세계보건의 날'에 "1,000개의 도시, 1,000개의 삶"이라는 구호를 내세워 도시 내 공공 공간을 통해 건강한 도시환경을 제공하고 시민의 건강 증진을 가능케 함을 가장 중요한 가치로 주창한다. 건강도시 정책에 있어 쾌적한 보행환경 마련, 생활 속 활동을 장려하는 도시공간 조성, 건강 친화적 도시공간 설계, 녹색 교통의 확대, 보건의료 시설의 확대, 건강 증진을 위한 도시계획이 중요하다. 도시정책 및 사업 운영 시 건강 영향평가를 시행하고 걷기 좋은 길, 다양한 활동을 권장하는 생활환경, 건강과 환경을 고려한 도시체계 등 건강 우선의 도시계획을 추진해야 한다. 건강도시는 단순한 건강 증진을 목적으로 하는 사업이 아니다. 도시정책의 전반에서 시민의 건강한 삶을 실현하고자 하는 노력을 담은 모두에게 건강한 도시이어야 한다.

건강도시란 어떤 도시인가?

정신의학자인 마즈다 아들리는 전 세계가 도시화 추세에 있다면 자연으로의 도피보다는 유익한 도시공간으로서 건강도시를 만들 것을 제안한다. 현대 도시민들에게 일상적인 스트레스가 된 미세먼지, 소음 등의 도시환경 문제에 대한 적극적 대처가 필요하며, 다원화된 공간과 다양한 구성원을 포용하는 열린 도시가 그 해답이라고 주장한다.

도시는 삶의 주요한 터전으로 건강과 생명을 보호받는 장소다. 미래의 도시가 추구해야 할 방향은 무엇일까? 대다수 인구가 도시에 밀집하여 살아가는 만큼, 코로나19의 펜데믹 상황에서 건강을 위한 도시를 어떻게 설계하고 만들어 갈 것인지는 중요하지 않을 수 없다. 특히 도시 거주자 각 개인의 건강은 곧 공동체의 유지와 발전을 좌우하는 필수적 요소이기 때문에 건강은 도시의 중심 가치로서 고려되어야 한다.

도시에서는 교통, 환경, 주거, 복지, 보건, 교육 등 다양한 분야의 현상이 복합적으로 나타난다. 도시의 다양한 정책은 도시 공간에서 서비스로 전달되면서 시민들의 건강에 직·간접적 영향을 미친다. 도시정책의 여러 분야에서 건강 친화적인 의사결정이 이루어진다면, 건강문제를 예방할 수 있으며 건강을 증진할 수 있을 것이다.

이러한 선구적인 사례로 환경의 변화를 통한 인구집단의 건강 향상을 목적으로 하는 세계보건기구의 건강도시 운동을 꼽을 수 있다. 건강도시에 대한 인식의 확대는 건강에 대한 공공의 역할을 통해 건강도시를 구체화해왔다. 현대적 개념의 건강도시는 1986년 '건강도시 및 마을'에 대한 세계보건기구의 계획에서 비롯되었다. 건강도시란 도시의 물리적, 사회적, 환경적 여건을 창의적이고 지속가능한 개발로 나아가는 가운데, 지역사회의 참여 주체들이 상호 협력하여 시민의 건강과 삶의 질을 향상하기 위해 지속해서 노력해 나가는 도시이다.

건강도시는 유럽연합의 건강도시 네트워크를 중심으로 세계적인 운동으로 발전하였다. 1988년 유럽의 건강도시 네트워크에 북아일랜드의 수도 벨파스트가 가입하였으며, 그 이후 벨파스트는 유럽의 대표적 건강도시로 성장해 왔다. 벨파스트 도시의 공간 조성에 대한 비전은 건강, 평등, 지속가능성이다. 도시계획, 교통, 도시재생은 주민들의 삶과 건강에 직접적 영향을 미치기 때문에 이에 관한 구체적인 건강한 도시환경 프로그램을 추진하고 있다. 도시계획과 보건 부문의 역량을 결합해 공간계획과 건강 간의 연계 방안을 구상한다. 아동 친화적 장소를 조성하기 위한 행동 지침을 마련하였고, 걷기, 자전거, 대중교통 등 활동적인 움직임과 교통수단을 통해 건강의 증진 및 불평등 해소를 실천하고 있다. 아울러 기후변화에서 비롯되는 건강에 대한 영향을 진단하고 관련 분야 간 협업체계를 구축하는 데 한층 더 노력하고 있다.

제이슨 코번은 저서 '건강도시를 향하여'에서 사람, 장소, 도시계획의 통합적 시각을 강조하며, 특히 도시계획과 보건 부문 간 협력에 관한 통찰을 제시한다. 그는 도시계획과 보건 행정의 역사적 뿌리가 같이 출발하였으나, 현대에 와서 두 분야가 분리되면서 건강을 고려하지 않은 도시계획이 저소득층과 같은 취약한 인구집단의 건강을 심각한 수준으로 위협받게 했다고 지적한다. 코번은 건강한 지역사회란 질병이 없고, 오염되지 않고, 사람들이 의료 서비스에 접근성을 가진 곳이라기보다 주택과 도시환경이 건강한 사회이어야 함을 강조한다. 건물, 공원, 거리 등 물리적인 도시환경의 건강한 변화가 제도적 변화가 함께 수반되지 않는다면, 사회경제적 취약 계층의 건강은 더욱 위협받게 될 것이며 도시는 건강과 형평성을 추구하며 발전하는 데 실패할 것이라고 강조한다.

이제 건강도시는 결과가 아닌 과정으로 보아야 한다. 건강도시는 특정 건강 상태를 달성한 도시가 아닌 건강 향상을 위해 노력하는 도시가 되어야 한다는 것이다. 현 상태가 어떠하든 모든 도시는 건강도시가 될 수 있다. 물리적, 사회적 환경의 지속적인 향상과 함께 건강한 삶을 위해 도시가 작동하고 서로를 지원하는 공동체가 발전되는 도시가 건강도시이다.

12 행복도시, 세종

행복도시, 세종의 과제와 나아갈 길
행복도시, 세종 시즌2
행복도시의 역할과 과제
행복도시 광역권은 충청권 전체가 타당하다
행복도시 건설 경험을 수출한다
행복도시 세종의 미래전략
행정수도 완성에 따른 충남 발전전략
세종시, 조치원 거점화 필요하다

행복도시, 세종의 과제와 나아갈 길

　세종 시는 2012년 출범 당시에 11만 명 수준이었던 인구가 2022년 말 38만 명을 넘어서 급속히 증가하고 있다. 경제활동인구, 사업체 수도 매년 큰 폭으로 증가하고 있다. 행복도시인 신도심 지역의 지속적인 성장으로 인해 도시발전은 계속될 것으로 보인다.

　이러한 성장에도 불구하고 행정중심복합도시인 세종시가 제대로 가고 있는지 세간의 염려도 많다. 우선 세종시 건설이 국가균형발전을 이끌고 기여하고 있는가 하는 점이다. 청와대나 국회의 이전을 바탕으로 한 행정수도 완성은 국토 균형발전의 취지에 적절한 것인지, 세종시 주변 충청 광역권 균형발전 파급효과는 적정하게 나타나고 있는 것인지의 진단이 필요하다. 이와 함께 도시의 규모와 시기로서 2030년까지 행복도시 계획인구 목표 50만, 세종시 80만이라는 목표설정이 타당한지, 수도권 인구의 유입보다 주변 충청권 인구 유입에 대한 근본적인 대책이 있는지 염려한다. 아울러 최고의 계획 신도시로서 국가의 미래 방향성을 제시하고 있는지도 관심사이다. 제4차 산업혁명에 부응하는 미래지향적인 모범도시가 되고 있는가도 되짚어 봐야 하는 과제다. 국가 스마트시티 시범도시, 중앙공원의 국가도시공원, 국제기구 유치, 첨단 의료 복합도시 등이 제대로 추진되고 있는지 점검되어야 한다.

　우려되는 현상도 있다. 조치원 등 기존 원도심 내 거주 및 활동 인구감소와 상권 위축, 행복도시와 원도심 간 생활환경 불균형 심화에 따른 이질감과 상대적 박탈감에 대한 염려도 크다. 세종시 인접 지역 인구 유출 등으로 블랙홀 현상에 대한 우려는 KTX 세종역, 고속도로 노선, 택시 운행권, 각종 시설 입지 등을 둘러싼 갈등으로 나타나고 있기도 하다.

세간의 우려와 염려, 그리고 권역의 갈등을 여하히 극복할 것인가는 행복도시와 세종시의 성공을 가늠할 과제이다. 세종시가 나아갈 방향은 명확하다. 도시적으로는 최고의 도농 통합형 도시 성장모델을 만들어야 한다. 행정과 경제 중심의 신도시인 행복도시와 문화중심의 조치원 원도심 육성이라는 행복도시와 조치원의 2개 중심 체계 육성, 도시 정착 단계까지 행복도시 건설에 주력하면서도, 읍면지역의 단계적이며 전략적인 개발이 병행되어야 한다. 광역적으로는 강력하면서도 기능 통합적 광역권을 구축해 보자. 세종 시와 인접 지방자치단체 간 상생발전 방안 마련에 적극적으로 나서자. 세종시의 자족 기능 확충 노력을 지속하되, 지자체별 과도한 경쟁은 광역적 시각으로 조절되어야 한다. 시설 입지를 둘러싼 갈등을 지혜롭게 해결하고 산업경제, 문화관광, 시설 이용 분야의 획기적이고 강력한 광역체계를 만들어 가자. 다양하고 창의적인 참여형 거버넌스로 광역권 개발협의체를 구축하여 통합적 상생발전을 추진하자.

이미 세종 시는 시민들이 스스로 시정에 참여하고 직접 실천하는 지방분권 모델 도시이며, 전국이 골고루 잘 사는 국가균형발전의 꿈을 실현하자고 선언하고 있다. 시 행정 가치로 시민 중심 자치분권, 살기 좋은 품격 도시, 지속 가능 혁신성장, 상생하는 균형발전 가치를 표방하고 있다. 도시, 교통, 문화, 복지, 여가생활이 조화를 이루면서 시민들이 품격 있는 삶을 누릴 수 있는 도시를 조성해 가야 한다. 공공행정 연관 산업, 문화·예술· 지식·정보산업, 스마트시티 산업 등 3대 전략산업을 집중적으로 육성하여 자족적인 경제기반을 구축하면서도, 도시와 농촌, 청년세대와 고령 세대, 세종 시와 주변 도시와의 상생협력을 통해 모두가 골고루 잘 사는 균형발전의 가치를 실현하는 도시이어야 한다.

무엇보다도 국회 분원 설치 등 당면과제는 행정중심복합도시 출범의 본질적인 목적과 행정 효율화를 위해서도 조속한 실현이 요구된다. 미래 성장 동력 인프라 구축, 문화, 예술, 관광자원의 광역적 연계를 통해서 세종 광역도시권의 국제경쟁력을 추구하자. 공항, 항만, KTX 역 등 교통 관문 접근성을 강화하고, 고속 국토교통망 확충, 첨단 복합물류 기능도 뒷받침되어야 한다. 국토 균형발전과 지역 상생발전, 도시 간 네트워크 구축을 통한 연계 강화, 행정을 중심으로 한 첨단복합형 자족도시의 건설은 세종시의 핵심적 과제이자, 나아갈 길이다.

행복도시, 세종 시즌2

요즘 시즌2가 유행이다. 시즌2는 보통 인기 있는 텔레비전 프로그램이 계속 제작될 때 제목의 이름에 덧붙여 사용된다. 도시를 만들 때는 마찬가지다. 혁신도시 시즌2는 정부의 2차 공공기관 지방이전과 관련하여 혁신도시의 2단계 후속적 조성을 가리킨다.

행복도시 세종은 지난 2003년 신행정수도 건설사업으로부터 출발하여, 현재 38만의 도시로 성장을 거듭하고 있다. 2030년까지 80

만 인구의 국제적 도시로 발전이 진행되고 있다. 올해는 2단계가 마무리되고 내년부터 3단계 조성이 추진되는 해이다. 어느 때보다 지난 10여 년의 도시조성과정을 진단하고 새로운 도시 비전을 제시해야 할 때이다. 한 단계 도약하는 세종시를 만들어야 하며 이를 위해서는 새로운 진단과 새로운 시대정신을 담아야 한다. 세종시 시즌2가 필요한 이유이다.

우선 세종시 시즌2에서 지켜져야 할 전제가 있다. 본연의 도시 가치가 도시를 만드는 과정에서 채워지고 있는지 확인되어야 한다. 행복도시 세종은 여유와 비움의 철학에 따라 비 위계적이며 탈중심적인 도시개념을 기조로 한다. 도시 중심부를 녹지공간으로 비워두는 환상형 도시구조에 기반을 둔다. 중심부를 비워낸 철학적인 의미와 창의적인 생각이 도시 중심부 중앙녹지공간의 조성을 넘어서 도시 곳곳에 구현되어야 한다. 도시기능을 분산 배치한 민주적 도시 공간구조의 취지가 도시 균형발전으로 정착되어야 한다.

행복도시 세종 시즌2를 전개하면서 점검될 것이 있다. 세종시 건설이 국가균형발전을 이끌고 이바지하고 있는지, 청와대나 국회의 이전을 포함한 한 행정수도 완성은 착실히 진행되고 있는지, 세종시 주변 충청 광역권 균형발전은 적정하게 나타나고 있는지 국민적 공감과 진단이 필요하다. 최고의 계획 신도시로서 국가의 미래 방향성을 제시하고 있는지, 제4차 산업혁명 시대에 부응하는 미래지향적인 모범도시가 되고 있는가도 되짚어 봐야 한다.

행복도시 시즌2는 무엇보다도 새로운 사회와 기술변화에 적극적으로 대응해야 한다. 뉴노멀 시대를 선도적으로 개척하기 위해 4차 산업혁명의 기술을 도시에 적극적으로 활용해야 한다. 미래 패러다임 변화 추세를 반영하여 UN 해비타트에서 의제화된 도시의 지속가능성, 도시성장관리, 도시환경계획 등과 연계 강화, 인구감소시대, 코로나 이후의 시대적 변화를 반영해야 한다. 소통과 참여의 도시, 친환경적이며 편리한 도시, 누구에게나 열린 문화 품격 도시는 시즌2 세종시가 한층 발전시켜야 할 과제이다.

행복도시 세종 시즌2에는 세종 시와 인접 지방자치단체 간 상생발전 방안 마련에 적극적으로 나서야 한다. 산업경제, 문화관광, 시설 이용 분야의 획기적이고 강력한 광역체계를 만들어 가자. 기반 시설의 공유나 문화관광 등 특별한 협력적 사업추진을 위해 새만금권, 강원권, 국제항만으로서 평택당진항 등 서해안 권과의 초광역적 협력적 기능 강화도 중요하다. 공공행정산업, 문화, 지식·정보산업, 스마트시티 산업 등 전략산업을 바탕으로 행정을 중심으로 한 첨단복합형 도시로 나아가야 한다.

시즌2 행복도시 세종이 도시 수출의 획기적 성과를 만들기를 기대한다. 행복도시를 조성하면서 축적한 도시건설의 경험을 수출하자. 신도시 조성 방법의 공유와 건설기술의 대외적 협력을 강화해 나가자. 인도네시아 행정수도 조성 기술전수, 중국 슝안 신도시 건설 공동 협력이 진행된 바 있다. 세계 최초로 스마트도시 국제 인증을 획득하였고, 국제적인 표준사례로 발돋움한 첨단 스마트도시 구현의 성과를 수출상품화 해보자. 도시종합사업 관리 시스템을 활용한 건설사업 공정관리 성과와 총괄자문단 운영을 통한 도시계획관리체계도 시공관리와 도시건설관리의 본보기가 되고 있다. 행복도시를 조성하면서 축적한 다양한 도시건설 기법을 전파하고, 수출할 수 있도록 능동적인 대처가 필요하다.

행복도시 세종의 시즌2를 선언하자. 시즌2가 도시의 새로운 비전을 보여주고 시민과 함께 창의적인 발전모델을 만들어 가길 기원한다.

행복도시의 역할과 과제

행정중심복합도시는 국가균형발전의 구심점이 되는 행정기능 중심의 자족적 신도시로, 2005년 착수되어, 2030년까지 만들어지고 있다. 초기 활력 단계(1단계, 2005~2015년)와 자족적 성숙단계(2단계, 2015~2020년)를 거쳐 현재 완성단계(3단계, 2021~2030년)에 이르러 있다.

최근 행복도시의 향후 역할과 과제에 대해서 세간의 관심이 크다. 국가 주도로 이루어진 행정수도로서 행복도시의 기능과 역할은 적정한지, 행정중심복합도시건설청과 세종특별자치시 간에 관계는 효과적이고 유기적인지, 광역 충청권 구축에 있어 행복도시의 역할은 무엇인지 묻고 있다.

행복도시는 앞으로 어떻게, 어디로 나아가야 하는가? 행복도시와 행복청의 역할과 과제를 생각해 본다.

첫째, 행복청은 행정 수도권의 국가시설을 관장하는 역할을 다해야 한다. 국가시설 관리를 담당하는 중앙부처로서, 행정 수도권

관리를 위한 장기계획을 수행해야 하며, 국가자산 관리에 대한 임무를 수행해야 한다. 국가의 계획적 관리체계 확보를 위해 2021년 4월, 특별관리구역으로 중앙행정기관, 대통령기록관, 국립수목원, 국립중앙도서관, 스마트 국가 시범도시 등 5개 지역을 지정하였다. 이는 국가 주요 기능이 자리 잡은 지역에 대한 행복청의 관리 권한을 부여한 것이다. 세종의사당 조성으로 행복도시에는 행정기능에 입법 정치기능, 국제교류 기능이 더해졌다. 행복도시는 행정수도 관련 기관과 기업의 유치를 강화하고, 중앙정부 자산을 통합적으로 관리하는 역할을 다해야 한다.

해외 사례 중 캐나다 오타와 국가수도위원회는 1958년 연방정부 소속의 수도건설 중심기관으로 출범하여, 1988년 수도관리 운영기관으로 그 역할을 바꾸었다. 국가수도지역에 대한 수도계획 수립, 연방정부 소유 토지 및 주요 자원 보존 활용, 연방 소유자산에 대한 관리를 중심으로 지역 거버넌스에도 참여한다. 호주 캔버라 국가수도청의 경우, 연방정부 소속 중앙행정기관으로서 국가수도계획 수립관리, 토지관리, 건설, 복원프로그램 운영 등 수도의 상징성 확보에 기여하고 있다.

둘째, 초광역 메가시티를 구축하는 과정에서 행복도시의 촉매 역할이 요구된다. 행복도시는 충청권 메가시티 구상 및 광역교통 관리, 스마트 광역지역 서비스 제공에 있어 중추적인 역할을 담당할 수 있다. 특별지방자치단체 간 연합을 통한 메가시티 구축이 검토되고 있는 현재, 충청권 전반으로 행복청의 역할을 적극적으로 확대할 필요가 있다. 국가 시범도시로서 스마트시티, 탄소중립도시 등 미래도시 패러다임을 실천하고 선도하여 광역적으로 확산토록 해야 한다. 4차 산업혁명 시대에 발맞춘 선도적인 도시이자 국제적 경쟁력을 갖춘 도시의 모델로 발돋움해야 한다. 이를 바탕으로 도시와 지역의 특화발전을 주도하고 도시건설 기법 및 경험을 바탕으로 한 도시 수출 등을 통해 도시건설 분야에서의 국제적 공유 체계를 확보하는 것이다.

관련 사례로 미국 워싱턴 광역권 정부협의회는 광역자치단체의 연합을 바탕으로 한다. 지방자치단체, 입법부, 연방의회 등이 참여하며 위원회를 중심으로 한다. 주요 역할로는 네트워킹 중심의 광역 지식축적 및 공유, 광역 차원의 주택, 교통, 산업 수요 등의 연구 및 보고서 작성, 광역계획 수립 및 계획 도구의 개발, 정책적 의사결정, 기업기능 유치, 시민문화 캠페인 추진을 들 수 있다. 싱가포르 스마트국가 디지털 정부는 2017년 출범하여, 스마트국가의 선도를 위한 계획수립, 정부 부처 간 협업을 통한 포용적 디지털 기술 개발, 디지털 산업의 성장지원 및 생태계 구축, 미디어 산업의 집중 육성을 관장한다.

행복도시의 향후 발걸음에 대한 논의가 무성하다. 행복도시가 본연의 목적을 달성하기 위해서는 모범적 도시건설과 광역적 상생발전이 중요하다. 행복도시의 완성은 다양한 기업, 국제적 기관, 대학 및 연구기관의 유치와 함께 스마트시티, 탄소중립도시 등의 선도모델을 창출하여야 한다. 충청권 지자체는 행복도시와 협력해 연계사업을 발굴하고 추진하는 데 적극적으로 나서야 함은 물론, 광역 메가시티 조성과 광역 상생 발전기구의 구축에 있어 행복도시가 주요한 역할을 담당할 수 있도록 지원하고 활용해야 할 것이다.

행복도시 광역권은 충청권 전체가 타당하다

광역도시계획이란 광역계획권의 장기발전 방향을 제시하는 계획이다. 광역계획권의 공간 구조와 기능 분담, 환경, 광역시설, 교통 및 물류 유통, 문화 등 주요 기능 연계에 관한 사항을 광역도시계획에서 정하고 있다.

충청권에는 여러 개의 광역계획이 권역이 중첩된 채로 있었다. 또 행복도시 등 3개 광역도시계획은 수립된 지 10년 이상이 흘렀다. 청주권 2001년, 대전권 2005년, 행복도시권 2007년에 광역도시계획이 수립되었고, 공주역세권 계획은 2016년에 수립되었으나, 세종시 발족 등 주변 여건 변화에 따라 광역도시계획을 재수립해야 했다. 이에 따라 대전시, 세종시, 충북도, 충남도는 행복도시건설청과 함께 2019년 3월, 4개 광역도시계획 공동 수립을 합의하고, 2020년 4월 "2040 행복도시권 광역도시계획" 수립에 착수한 바 있다. 광역도시계획 공동 수립을 통해 4개 권역 내 각 도시기능을 조정하고 광역시설을 정비하여 4개 권역의 장기발전과 상생발전을 도모하고자 한 것이다.

그런데 광역권역 범위를 어떻게 설정해야 할 것인가? 권역의 적정성은 광역권이 추구하는 목표와 지향점의 점검으로부터 출발하여야 한다.

첫째, 행복도시 광역권은 수도권 집중 해소에 이바지하는 균형발전 선도권역이어야 한다. 국가균형발전과 지역 성장거점으로서 역할을 다해야 하며, 국토 중부권 전체에 공간적, 기능적 재도약의 발판이 되어야 한다. 행복도시 광역권은 다극 권역형 국토구조 변화를 선도해야 하며 충청권 핵심도시간 상생발전이 뒷받침되어야 한다.

둘째, 행복도시 광역권은 도시기능이 유기적으로 연계된 네트워크 도시가 되어야 한다. 인구감소와 저성장시대에 지역 압축형 도시 모델과 지역재생의 패러다임이 실현되어야 한다. 세종, 대전, 청주, 천안 아산, 내포 등 도시들이 더 활발하게 서로 교류하고 활용되는 지역으로 거듭나야 한다. 또한 이들 도시는 농촌지역 및 낙후지역의 성장을 지원하고 촉진하는 성장거점의 역할을 해야 한다. 협력적 네트워크를 구축하기 위해서는 수도권 중추 관리기능을 공동으로 유치하고, 인프라의 공동 활용을 강화해가야 한다.

셋째, 행복도시 광역권은 수도권과 대응하는 경쟁력 및 국제경쟁력을 갖추어야 할 것이며 이를 위해서는 공항과 항만을 갖춰야 한다. 지역 경쟁력 확보를 위해서는 광역권 내 혁신역량인 행복도시, 내포신도시, 국가산단, 대덕연구단지 등이 포괄되어야 하며, 4차 산업혁명 시대 국제경쟁력을 선도할 수 있는 청주공항, 평택당진항, 고속철도, 스마트시티 등이 중요 역할을 담당해야 한다.

이상과 같은 충청권 광역권역의 역할을 감안할 때 논의되는 행복도시 광역권역은 대전, 세종, 충청남북도 전체가 광역권으로 되어야 한다. 충청권 전체가 되어야만 대도시권으로서의 실질적인 역할을 할 수 있다. 중복된 4개 광역권을 통합하여 수립한다는 점에서도 충청권 전체로 하는 것이 타당하다.

더 나아가 유연한 권역 운영 차원에서 사업별 협력권이라는 개념 도입도 검토해 보자. 행복도시 광역권을 실효성 있는 범위로 설정하되 유연적 협력적 범위로 수립하자는 것이다. 협력적 광역권으로는 기반 시설의 공유나 문화관광 등 특별한 협력적 사업추진을 위해 새만금권, 강원권 일부, 국제항만으로서 평택당진항 등이 포괄될 수 있다.

실제로 교통통신의 급속한 발달은 기존의 거리개념을 바꾸고 있어 확장된 광역권이 문제가 될 것도 없다. 독자적인 자생력이 확보되어 국제적 경쟁력을 보유하는 광역권역, 주민이 삶의 질을 통합적으로 서비스할 수 있는 광역권역, 도시 간 협력 시스템 구축이 요구되고 실질적으로 가능한 광역권역은 충청권 전체이어야 한다.

행복도시 건설 경험을 수출한다

행복도시를 조성하면서 축적한 도시건설의 경험이 국내외로 공유되고 확산하고 있다. 행복도시의 도시건설 우수사례와 건축상 수상작 등을 국내외에 전파함으로써, 행복도시의 위상 또한 높아지고 있다. 외국의 공무원들이 행정수도 건설과 관련된 정책을 배우고 신도시 건설 기법을 학습하기 위해 행복도시를 방문하고 있다. 세계적으로도 도시, 건축 전공 학생들에게 행복도시는 도시와 우수 건축물을 견학할 수 있는 필수적 학습장소로 인식되어, 많은 학생의 견학목적 방문이 줄을 잇고 있다.

신도시 조성 방법의 공유와 건설기술의 수출 등의 대외적 협력 또한 증가하고 있다. 행정수도를 조성하고 있는, 인도네시아는 우리의 행정수도 건설 경험을 전수 하고자 2019년 9월 해외기술 설명회에서 공공주택사업부, 국가개발기획부와 행정수도 건설 교류 협력을 추진한 바 있다. 행복도시건설청은 2019년 4월 중국과 슝안 신도시 건설을 위해 스마트시티, 친환경 도시건설 등 신도시 건설 공동 발전을 위한 협력에 뜻을 모았다.

첨단 스마트도시의 선도적 사례로도 행복도시의 경험은 큰 관심을 받고 있다. 2018년 1월 스마트도시 국가 시범도시로 선정되었고, 모빌리티 등 4차 산업혁명과 관련된 혁신적 요소를 도시 내에 적용하기 위한 기본구상을 마련하였다. 2018년 12월 행복도시는 세계 최초로 스마트도시 국제 인증을 획득하였고, 국제적인 표준사례로 발돋움하였다. 올해에는 시민들이 스마트도시서비스를 체험할 수 있는 '스마트시티 체험장'과 '리빙랩' 시범사업도 추진 중이다. 도시정책과 스마트서비스를 가상의 공간에서 적용하는 성공적인 스마트도시 건설관리기법을 축적하고 있다. 동시에 국가 시범도시 및 자율주행 규제자유특구를 지원하기 위한 제도적 기반을 바탕으로 선도적인 스마트도시로 거듭나기 위해 노력하고 있다. 이처럼 최첨단 스마트도시 사례로서 입지를 확고히 하면서 국내뿐만 아니라 해외도시로의 수출이 기대되고 있다.

또한 도시종합사업 관리 시스템을 활용한 건설사업 공정관리, 투입 인력관리, 기반 시설의 건설 적기 도출 등의 성과와 총괄자문단 운영을 통한 관리체계를 구축하여, 도시계획 및 설계 분야를 아우르는 통합적 자문 관리체계는 대표적인 벤치마킹 사례로 볼 수 있다. 국내 다른 지역의 신도시 건설 관계자들은 도시건설과 시공 관리 경험을 학습하고 있다. 또한 다양한 기관으로 종합사업관리 시스템과 총괄자문단 운영체계를 전파, 교육하고 있으며, 사업별 계약관리, 공정관리 방법을 공유하고 있다. 새만금개발청은 행복도시와의 공동연수를 통해 사업관리의 발전 방향을 함께 모색하고 있으며, 한국공항공사 소속의 건설 전문가과정 직원은 행복도시에서 신공항건설 사업 시 적용되었던 사업관리 방법을 공유하고 있다.

행복도시 내 조성된 '유아숲체험원'은 산림교육을 위한 주요 사례로 알려지면서, 시설조성 및 운영방식을 배우기 위해 2019년 4월에는 중국의 생태문화연수단이, 9월에는 대만의 산림청, 국립대만대학에서 행복도시를 방문한 바 있다. 국내에서도 충청대 아동교육과 학생들, 전주 기전대 유아숲 지도자 교육생 등이 '유아숲체험원' 견학을 위해 행복도시를 찾고 있다.

중앙공원과 국립 세종수목원, 박물관단지, 금강보행교를 연계한 문화, 여가, 레저 특화 시설들은 이미 국내외 관광 체험 상품으로 주목받고 있다. 박물관단지는 5개 부처 공동참여 방식의 사업으로 국민 중심의 새로운 박물관 모델을 제시하고 있다. 더불어, 건축물의 디자인과 기능에 특화 요소를 적용한 우수한 건축물이 도입되어 행복도시는 미래 주거 공간의 모델이 되고 있기도 하다. 요즘 화두가 되는 미세먼지 저감형 도시설계 기법, 층간소음 완화 기법, 편리한 교통 시스템 도입이 적극적으로 추진되고 있다.

산학 융합 기반 성장 동력 확충을 위한 산학연 공동캠퍼스 조성도 적극 추진 중이다. 국내뿐만 아니라 해외의 대학에서도 관심이 높아 2019년 3월 아일랜드 트리니티 대학과 함께 산학협력 공동 심포지엄을 개최하였다.

지금은 도시가 수출되는 시대이다. 행복도시를 조성하면서 축적한 도시건설기법과 건설기술을 전파, 수출할 수 있도록 체계적인 지원과 제도적 마련이 필요하다.

행복도시 세종의 미래전략

세종 시는 성공적으로 완성되고 있는가? 행복도시 세종은 지금 무엇을 해야 하는가? 2022년 11월 16일 개최된 '대전·세종 정책 엑스포'의 세종시 미래전략 세션에서는 행정수도 완성을 위한 세종시의 미래전략에 대한 활발한 논의가 있었다.

이 자리에서는 다음과 같은 문제점들이 제기되었다. 행정 이외의 도시 자족 기능이 부족하다. 첨단기술 관련 기업, 우수 대학, 국제기구, 핵심 기관의 유치가 부족하며, 도시의 문화적, 예술적 기반이 부족하다. 결국, 지역의 지속적인 사회, 문화, 경제적 성장을 이끌 동력이 부족하다고 볼 수 있다. 또한 인접 도시권과의 메가시티 조성, 광역 협력체계 구축을 위한 실질적인 성과가 부족하고 추진체계도 미흡하다는 목소리도 높다.

이와 같은 주요 이슈들을 극복하기 위해 세종시의 미래전략으로서 강조되어야 할 점들은 다음과 같다.

첫째, 도시기능의 확충 측면에서는 행정기능 및 국회의 이전을 위한 제도적 정비와 실행 가능한 이행방안이 추진되어야 한다. 이를 위해 세종시를 국가 행정수도로 지정하고, 행정수도의 지위에 부합한 국가행정기관의 집약을 통해 행정기능을 갖춘 국제적 도시로 육성해야 한다. 행정수도로서의 도시공간 구상을 마련하고, 도시의 자족성을 확보하기 위해 컨벤션센터 건립, 국제 업무 및 교류기능 유치와 같은 MICE 산업의 육성, 첨단산업의 유치, 교육·연구역량 강화, 문화산업 육성 등의 전략을 반영한 공간구상이 필요하다. 공간개발 전략으로는 정부의 선도적 정책에 대한 시범 도시화와 융·복합특구, 혁신지구 제도의 활용이 적절할 것으로 보이며, 부족한 용지를 적시에 확보하고, 기업과 기관의 유치를 장려하는 파격적인 유인책이 시도되어야 한다.

둘째, 행복도시 세종의 도시 계획적 목표와 추진방식을 재정립해야 한다. 계획의 공간적 범위를 신도시 지역인 예정지역뿐만 아니라 세종시 전역, 광역 세종권의 범위로 확장하여 도시의 관리 방안이 마련되어야 한다. 스마트 도시, 탄소중립 도시의 구현방안이 부족하므로, 해당 실행계획의 구체성과 실효성을 높여야 한다. 교통체계의 개편은 도시 공간구조의 지향점과 가치에 부합하는 방향으로 나아가야 한다. 도시의 상징광장, 박물관단지의 조성 등에 있어서는 시설 간 유기적인 연계가 필수적으로 반영되어야 하며, 시민들의 이용 편의성과 시설의 개방성을 견지해야 한다. 행복도시 계획시스템인 총괄조정체계를 적극적으로 활용하여 도시의 가치를 지속해서 더해나가야 한다.

셋째, 주요 시설의 운영관리 방안이 점검되어야 한다. 중앙공원과 같은 대규모 시설의 운영을 세종시로 이관하기 위해서는 막대한 운영비용이 필요하다. 구체적이며 실행 가능한 관리 운영방안을 마련하고 점검해야 한다. 세종 시는 행정수도로서의 시설관리 방안의 모색되어야 하고, 행복도시건설청은 수도관리청으로서 임무를 수행하며, 그 역할을 확대해 나가야 한다. 국가가 관리하는 특별관리구역의 관리체계는 국가와 지자체인 세종시가 시설과 구역의 운영을 분담하여 관리하도록 하는 방향으로의 변경이 필요하다.

넷째, 세종시의 자족성 확충은 곧 충청권 전체의 광역적 상생발전이어야 한다. 행복도시 세종시 출범의 기본적 가치는 국토의 균형발전이다. 따라서 세종시의 미래전략, 추진 사업은 광역적 차원에서 충청권 전역의 상생발전을 도모해야 한다. 각 광역도시권이 장기적으로 이익을 창출할 수 있는 프로그램이어야 하며, 광역도시권 간 기능의 연계와 분담을 전제로 하는 전략적인 자족성을 확보해 나가야 한다. 도시 간 유사 기능을 두어 경쟁과 갈등 구조를 조성하기보다는 기능 간 연계와 분담을 통해 도시 간 상호보완적 네트워크를 갖는 도시권과 광역권을 형성해 나아가야 한다. 이를 위해 충청 메가시티의 지역 간 접근성 강화전략의 마련과 메가시티 조성을 위한 추진체계의 실효성 있는 운영이 필수적이다.

2027년 하계 세계대학경기대회 유치를 계기로 해 충청권 4개 시도의 상생 전략과 광역협력 사업추진이 어느 때보다도 중요하고 절실한 시점이다. 세종시의 미래전략이 곧 충청권의 미래전략이 되어 실천되어 나가길 기대한다.

행정수도 완성에 따른 충남 발전전략

2021년은 행복도시 3단계 조성이 추진되는 해이다. 어느 때보다 지난 10여 년의 도시조성과정을 진단하고 새로운 도시 비전을 제시해야 할 때이다. 한 단계 도약하는 세종시를 만들어야 하며 이를 위해서는 새로운 진단과 새로운 시대정신을 담아야 한다. 세종시 시즌2가 필요한 이유이다. 또한 행정수도 완성과 함께 도출되는 충남의 발전전략을 마련하는 것은 시의적으로 매우 적절하다.

행복도시 세종 시즌2를 전개하면서 점검될 것이 있다. 세종시 건설이 국가균형발전을 이끌고 이바지하고 있는지, 청와대나 국회의 이전을 포함한 한 행정수도 완성은 착실히 진행되고 있는지, 세종시 주변 충청 광역권 균형발전은 적정하게 나타나고 있는지 국민적 공감과 진단이 필요하다. 최고의 계획 신도시로서 국가의 미래 방향성을 제시하고 있는지, 제4차 산업혁명 시대에 부응하는 미래 지향적인 모범도시가 되고 있는가도 되짚어 봐야 한다.

정보통신기술의 발전과 4차 산업혁명 진전은 공간적 불균형을 심화시키고 있다. 수도권과 비수도권, 대도시와 중소도시, 도시와 농촌의 불균형이 그것이다. 강한 중소도시의 육성과 인구소멸지역에 대한 대책 마련이 시급하다.

세종시의 행정수도 완성의 과제는 행정 관련 기관의 이전과 혁신도시의 완성과 맥을 같이 한다. 충남의 발전전략에 있어 공공기관 이전 방향에 있어 시군의 특성에 입각한 유치 희망 기관의 선정을 적절히 제시되었으나, 선택과 집중을 통한 권역별 중점 유치기관을 설정하는 것이 필요하고, 공공기관의 이전 희망지 요건을 분석 제시하여 수요자의 관점에서 정책대안을 마련하는 것이 필요하다. 아울러 타 광역권 유치조건과 비교하여 유치조건의 진단이 요구된다.

행복도시 메가시티리전의 구축은 바람직하고 필요한 전략이다. 세종 시와 인접 지방자치단체 간 상생발전 방안 마련에 적극적으로 나서야 한다. 산업경제, 문화관광, 시설 이용 분야의 획기적이고 강력한 광역체계를 만들어 가자. 권역 설정에 있어, 산업 중심으로만 권역을 설정하지 말고 산업과 문화권 개념을 도입해 권역을 설정하고 운영전략을 만들어야 한다. 기반 시설의 공유나 문화관광 등 특별한 협력적 사업추진을 위해 새만금권, 강원권, 국제항만으로서 평택당진항 등 서해안권과의 초 광역적 협력적 기능 강화도 중요하다. 아울러 충남의 추진전략으로 도시개발, 교통인프라, 해양자원, 항만에 주목해야 하고 신교통수단, 수소경제, RE100 등 아젠다를 선점해 가야 한다.

세종시, 조치원 거점화 필요하다

행복도시 건설지역인 신도시 지역의 조성을 기반으로 세종 시는 비약적으로 발전하고 있다. 반면 세종시 원도심 조치원지역은 행복도시 출범 이후 도시기능이 약화하고 도시 활력의 쇠퇴가 우려되고 있다. 조치원 원도심과 행복도시 건설지역 간 인프라 격차로 인한 불균형 발생하고 있으며, 원도심인 조치원읍의 상대적 박탈감도 높아져 있다. 이제 세종시 전체의 균형발전을 위해 원도심 인구 유출 방지, 도심기능의 회복과 지역경제 활성화를 위해 조치원 원도심을 거점화하는 것이 절실하다.

이러한 상황에서 세종 시는 균형발전을 도시건설의 핵심 목표로 설정하고 다양한 사업을 추진하고 있다. 가장 대표적인 것이 인구 10만 청춘조치원 건설사업이다. 조치원을 2025년까지 세종시의 경제 중심축으로 육성하여 인구 10만 명이 쾌적하게 거주할 수 있는 생활 기반을 도시재생사업 방식으로 추진한다는 것이다.

세종시가 나아갈 방향은 명확하다. 도시적으로는 최고의 도농통합형 도시 성장모델을 만들어야 한다. 세종시 균형발전을 추구하기 위해서는 건설지역인 신도시와 잔여 지역인 읍면 지역 간 불균형을 완화가 필요한데 조치원의 거점화가 그 해답이다. 세종시 균형발전과 조치원 거점화 전략은 세종시의 미래 핵심 과제 중의 하나이다.

이를 실현하기 위한 3가지의 전략을 제안한다.

첫째, 세종시 공간전략으로 1 도심, 1 부심, 3권역 발전모델을 제안한다. 행복도시를 도심으로 정립하고 조치원 원도심을 도시재생 및 혁신성장의 부심으로 위상을 부여하며, 산업기반 및 생태복원의 서북부권역, 북부 및 서부의 역사 문화 관광권역, 동남부의 산학연 R&D 권역의 3대 발전권역을 포괄하는 발전전략이다. 조치원 권역은 북부지역에 업무 행정 및 생활 서비스 기능 지원, 역세권 개발, 주택건설사업 등 건설지역 간 균형발전을 위한 기반 시설 재정비, 원도심 도시재생 등 도시성장관리의 거점지역으로 역할을 해야 한다.

둘째, 조치원이 도시재생과 농촌개발사업의 거점지구가 되도록 정책적 처방이 이루어져야 한다. 원도심을 살리고 쾌적한 주거환경을 만들며, 일자리 창출을 위해 국가적 사업으로 추진되고 있는 도시재생 뉴딜사업을 적극적으로 활용하여 원도심 기능회복을 통한 청춘조치원사업 완성, 읍면지역 경쟁력 강화를 위해 세종형 도시재생 뉴딜사업을 적극적으로 추진해야 한다. 조치원의 위상을 확립하고 거점기능을 담당하게 하려면 도시재생사업의 거점이자, 모델 지구가 되어야 한다. 또한 현재 부강, 전의, 장군, 북세종 등에서 추진되고 있는 농촌중심지 사업을 통해 농촌지역의 생활환경을 정비하고 공동체 활성화를 도모하되, 조치원지역을 중심으로 세종시 도농 상생과 균형발전의 중심 거점으로 정립해 가야 한다. 중심지 사업지구 간의 연계를 강화하고 조치원 중심의 북세종 중심지는 농촌중심지 사업의 모델로서 역할을 하도록 해야 할 것이다.

셋째, 행복도시 광역권 발전 전략상에서도 조치원의 역할이 마련되어야 한다. 세종시 인접 지역 인구 유출 등으로 블랙홀 현상에 대한 우려는 KTX 세종역, 고속도로 노선, 택시 운행권, 각종 시설 입지 등을 둘러싼 갈등으로 나타나고 있다. 세간의 우려와 염려, 그리고 권역의 갈등을 여하히 극복할 것인가는 행복도시와 세종시의 성공을 가늠할 과제이다. 도시성장에 따른 도시 내와 광역권 차원의 균형발전 요구도 커지고 있다. 행복도시, 세종시, 인접 도시

간 각 지역을 네트워크하고 결집할 광역적 발전모델을 마련해야 한다. 조치원의 거점화는 세종시의 광역권 화를 위해서도 필요하다. 광역적으로는 강력하면서도 기능 통합적 광역권을 구축해 보자. 세종 시와 인접 지방자치단체 간 상생 발전방안 마련에 적극적으로 나서자. 시설 입지를 둘러싼 갈등을 지혜롭게 해결하고 산업경제, 문화관광, 시설 이용 분야의 획기적이고 강력한 광역체계를 만들어 가자. 다양하고 창의적인 참여형 거버넌스로 광역권 개발 협의체를 구축하여 통합적 상생발전을 추진하자.

백 기 영
kybaek@yd.ac.kr

유원대학교
도시지적행정학과
교수

- 1963년 1월 대전 출생
- 1981년 서울대학교 건축학과 입학, 동 대학 도시공학과에서 도시계획으로 석사, 박사학위 취득
- 1994년부터 현재까지 유원대학교 교수로 재직
- 대한국토도시계획학회 부회장, 대전충청지회장 수행
- 행정중심복합도시 총괄관리 기획조정단장, 세종 주민참여도시재생연구원장 역임
- 충북도, 대전시, 세종시 등에서 도시계획위원으로 활동
- 「청주도시계획의 시기별 특성」(박사학위논문) 등 다수의 논문과 「지방에서 미래를 찾자」, 「핵심 도시계획론」, 「도시생태학과 도시공간구조」, 「스마트 도시이야기」, 「창조적 지역이야기」, 「새로운도시 새로운생각」 등의 저서가 있음

kybaek@yd.ac.kr

새로운 시대의 도시정책

지은이 / 백 기 영
펴낸이 / 조 형 근
펴낸곳 / 도서출판 동방문화사

인쇄 / 2023. 1. 25
발행 / 2023. 1. 25

주 소 / 서울시 서초구 방배동 905-16. 101호
전 화 / 02)3473-7294   팩 스 / (02)587-7294
메 일 / 34737294@hanmail.net   등 록 / 서울 제22-1433호

저자와의
합의,
인지생략

파본은 바꿔 드립니다.
정 가 / 26,000원

본서의 무단복제행위를 금합니다.
ISBN 979-11-89979-61-4 93530